JN042046

KOKOKARA DRILL SERIES
大学 TSUNAGERU 入試
小倉の
ここから
つなげる
数学Ⅰ
ドリル

Gakken

受験勉強の挫折の原因とは？

定期テスト対策と受験勉強の違い

本書は，“解く力”を身につけたい人のための，「実践につなげる受験入門書」です。ただ，本書を手に取った人のなかには，「そもそも受験勉強ってどうやったらいいの？」「定期テストの勉強法と同じじゃだめなの？」と思っている人も多いのではないでしょうか。実は，定期テストと大学入試は，本質的に違う試験なのです。そのため，定期テストでは点が取れている人でも，大学入試に向けた勉強になると挫折してしまうことがよくあります。

定期テストとは…

▶ 授業で学んだ内容のチェックをするためのもの。

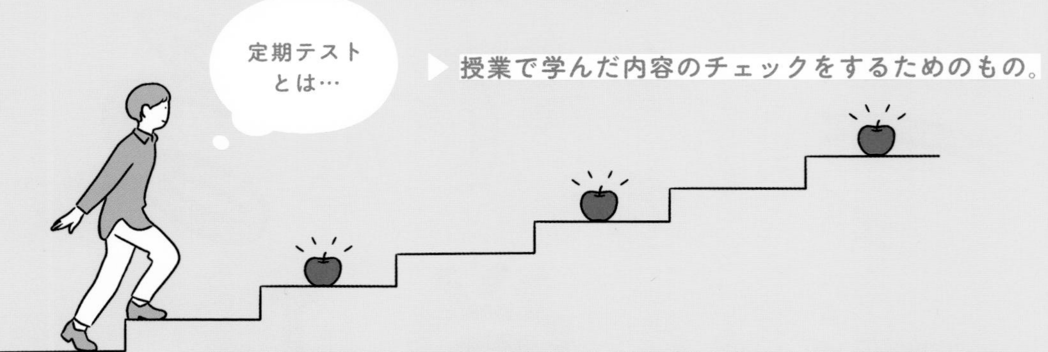

学校で行われる定期テストは，基本的には「授業で学んだことをどれくらい覚えているか」を測るものです。出題する先生も「授業で教えたことをきちんと定着させてほしい」という趣旨でテストを作成しているケースが多いでしょう。出題範囲も，基本的には数か月間の学習内容なので，「毎日ノートをしっかりまとめる」「先生の作成したプリントをしっかり覚えておく」といったように真面目に勉強していれば，ある程度の成績は期待できます。

大学入試とは…

▶ 膨大な知識と応用力が求められるもの。

一方で大学入試は，出題範囲が高校３年間のすべてであるうえに，「入学者を選抜する」ための試験です。点数に差をつけるため，基本的な知識だけでなく，その知識を活かす力（応用力）も問われます。また，試験時間内に問題を解ききるための時間配分なども必要になります。定期テストとは試験の内容も問われる力も違うので，同じような対策では太刀打ちできず，受験勉強の「壁」を感じる人も多いのです。

入試演習の難しさ

定期テスト対策とは大きく異なる勉強が求められる受験勉強。出題範囲が膨大で，対策に充てられる時間も限られていることから，「真面目にコツコツ」だけでは挫折してしまう可能性があります。むしろ真面目に頑張る人に限って，空回りしてしまいがちです。特に挫折する人が多いのが，基礎固めが終わって，入試演習に移行するタイミング。以下のような悩みを抱える受験生が多く出てきます。

本格的な受験参考書をやると急に難しく感じてしまう

本格的な受験参考書は，解説が長かったり，問題量が多かったりして，難しく感じてしまうことも。
また，それまでに学習した膨大な知識の中で，どれが関連しているのかわからず，
問題を解くのにも，復習にも，時間がかかってしまいがちです。

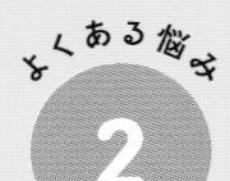

知識は身につけたのに，問題が解けない

基礎知識は完璧，と思っていざ問題演習に進んでも，まったく歯が立たなかった……
という受験生は少なくありません。基礎知識を覚えるだけでは，
入試問題に挑むための力が十分に身についているとは言えないのです。

入試演習に挑戦できる力が本当についているのか不安

基礎固めの参考書を何冊かやり終えたのに，
本格的な入試演習に進む勇気が出ない人も多いはず。
参考書をやりきったつもりでも，
最初のほうに学習した内容を忘れてしまっていたり，
中途半端にしか理解できていない部分があったりする
ケースもよくあります。

ここからつなげるシリーズで“解けない”を解決！

前ページで説明したような受験生が抱えやすい悩みに寄り添ったのが，「ここからつなげる」シリーズです。無理なく演習に取り組め，しっかりと力を身につけられる設計なので，基礎と実践をつなぐ1冊としておすすめです。

無理なく演習に取り組める！

全テーマが，解説１ページ➡演習１ページの見開き構成。
問題を解くのに必要な事項を丁寧に学習してから演習に進むので，
スモールステップで無理なく取り組めます。

“問題が解ける力”が身につくテーマを厳選！

基礎知識を生かして入試問題を解けるようになるために不可欠な，
基礎からもう一歩踏み込んだテーマを解説。
入試基礎知識の学習段階から，実践段階へのスムーズな橋渡しをします。

定着度を確かめられて，自信がつく！

1冊やり終えた後に，学習した内容が身についているかを確認できる
「修了判定模試」が付いています。
本書の内容が完璧に身についているか確認したうえで，
自信をもって入試演習へと進むことができます。

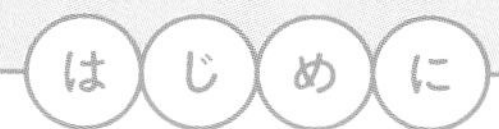

はじめに

はじめまして！　小倉悠司です。この本を選んでくれてありがとう！
今この文章を読んでいる人の中には，数学に対して前向きな気持ちをもっている人もいれば，数学に不安をもっている人もいると思います。いずれにせよ，「数学をもっとできるようになりたい」と思っているのではないでしょうか。「ここから」シリーズは必ずそんなあなたの助けになります。この本は，数学が好きな人はもっと得意に，数学に不安をもっている人は少しずつ苦手を克服し，不安が解消されていくきっかけになるように，全力を尽くして作成しました！
「ここからつなげる数学Ⅰ」は，基礎がひと通り身についた後にやるべき問題，身につけるべき考え方や解き方を扱っています。本書の役割は教科書の内容と入試を「つなげる」ことです。ですから，教科書の基礎レベルの内容が身についた後に本書を使い，本書の内容を身に付けた後で，入試問題の演習に進むとスムーズに学習できます。さらに，本書を使いながら身についていない基礎に立ち戻り学習をする，また入試問題の演習をやりながら本書の内容に立ち戻り学習する，スパイラル学習で進めることをおススメします。最初から100%完璧にすることは難しいと思います。80%が身についたら次に進み，先へと進んだ後で抜けている部分に気がついたらその都度立ち戻り，徐々に100%に近づけていくように学習しましょう。本書としては，修了判定模試ができれば次に進んで頂いて大丈夫です。

演習問題は押さえておくべき考え方，解き方を定着させるための問題なので，3～4分ほど考えても分からない場合は答えを見ても構いません。ただし，チャレンジ問題についてはぜひ5分～10分は粘り強く考えてみてください。

「今の行動が未来を創る」

あなたがこの本で数学を学ぶという「行動」は，必ずあなたが望む「未来」につながっています！　あなたが望む未来を手に入れられることを，心より応援していmath！

小倉 悠司

もくじ

巻頭特集
受験勉強の挫折の原因とは？ …… 02
はじめに …… 05
本書の使い方 …… 09
小倉流数学Iガイド …… 10
教えて！　小倉先生 …… 14

Chapter 1 数と式

01講 展開するときは，項の係数に着目する！
多項式の四則演算 …… 018

02講 項の次数の高い順が降べきの順，低い順が昇べきの順！
降べきの順，昇べきの順 …… 020

03講 カタマリがあるときは別の文字でおきかえてみよう！
展開の工夫 …… 022

04講 カタマリがあるときは別の文字でおきかえて式を簡単に！
おきかえの因数分解 …… 024

05講 文字が複数あるときは次数が一番低い文字に着目！
次数が低い文字について整理 …… 026

06講 共通因数が出てこないときは，乗法公式かたすきがけ！
係数に文字を含むたすきがけ …… 028

07講 次数がすべて偶数である多項式の因数分解をおさえよう！
複2次式 …… 030

08講 循環小数を分数で表すときは，くり返される数字に着目する！
実数 …… 032

09講 $\sqrt{}$をはずすときは絶対値記号をつける！
絶対値と平方根 …… 034

10講 分母に$\sqrt{}$が3つあるときはカタマリをみつける！
分母の有理化 …… 036

11講 2重根号は$\sqrt{(\sqrt{a}\pm\sqrt{b})^2}$に変形してはずす！
2重根号 …… 038

12講 数は整数部分と小数部分に分解できる！
整数部分，小数部分 …… 040

13講 x, yの対称式は$x+y$, xyを用いて表せる！
対称式 …… 042

14講 係数に文字が入ったら場合分け！
係数に文字を含む方程式・不等式 …… 044

15講 絶対値を含む方程式は絶対値の中以外に変数があるかに着目！
絶対値を含む方程式 …… 046

16講 絶対値を含む不等式も絶対値の中以外に変数があるかに着目！
絶対値を含む不等式 …… 048

17講 絶対値を2つ含む方程式は表をつくって場合分け！
絶対値を2つ含む方程式 …… 050

18講 絶対値を2つ含む不等式も表をつくって場合分け！
絶対値を2つ含む不等式 …… 052

Chapter 2 論理と集合

19講 複雑な集合はド・モルガンの法則で整理！
ド・モルガンの法則 …… 054

20講 命題の真・偽は集合を利用して考える！
命題と集合 …… 056

21講 $p \Longrightarrow q$ が真のとき，p は十分条件，q は必要条件
必要条件・十分条件・必要十分条件 …… 058

22講 「かつ」は共通部分，「または」は和集合！
かつ・または …… 060

23講 対偶が真であることを利用して証明できる！
対偶を利用した証明 …… 062

24講 矛盾を導いて証明するのが背理法！
背理法 …… 064

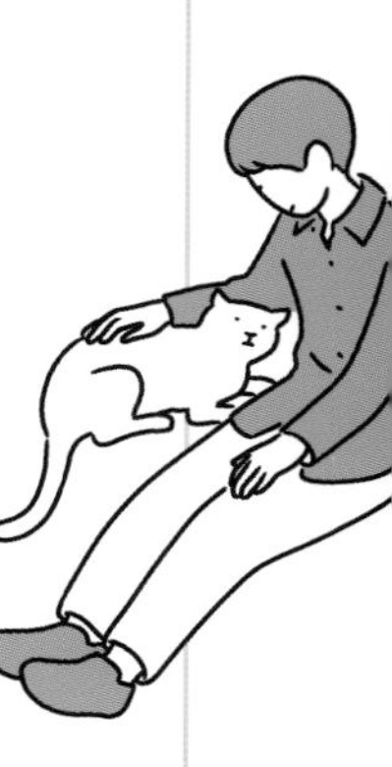

Chapter 3 2次関数

25講 放物線の平行移動は頂点の移動に注目！
平行移動 …… 066

26講 放物線の対称移動は頂点の移動に着目！
対称移動 …… 068

27講 軸や頂点がわかっているときは $y=a(x-p)^2+q$ を利用！
2次関数の決定(1) …… 070

28講 グラフが通る3点が与えられたときは $y=ax^2+bx+c$ を利用！
2次関数の決定(2) …… 072

29講 グラフが通る x 軸上の2点が与えられたら $y=a(x-\alpha)(x-\beta)$！
2次関数の決定(3) …… 074

30講 図形量の最大・最小を求めるときは知りたい量を文字で表す！
最大・最小の応用 …… 076

31講 軸に文字が含まれる下に凸の2次関数の最小値は軸の位置で場合分け！
軸に文字を含むときの下に凸の最小値 …… 078

32講 軸に文字が含まれる下に凸の2次関数の最大値は軸の位置で場合分け！
軸に文字を含むときの下に凸の最大値 …… 080

33講 定義域に文字が含まれる2次関数の最大値・最小値は軸の位置で場合分け！
定義域に文字を含むときの最大値・最小値 …… 082

34講 連立不等式はそれぞれの解の共通範囲を求めて解く！
2次不等式を含む連立不等式 …… 084

35講 2次方程式の実数解の個数は判別式で判断できる！
判別式(1) …… 086

36講 グラフと x 軸との共有点の個数は判別式で調べられる！
判別式(2) …… 088

37講 「すべての実数で成り立つ」条件は「一番成り立ちにくい所」に着目！
絶対不等式 …… 090

38講 $y=ax^2+bx+c$ の a, b, c の符号はグラフから判断する！
a, b, c の符号の判定 …… 092

39講 $y=f(x)$ のグラフが x 軸の $\alpha<x<\beta$ の部分と交わる条件は $f(\alpha)$, $f(\beta)$ に着目！
解の存在範囲(1) …… 094

40講 2次方程式の解に条件がついたら $f(\square)$ の符号，軸，頂点の y 座標に着目！
解の存在範囲(2) …… 096

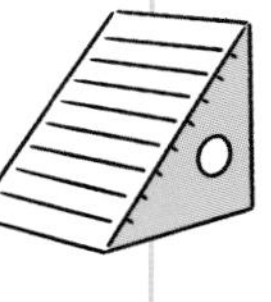

Chapter 4 図形と計量

41講 $\cos\theta$ は単位円上の x 座標，$\sin\theta$ は単位円上の y 座標！
単位円による定義 …… 098

42講 $\tan\theta$ は直線の傾き！
傾きとタンジェント …… 100

43講 鈍角の有名な三角比は単位円を利用して求める！
120°, 135°, 150° の三角比 …… 102

44講 0°, 90°, 180° の三角比も単位円を利用して求める！
0°, 90°, 180° の三角比 …… 104

45講 サインの２乗とコサインの２乗をたすと1！
三角比の相互関係 …… 106

46講 鈍角の三角比は鋭角の三角比で表せる！
180°－θの三角比 …… 108

47講 sinθ, cosθを含む方程式は単位円を利用して解く！
三角比を含む方程式(1) …… 110

48講 tanθを含む方程式は直線の傾きに着目！
三角比を含む方程式(2) …… 112

49講 sinθ, cosθを含む不等式は単位円を利用して解く！
三角比を含む不等式(1) …… 114

50講 tanθを含む不等式は直線の傾きを利用して解く！
三角比を含む不等式(2) …… 116

51講 三角比を含む関数の最大・最小はおきかえて知っている関数へ！
三角比を含む関数の最大・最小 …… 118

52講 鈍角三角形についても正弦定理を利用できる！
正弦定理 …… 120

53講 鈍角三角形についても余弦定理を利用できる！
余弦定理 …… 122

54講 三角形の角が大きいと，向かい合う辺の長さも大きい！
辺と角の関係 …… 124

55講 正弦定理・余弦定理を使えば三角形の辺や角度を決定できる！
三角形の決定 …… 126

56講 三角形の３辺の長さがわかれば，面積がわかる！
三角形の面積 …… 128

57講 三角形の３辺の長さと面積がわかれば，内接円の半径を求められる！
内接円の半径 …… 130

58講 円に内接する四角形の向かい合う角の和は180°！
円に内接する四角形 …… 132

59講 空間図形の計量は求めたいものを含む平面に着目する！
空間図形の計量 …… 134

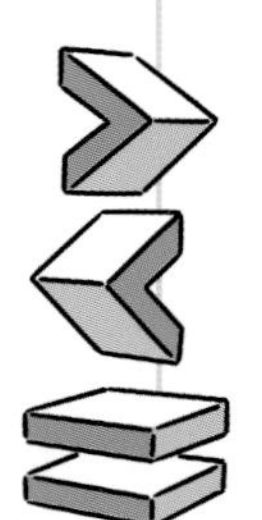

Chapter 5 データの分析

60講 仮平均を利用すると平均値の計算が簡単になる！
仮平均 …… 136

61講 最大値・最小値には外れ値を考慮しない！
外れ値 …… 138

62講 分散は，(2乗の平均値)－(平均値の2乗)で求められる！
分散を求めるもう１つの方法 …… 140

63講 共分散は，(積の平均値)－(平均値の積)で求められる！
共分散を求めるもう１つの方法 …… 142

64講 データの値を変化させたときは，平均値などの値も変化する！
変量の変換 …… 144

65講 主張したい仮説に反する仮定を行い，そのもとで考える！
仮説検定 …… 146

別冊「解答解説」 → 別冊「修了判定模試」

How to Use

入試問題を解くのに不可欠な知識を，順番に積み上げていける構成になっています。

「▶ここからつなげる」をまず読んで，この講で学習する概要をチェックしましょう。

解説を読んだら，書き込み式の演習ページへ。
学んだ内容が身についているか，すぐに確認できます。

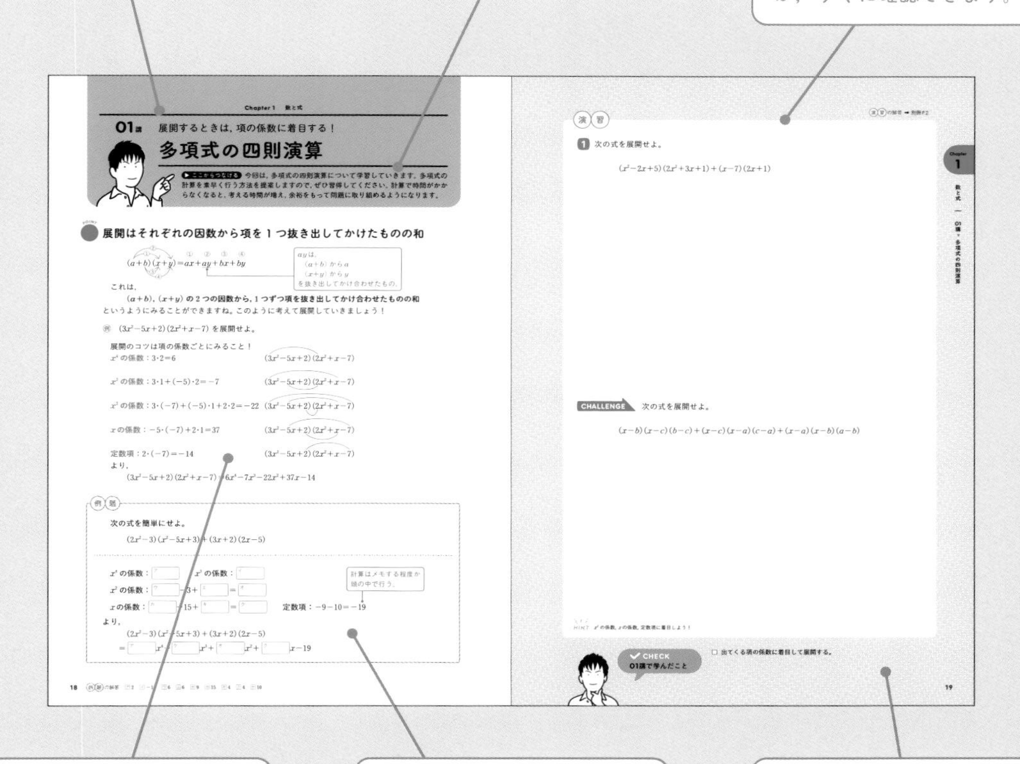

人気講師によるわかりやすい解説。ニガテな人でもしっかり理解できます。

例題を解くことで，より理解が深まります。

学んだ内容を最後におさらいできるチェックリスト付き。

答え合わせがしやすい別冊「解答解説」付き。
詳しい解説でさらに本番における得点力アップが狙えます。

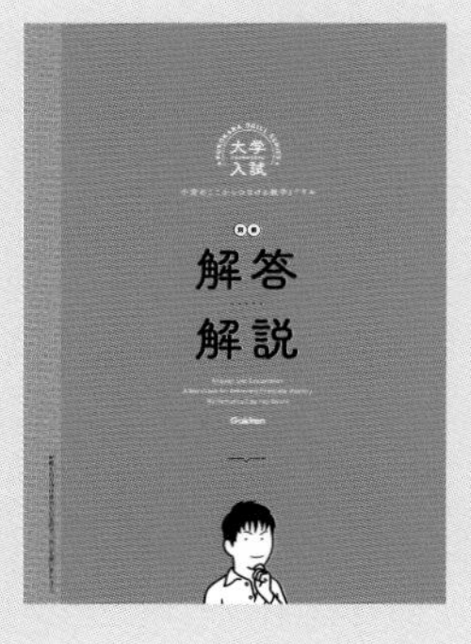

すべての講をやり終えたら，「修了判定模試」で力試し。間違えた問題は ➡OO講 のアイコンを参照し，該当する講に戻って復習しましょう。

1　パターン暗記だけの学習には限界がある！「根拠」が応用問題，初見の問題を解く手がかり！

パターン暗記だけの学習には限界がある

パターン暗記でも，模試においてある程度の点数が取れているという人がいるかもしれません。全国模試の問題構成は大まかに，「⑴　教科書レベルの問題　⑵　問題集，参考書に載っているような典型問題　⑶　応用問題」のようになっているので，パターン暗記だけでもある程度の点数が取れてしまうことがあります。⑴，⑵のような**見たことがある問題は，パターン暗記をしていれば解ける**からです。しかし，⑶のような応用問題はパターン暗記だけの学習では対応できず，ここで頭打ちになってしまいます。**パターン暗記だけの学習でもある程度までは点数が取れるようになりますが，限界があります。**

応用問題，初見の問題を解く手がかりは「根拠」

応用問題が解けるようになるためには，「なぜ余弦定理を使うのか」などの**『根拠』が分かっていることが大切**です。本書では，「根拠」が分かっていることを『理解』と呼ぶことにします。$\sin\theta$ が何であるかといった定義は暗記する必要がありますが，問題の解き方は『理解』しないとその問題しか解けない**点の学習**になってしまいます。正しく『理解』すれば，周辺の問題も解ける**面の学習**になり，効率的に学習できます。

応用問題は知識を組み合わせて解く必要があり，**どの知識を組み合わせて解くかの判断材料となるのが『根拠』**です。例えば，「余弦定理」を使うのは，知りたいもの＋わかっているものが「3辺と1角の関係」のときで，その状況に当てはまるから余弦定理！　のように，**『根拠』が問題を解く手がかり**になります。

『根拠』が分かると数学の学習も楽しくなってくるよ！
『根拠』は成績の向上にはもちろん，モチベーションアップにもつながるよ！

2 進みながらも，身についていない所の復習をしよう！　理解できるまでとことんやろう！　実はそれが近道！

身についていないと気づいたら戻ってやり直す

基礎が抜けていると気づく場面があるかもしれませんが，落ち込む必要はありません。人間は忘れる生き物ですし，身についたと思っていたけど，問題を解くことによって身についていなかったことに気づくこともあると思います。大切な事は，その事に気がついたら**戻って基礎（定義や基本事項）をやり直しする**ことです。例えば，絶対値を含む方程式にチャレンジしたときに，「絶対値」の意味が実は理解できていなかったら「絶対値」の意味をきちんと確認しましょう！　復習するのが面倒くさいからといって，とりあえず「パターン暗記（根拠もなく解き方を丸暗記すること）」してしまうとその問題は解けてもその問題で身に着く考え方を違う問題に活かすことが難しくなってしまいます。

理解できるまで取り組むことが，実は合格への近道

内容が難しくなってくると，理解するまでに時間がかかり，苦しむことがあるかもしれません。そんな時こそ基礎に立ち返ってみてください。数学は積み重ねの学問であり，理解ができないということは，何かが抜け落ちている可能性が高いです。その単元の基礎に立ち返りながら，理解できるまで根気よく取り組んでいきましょう。一つのテーマを**理解することができれば，その考え方を他の問題にも活かせるようになります！**　理解できるまで時間をかけるというのは非効率的に見えるかもしれませんが，十分に理解した内容であれば他の問題にも活かすことができ，結果として効率的です。**本当の「楽」というのは**その時に時間がかからないことではなく，**その考え方を色々な問題に活かせること**です！

「分からない」という困難を乗り越えて
「理解」することが，結果的に「合格」への
近道だよ！

3 押さえておくべき考え方や解き方を身に着けよう！　応用問題は手を動かし，試行錯誤して考えよう！

押さえておくべき考え方や解き方を身につけよう

例えば，料理を作ることにおいて，食材についての基本的な知識や，調理道具の基本的な使い方（数学では定義や基本事項）はもちろん，この食材はこう料理すると美味しいといった調理法や調理道具の便利な使い方（数学では押さえておくべき考え方や解き方）を身につけると，料理の幅がグッと広がりますね！　数学も同じです。**ぜひ，押さえておくべき考え方や解き方を身につけましょう**。試行錯誤できる幅がグッと広がります！　本書では，押さえておくべき考え方や解き方が，説明→例題→練習問題とくり返し登場するので，本書をきちんと取り組むことで身につけることができます。

応用問題は手を動かし，試行錯誤しながら考えよう

押さえておくべき考え方や解き方が身についた後は，それらを用いて工夫する問題や，基本事項を組み合わせる問題（「ここからシリーズ」の中ではチャレンジ問題）にも取り組みましょう。その際，**分からなくてもすぐに答えを見るのではなく，「自分の頭」でじっくり考えてみましょう！**　考えるというと頭の中だけのことだと思うかも知れませんが，手を動かし，「試行錯誤」を行うことも大切です。僕はよく「**手で考える**」という言葉を使います。『根拠』は応用問題を解く手がかりになりますが『「根拠」が分かった上で，どう組み合わせて解くかを考える試行錯誤も必要です。条件を整理してみたり，文字の場合は具体的な数で考えてみたりするなど，頭で考えるだけでなく**手でも考えてみてください！**

「試行」が「思考」の手がかりになるよ！　手を動かしながら考えて，応用問題でも解ける実力を身に付けていこう！

4 「大変」とは「大」きく「変」わること！楽しくなってくると，成績も上がっていく！

数学の学習はときには「大変」なときもある

数学を学習していると，「わからない～」と頭を抱えたくなる時もあると思います。「大」きく「変」わる（成長する）には「大変」な時期もあります。しかし，明けない夜はありません。「パターン暗記」に走らず，しっかり**理解してきたあなたは数学の成績が必ず伸びます！** 数学は１次関数的に伸びるのではなく，２次関数的に伸びます。数学を学びはじめた時は，やった分に比例した成果が出ているようには感じないかもしれません。しかし，ある時を境に，急激に伸びていくことが実感できると思います。そのときがくるまで**継続して学習する**ことが大切です！ 本書は，説明→例題→練習問題のスモールステップ形式になっており，継続しやすい構成になっています。

楽しむことが継続し，伸ばす１番の秘訣

分からない時は楽しくないと思う人もいるかもしれませんが，分かってくると楽しくなってくるはずです。そのためにも『理解』を重視することがおススメです。基礎が固まり，押さえておくべき考え方，解き方が身についてくると，様々な試行錯誤ができるようになり，正解にもたどり着きやすく，結果的に「楽しく」なってくると思います！ 「継続は力なり」という言葉の通り，力をつけるには継続が大切ですし，楽しくないと継続するのは難しいですよね。**ぜひ「数学」そのものを楽しんで学習し，さらに欲をいえば，数学を好きになってくれると嬉しいです。楽しみながら成績を上げる**というのは理想論かもしれませんが，**ぜひ理想の学習で成績を上げていきましょう！**

分かって楽しくなるまで継続しよう！ 「好きこそものの上手なれ」楽しくなってくればこっちのもん！

教えて！ 小倉先生

Q

数学Ⅰで出題されやすい分野はどこですか？
できればその分野を集中的に学習したいです。

時間が限られているので，数学Ⅰの中でも特に入試で出題されやすい分野を優先して学習したいです。入試に出やすい分野があれば教えて欲しいです。どこの分野を優先すべきでしょうか？

A

大学によって異なりますし，数学Ⅰは高校数学の土台となるので，すべての分野をきちんと学習しよう！

数学Ⅰの中でどの分野が出やすいかは大学によって異なります。また，もちろん数学Ⅰの分野からも出題されますが，数学ⅡBや数学ⅢCまでを範囲とする入試においては，ⅠAよりもⅡBやⅢCの分野の方が基本的には出題されやすいと思います。それに，**数学Ⅰは高校数学の土台となる重要な分野が詰まっています。**土台がぐらついたままだと，これから先に学習する分野を身に付けることも難しくなります。逆に**土台がしっかりしていたら，これから先の学習をスムーズに行うことができます！**ですから，数学Ⅰのどの分野も理解した上で問題が解けるようになるまで学習していきましょう！

教えて！　小倉先生

Q

数学の学習に力を入れているはずなのに，成績が上がりません。なぜでしょうか？

数学の学習に時間を割いているつもりですが，成績が上がりません。なぜでしょうか？　やはり数学の才能がないのでしょうか？　ここまで頑張ってやってきましたが，心が折れかけています…

A

学習法が適切でない，レベルが合っていない，などの原因が考えられます。先生に相談してみよう！

問題数をこなすことに精一杯で，理解が疎かになっていませんか？　数学は，正しい学習法で，コツコツと積み上げていけば必ずできるようになります。**やっているのに伸びていないのであれば，「やり方」が正しくない可能性が高い**です。もしくは，自分のレベルに合っていない難しい問題にばかり取り組んでいませんか？　基礎レベルが終わった直後に，大学入試の難問の演習を行っても，大半の人には**レベルが合わず，答えを見ても理解ができずに，成果がほとんど得られないという事が起こりえます。**（このつなげるはそのギャップを埋める書籍です。）あなたが信頼できる先生などに相談し，成績が伸びていない原因を探りましょう！

教えて！　小倉先生

Q

問題を解くのに時間がかかってしまいます。それでもよいでしょうか？　不安です。

問題を解くのに時間がかかってしまいます。このままで良いのか，それとも早く解けるように，何かしら対策をした方がよいのでしょうか？

A

高１，高２生なら時間はあまり気にしないでＯＫ♪ 受験生であれば，ある程度時間を意識して学習しよう！

高１，高２生であれば時間はそこまで気にしないでよいと思います。むしろ，受験生になるとじっくり考える時間が取りにくくなるので，**高１，高２生のうちは，あまり時間にしばられずにじっくり考えて欲しい**です。入試には時間制限があるため，受験生であれば時間を意識して解くことも必要です。時間がかかり過ぎてしまう場合は，**どこに時間がかかってしまうかを分析しましょう！**　問題文を理解する部分なのか，計算なのか，解法が思い浮かぶまでが長いのか…etc。例えば，原因が計算にあるのであれば「計算」の対策をし，強化する必要がありますね。**原因を探って分析し，その原因を一つ一つ解消していくことが大切です！**

小倉の ここから つなげる 数学I ドリル

河合塾
小倉悠司

01講　展開するときは，項の係数に着目する！

多項式の四則演算

▶ここからつなげる 今回は，多項式の四則演算について学習していきます。多項式の計算を素早く行う方法を提案しますので，ぜひ習得してください。計算で時間がかからなくなると，考える時間が増え，余裕をもって問題に取り組めるようになります。

POINT 展開はそれぞれの因数から項を1つ抜き出してかけたものの和

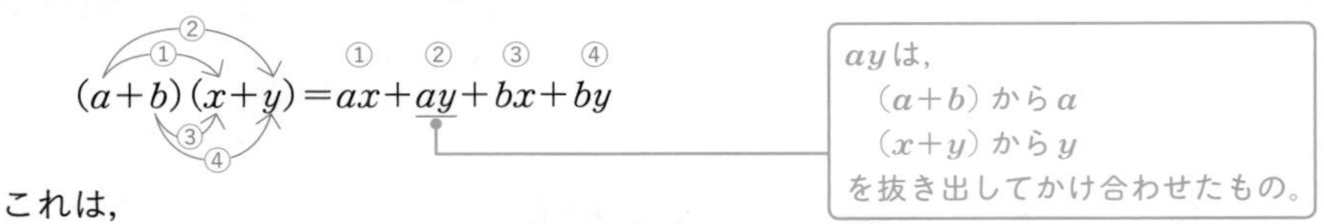

これは，

$(a+b)$，$(x+y)$ の2つの因数から，1つずつ項を抜き出してかけ合わせたものの和

というようにみることができますね。このように考えて展開していきましょう！

例　$(3x^2-5x+2)(2x^2+x-7)$ を展開せよ。

展開のコツは項の係数ごとにみること！

x^4 の係数：$3\cdot2=6$　　$(3x^2-5x+2)(2x^2+x-7)$

x^3 の係数：$3\cdot1+(-5)\cdot2=-7$　　$(3x^2-5x+2)(2x^2+x-7)$

x^2 の係数：$3\cdot(-7)+(-5)\cdot1+2\cdot2=-22$　　$(3x^2-5x+2)(2x^2+x-7)$

x の係数：$-5\cdot(-7)+2\cdot1=37$　　$(3x^2-5x+2)(2x^2+x-7)$

定数項：$2\cdot(-7)=-14$　　$(3x^2-5x+2)(2x^2+x-7)$

より，

$$(3x^2-5x+2)(2x^2+x-7)=6x^4-7x^3-22x^2+37x-14$$

例題

次の式を簡単にせよ。

$$(2x^2-3)(x^2-5x+3)+(3x+2)(2x-5)$$

---

x^4 の係数：[ア]　　x^3 の係数：[イ]

x^2 の係数：[ウ] $-3+$ [エ] $=$ [オ]

x の係数：[カ] $-15+$ [キ] $=$ [ク]　　定数項：$-9-10=-19$

（計算はメモする程度か頭の中で行う。）

より，

$(2x^2-3)(x^2-5x+3)+(3x+2)(2x-5)$

$=$ [ア] x^4- [ケ] x^3+ [オ] x^2+ [ク] $x-19$

例題の解答　ア 2　イ −10　ウ 6　エ 6　オ 9　カ 15　キ 4　ク 4　ケ 10

演習の解答 ➡ 別冊P.2

1 次の式を展開せよ。

$$(x^2-2x+5)(2x^2+3x+1)+(x-7)(2x+1)$$

CHALLENGE 次の式を展開せよ。

$$(x-b)(x-c)(b-c)+(x-c)(x-a)(c-a)+(x-a)(x-b)(a-b)$$

HINT x^2 の係数, x の係数, 定数項に着目しよう！

✔ CHECK
01講で学んだこと

□ 出てくる項の係数に着目して展開する。

02講　項の次数の高い順が降べきの順，低い順が昇べきの順！

降べきの順，昇べきの順

▶ ここからつなげる 文字が複数出てくる際，特定の文字に着目して考えると多項式が扱いやすくなることがあります。例えば，$y=x^2-2ax+a^2-2a$ で，x が変数，a が定数の場合，x に着目して考えていきますよね！　特定の文字に着目することを学びます。

POINT 1　文字を 2 つ以上含む多項式の定数項は，着目した文字を含まない項

2 種類以上の文字を含む多項式で，特定の文字に着目して，**他の文字は数と同じように扱う**ことがあります。その場合，**着目した文字を含まない項**を**定数項**といいます。

例　多項式 $7x^3y^2-ax+5b$

① x に着目　→　3 次式，定数項：$5b$

（x 以外は数として扱う）（x が含まれていない項）

（x だけを文字とみるから，次数は x がかけ合わされている個数になる！　$7x^3y^2$ の次数は 3，$-ax$ の次数は 1，$5b$ の次数は 0 となる。多項式の次数は各項の中で最も大きいもの。）

② y に着目　→　2 次式，定数項：$-ax+5b$

POINT 2　項の次数が高い順を降べきの順，次数が低い順を昇べきの順という

多項式を，特定の文字に着目して，

　項の**次数が高い順**に並べることを「**降べきの順**に整理する」

　項の**次数が低い順**に並べることを「**昇べきの順**に整理する」

といいます。

例　$x^2+3xy-5y^2-7x+2y+8$

(1) x について降べきの順に整理すると，

$$x^2+3xy-5y^2-7x+2y+8$$
$$=x^2+(3y-7)x+(-5y^2+2y+8)$$

（x に着目すると，$3xy$ と $-7x$ は x の 1 次の項であり，同類項だからまとめる。$3xy$ の係数の $3y$ は数とみているから，
　$12x-5x=(12-5)x=7x$
と同じように，
　$3xy-7x=(3y-7)x$
と計算する。
$(3y-7)$ は数としてみているから，x の前に書くよ！）

(2) y について降べきの順に整理すると，

$$x^2+3xy-5y^2-7x+2y+8$$
$$=-5y^2+(3x+2)y+(x^2-7x+8)$$

例題

多項式 $a^2x+2ax^2-5a^2-2ax^3-3a^3x+7x^3$ を x について降べきの順に整理せよ。また，a について降べきの順に整理せよ。

x について降べきの順に整理すると，

$$(-2a+\boxed{ア})x^3+2ax^2+(\boxed{イ}-3a^3)x-\boxed{ウ}$$

a について降べきの順に整理すると，

$$-3xa^3+(\boxed{エ}-\boxed{オ})a^2+(\boxed{カ}-\boxed{キ})a+7x^3$$

例題の解答　ア 7　イ a^2　ウ $5a^2$　エ x　オ 5　カ $2x^2$　キ $2x^3$

演習の解答 ➡ 別冊P.3

1 多項式$A=x^3+3xy^2-5x^2+3xy-7x+4y-2$について，次の問いに答えよ。

(1) xに着目したとき，何次式か。また，yに着目したとき，何次式か。

(2) xについて降べきの順に整理し，定数項を答えよ。

(3) yについて降べきの順に整理し，定数項を答えよ。

CHALLENGE 次の多項式をxとyについて降べきの順に整理し，その次数と定数項を答えよ。

$$x^3-5ax^2y^2+6xy-5xy-2by+y^2-3xy-4by+5a$$

HINT xとyを文字とみて，次数が高い項から順に並べよう。

CHECK 02講で学んだこと

- □ 着目した文字を含まない項を定数項という。
- □ 項の次数が高い順に整理することを「降べきの順に整理する」という。

03講　カタマリがあるときは別の文字でおきかえてみよう！

展開の工夫

▶ここからつなげる 分配法則を用いてがむしゃらに展開すると，時間がかかってしまいます。しかし，工夫することで，速く，正確に解けるようになります。どのような工夫があるのかを一緒に学んでいきましょう！

POINT 1 共通な項があるときは，新たな文字でおきかえよう

カタマリ（共通な項）があるときは，新たな文字でおきかえて展開すると計算しやすくなります。

例　$(x^2+4x+1)(x^2-4x+1)$

$x^2+1=X$とおくと，

$(x^2+4x+1)(x^2-4x+1)$

$=\{(x^2+1)+4x\}\{(x^2+1)-4x\}$

$=(X+4x)(X-4x)$

$=X^2-(4x)^2$

$=(x^2+1)^2-16x^2$

$=x^4+2x^2+1-16x^2$

$=x^4-14x^2+1$

x^2+1が両方に入っているから，$x^2+1=X$とおいて計算していこう！

$(a+b)(a-b)=a^2-b^2$ において，$a=X$, $b=4x$ とした。

Xをx^2+1に戻した！

$(x^2+1)^2=(x^2)^2+2\cdot x^2\cdot 1+1^2$

POINT 2 かける順番に注意して展開しよう！

前から順番にかけても展開はできますが，**かける順番を工夫する**ことで効率よく計算できることがあります。

例　$(x^2+4)(x+2)(x-2)=(x^2+4)(x^2-4)$

$=(x^2)^2-4^2$

$=x^4-16$

$(a+b)(a-b)=a^2-b^2$ において，$a=x$, $b=2$ とした。

例題

次の式を展開せよ。

(1)　$(a+3b-2)(a+3b+5)$　　(2)　$(x+3)^2(x-3)^2$

---

(1)　$a+3b=X$とおくと，

$(a+3b-2)(a+3b+5)=(X-2)(X+5)=X^2+$［ア］$X-$［イ］

$=(a+3b)^2+$［ア］$(a+3b)-$［イ］

$=a^2+$［ウ］$ab+$［エ］b^2+［ア］$a+$［オ］$b-$［イ］

(2)　$(x+3)^2(x-3)^2=\{(x+3)(x-3)\}^2=(x^2-$［カ］$)^2$

$=x^4-$［キ］x^2+［ク］

例題の解答　ア 3　イ 10　ウ 6　エ 9　オ 9　カ 9　キ 18　ク 81

演習

1 次の式を展開せよ。

$$(x+2y-z)(x-2y+z)$$

2 次の式を展開せよ。

$$(x+y)^2(x-y)^2$$

CHALLENGE 次の式を展開せよ。

$$(x+2)(x+4)(x-1)(x-3)$$

HINT $(x+2)(x-1)$, $(x+4)(x-3)$ を先に計算すると，カタマリが出る。それを X とおきかえて計算してみよう。

CHECK 03講で学んだこと

- □ カタマリがあるときは，新たな文字でおきかえて展開する。
- □ かける順番を工夫することで，効率よく計算できる。

04講 カタマリがあるときは別の文字でおきかえて式を簡単に！

おきかえの因数分解

▶ここからつなげる 前講は展開でしたが，因数分解においても，おきかえることで計算しやすくなることがあります。今回も共通な項をカタマリとよぶことにします。このカタマリを「みつける」，もしくは「意図的につくる」ことがポイントです！

POINT カタマリを文字でおきかえて簡単な式にする

カタマリを文字でおきかえると，簡単な式になり因数分解がしやすくなります。

例1　$(2x-y)^2+7(2x-y)+12$ を因数分解せよ。

$2x-y=X$ とおくと，

$(2x-y)^2+7(2x-y)+12=X^2+7X+12$

$=(X+3)(X+4)$

$=(2x-y+3)(2x-y+4)$

$2x-y$ というカタマリがみえるから，$2x-y=X$ とおいて因数分解！

X を $2x-y$ に戻すことを忘れずに！

例2　$(x^2-x)(x^2-x-6)+8$ を因数分解せよ。

$x^2-x=X$ とおくと，

$(x^2-x)(x^2-x-6)+8=X(X-6)+8$

$=X^2-6X+8$

$=(X-2)(X-4)$

$=(x^2-x-2)(x^2-x-4)$

$=(x+1)(x-2)(x^2-x-4)$

x^2-x というカタマリがみえるから，$x^2-x=X$ とおいて因数分解！

このままだと因数分解できないので，いったん展開しよう！

まだ因数分解できるね！

例2において $(x^2-x-2)(x^2-x-4)$ も積の形になっていますが，まだ因数分解できるときは最後まで因数分解しましょう。

例題

次の式を因数分解せよ。

(1)　$(x^2-2)^2+7(-x^2+2)$　　　(2)　$(3x+5y)(3x+5y-4)-5$

---

(1)　$(x^2-2)^2+7(-x^2+2)=(x^2-2)^2-7(x^2-2)$

より，$x^2-2=X$ とおくと，

$(-x^2+2)=-(x^2-2)$ のように「－(マイナス)」をくくり出してカタマリをつくった。

(与式)$=X^2-7X=X(X-$ ア $)$

$=(x^2-2)(x^2-$ イ $)$

$=(x^2-2)(x+$ ウ $)(x-$ エ $)$

(2)　$3x+5y=X$ とおくと，

(与式)$=X(X-4)-5=X^2-$ オ $X-$ カ

$=(X+$ キ $)(X-$ ク $)$

$=(3x+5y+$ ケ $)(3x+5y-$ コ $)$

例題の解答　ア7　イ9　ウ3　エ3　オ4　カ5　キ1　ク5　ケ1　コ5

1 次の式を因数分解せよ。

(1) $(x+4y)^2-4(x+4y)+3$

(2) $(x^2+2x)(x^2+2x-7)-8$

CHALLENGE 次の式を因数分解せよ。

$$(x+1)(x+2)(x+3)(x+4)-15$$

HINT $(x+1)(x+4)$, $(x+2)(x+3)$を先に計算すると，カタマリが出る。それをXとおきかえて計算してみよう。

✔ CHECK 04講で学んだこと

□ カタマリ（共通な項）があるときは，新たな文字でおきかえて簡単な式にする。

05講　文字が複数あるときは次数が一番低い文字に着目！

次数が低い文字について整理

▶ここからつなげる 複数の文字が混ざった式の因数分解を考えます。文字が多いと複雑そうにみえますが，ある文字に着目し，その文字以外を数として扱っていくことで，因数分解がしやすくなります。因数分解マスターまであと少し！

POINT 1 次数が一番低い文字について整理する

文字が複数ある場合は，**次数が一番低い文字に着目し，その文字について整理する**ことで，因数分解がしやすくなります。1 次式の場合，

$4a+6=2(2a+3)$

のように，**因数分解するときは共通因数をくくり出すしかありません。**

2 次式の場合は，共通因数をくくり出す以外に乗法公式を利用することも考えられますね。次数が高くなると，因数分解を行う選択肢が増え，判断が難しくなります。

例　$ab^2+b^3-b^2-a$ を因数分解せよ。

a の次数は 1，b の次数は 3 で，a の方が次数が低いので a について整理します。

$$\begin{aligned}ab^2+b^3-b^2-a&=(b^2-1)a+(b^3-b^2)\\&=(b+1)(b-1)a+b^2(b-1)\\&=(b-1)\{(b+1)a+b^2\}\\&=(b-1)(ab+b^2+a)\end{aligned}$$

a に着目すると，a の 1 次式だね。1 次式は因数分解できるとしたら共通因数しかないから，共通因数が隠れているよ。

POINT 2 次数の一番低い文字が複数ある場合はどちらかの文字について整理

例　$a^2+ab-ac-bc$ を因数分解せよ。

a の次数は 2，b の次数は 1，c の次数は 1 で，次数の一番低い文字は b と c の 2 種類あります。どちらで整理してもよいですが，b について整理した場合は次のように因数分解できます。

$$\begin{aligned}a^2+ab-ac-bc&=(a-c)b+(a^2-ac)\\&=(a-c)b+a(a-c)\\&=(a-c)(b+a)\end{aligned}$$

c について整理すると，

$$\begin{aligned}a^2+ab-ac-bc&=(-a-b)c+(a^2+ab)\\&=-(a+b)c+a(a+b)\\&=(a+b)(-c+a)\end{aligned}$$

例題

$4a^2b+4a^2+2a-b$ を因数分解せよ。

$$\begin{aligned}4a^2b+4a^2+2a-b&=(\boxed{ア}\,a^2-\boxed{イ})b+4a^2+2a\\&=(\boxed{ウ}\,a+\boxed{エ})(\boxed{ウ}\,a-\boxed{エ})b+2a(\boxed{ウ}\,a+\boxed{エ})\\&=(\boxed{ウ}\,a+\boxed{エ})\{(\boxed{ウ}\,a-\boxed{エ})b+2a\}\\&=(\boxed{ウ}\,a+\boxed{エ})(\boxed{オ}\,ab+\boxed{カ}\,a-b)\end{aligned}$$

例題の解答　ア 4　イ 1　ウ 2　エ 1　オ 2　カ 2

演習の解答 ➡ 別冊P.6

1 次の式を因数分解せよ。

(1) $a^2+5ab+6a+30b$　　(2) $x^2+xy-y-1$

2 次の式を因数分解せよ。

(1) a^2+ac-b^2-bc　　(2) $x^2+6yz+2zx+3xy$

CHALLENGE $a^2(b-c)+b^2(c-a)+c^2(a-b)$ を因数分解せよ。

CHECK 05講で学んだこと

☐ 次数の一番低い文字に着目して，なるべく次数の低い 1 文字の式とみる。
☐ 次数の一番低い文字が複数あるときは，どちらかの文字について整理する。

06講　共通因数が出てこないときは，乗法公式かたすきがけ！

係数に文字を含むたすきがけ

▶ここからつなげる　たすきがけを係数に文字を含む式でも使えるようになると，因数分解できる式の幅が一気に広がります！　前講の「次数が一番低い文字について着目」とセットで出てくることが多いので，復習もかねて頑張っていきましょう！！

POINT　共通因数が出てこないときは乗法公式やたすきがけ

次数が低い文字について整理しても**共通因数が出てこない**ときは，乗法公式を利用することやたすきがけができないかを考えましょう。

例　$2x^2+3xy+y^2-5x-3y+2$ を因数分解せよ。

x も y も次数は 2 で同じなので，まずは x について整理してみましょう。

$$
\begin{aligned}
&2x^2+3xy+y^2-5x-3y+2\\
&=2x^2+(3y-5)x+(y^2-3y+2)\\
&=2x^2+(3y-5)x+(y-1)(y-2)\\
&=\{x+(y-2)\}\{2x+(y-1)\}\\
&=(x+y-2)(2x+y-1)
\end{aligned}
$$

かけて y^2-3y+2 になる式を知りたいから因数分解しておく

1	$y-2$	⟶	$2y-4$
2	$y-1$	⟶	$y-1$
			$3y-5$

x の係数になったので成功！

y に着目して整理してやってみましょう！

$$
\begin{aligned}
&2x^2+3xy+y^2-5x-3y+2\\
&=y^2+(3x-3)y+(2x^2-5x+2)\\
&=y^2+(3x-3)y+(x-2)(2x-1)\\
&=\{y+(x-2)\}\{y+(2x-1)\}\\
&=(x+y-2)(2x+y-1)
\end{aligned}
$$

1	-2	⟶	-4
2	-1	⟶	-1
			-5

たして $3x-3$，かけて $(x-2)(2x-1)$ になるのは，$x-2$，$2x-1$

y について整理した場合，y^2 の係数が 1 なので，たすきがけをするのは $2x^2-5x+2$ を因数分解するときだけでよく，文字を含むたすきがけを行わずに因数分解できます。

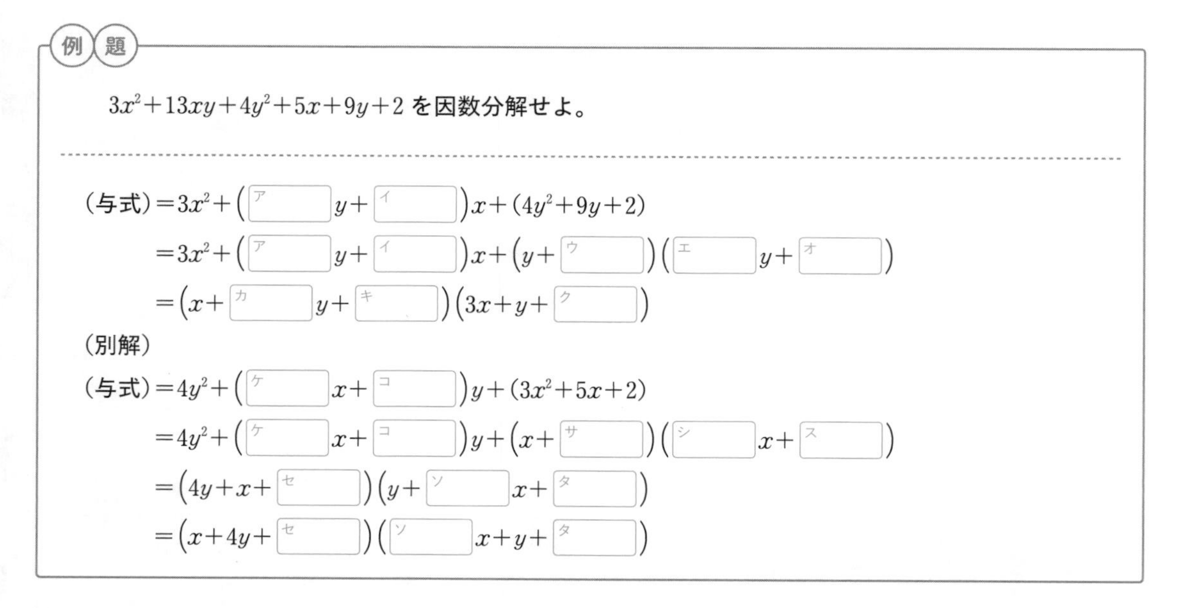

例題

$3x^2+13xy+4y^2+5x+9y+2$ を因数分解せよ。

(与式) $=3x^2+($ ア $y+$ イ $)x+(4y^2+9y+2)$

$=3x^2+($ ア $y+$ イ $)x+(y+$ ウ $)($ エ $y+$ オ $)$

$=(x+$ カ $y+$ キ $)(3x+y+$ ク $)$

(別解)

(与式) $=4y^2+($ ケ $x+$ コ $)y+(3x^2+5x+2)$

$=4y^2+($ ケ $x+$ コ $)y+(x+$ サ $)($ シ $x+$ ス $)$

$=(4y+x+$ セ $)(y+$ ソ $x+$ タ $)$

$=(x+4y+$ セ $)($ ソ $x+y+$ タ $)$

例題の解答　ア 13　イ 5　ウ 2　エ 4　オ 1　カ 4　キ 1　ク 2　ケ 13　コ 9　サ 1　シ 3　ス 2　セ 1　ソ 3　タ 2

演習の解答 ➡ 別冊 P.7

1 次の式を因数分解せよ。

(1) $6x^2+7xy+2y^2-5x-3y+1$

(2) $4x^2+17xy+4y^2+6x-6y-4$

CHALLENGE 次の式を因数分解せよ。

$$a^2(b+c)+b^2(c+a)+c^2(a+b)+3abc$$

HINT aについて整理して，たすきがけを行おう。

CHECK 06講で学んだこと

□ 1つの文字について整理したときに共通因数がない場合は，乗法公式やたすきがけを考える。

07講　次数がすべて偶数である多項式の因数分解をおさえよう！

複２次式

▶ここからつなげる ax^4+bx^2+c のような４次式は，上手におきかえることで２次式になり，乗法公式が使えることがあります。乗法公式が使えない場合は，奥の手を授けますので，今回も頑張っていきましょう！

POINT 1　複２次式は x^2 を文字でおいてみよう

ax^4+bx^2+c のように，**次数がすべて偶数である多項式**を複２次式といいます。複２次式は x^2 **というカタマリを文字でおく**ことにより，因数分解がしやすくなることがあります。

例　x^4-5x^2+4 を因数分解せよ。

$x^2=X$ とおくと，

$$\begin{aligned} x^4-5x^2+4 &= (x^2)^2-5x^2+4=X^2-5X+4 \\ &= (X-1)(X-4) \\ &= (x^2-1)(x^2-4) \\ &= (x+1)(x-1)(x+2)(x-2) \end{aligned}$$

（x^2-1, x^2-4 はそれぞれまだ因数分解できるね！）

POINT 2　x^2 を文字でおいてもうまくいかない場合は $(\quad)^2-(\quad)^2$ へ

例えば，x^4+4 の因数分解を考えてみましょう。

$x^4+4=(x^2)^2+4$ だから，$x^2=X$ とおくと，$x^4+4=X^2+4$ となって，今の段階で知っているどの乗法公式にも当てはまりませんね。このようなときは，

$(\quad)^2-(\quad)^2$ の形をムリやりつくって因数分解

します。x^4+4 が出てくる２乗は，$(x^2+2)^2$ もしくは $(x^2-2)^2$ ですね！　$(x^2-2)^2$ は

$$x^4+4=(x^2-2)^2+4x^2$$

となり，$(\quad)^2-(\quad)^2$ の形になりません。$(x^2+2)^2$ の方を考えてみると，

$$\begin{aligned} x^4+4 &= (x^2+2)^2-4x^2 \\ &= (x^2+2)^2-(2x)^2 \\ &= \{(x^2+2)+2x\}\{(x^2+2)-2x\} \\ &= (x^2+2x+2)(x^2-2x+2) \end{aligned}$$

（$(x^2+2)^2=x^4+4x^2+4$ なので，$4x^2$ をひく！）

（$x^2+2=A$, $2x=B$ とおくと，$(x^2+2)^2-(2x)^2=A^2-B^2=(A+B)(A-B)$）

のように因数分解することができます。

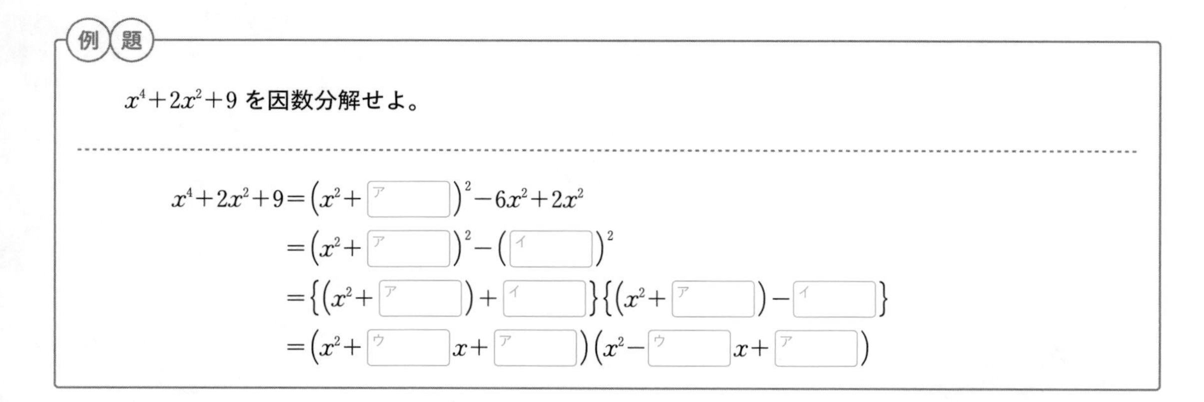

例題

x^4+2x^2+9 を因数分解せよ。

$$\begin{aligned} x^4+2x^2+9 &= (x^2+\boxed{ア})^2-6x^2+2x^2 \\ &= (x^2+\boxed{ア})^2-(\boxed{イ})^2 \\ &= \{(x^2+\boxed{ア})+\boxed{イ}\}\{(x^2+\boxed{ア})-\boxed{イ}\} \\ &= (x^2+\boxed{ウ}x+\boxed{ア})(x^2-\boxed{ウ}x+\boxed{ア}) \end{aligned}$$

例題の解答　ア 3　イ $2x$　ウ 2

1 次の式を $x^2=X$ とおく方法で因数分解せよ。

(1) x^4+4x^2-5

(2) $x^4-10x^2y^2+9y^4$

2 次の式を因数分解せよ。

(1) x^4+5x^2+9

(2) $4x^4+1$

(3) $16x^4-x^2+1$

(4) $9x^4+8x^2+4$

CHALLENGE 次の式を (　　)$^2-$(　　)^2 をつくる方法で因数分解せよ。

(1) $x^4-10x^2y^2+9y^4$

(2) $x^4+x^2y^2+y^4$

✔ CHECK
07講で学んだこと

□ 複2次式は, $x^2=X$ とおいて, 因数分解しやすくする。
□ 複2次式がうまく因数分解できない場合は (　　)$^2-$(　　)^2 の形をつくる。

08講　循環小数を分数で表すときは，くり返される数字に着目する！

実数

▶ここからつなげる　ここでは「数」について考えます。整数と整数の和，差，積は常に整数になりますが，商は整数になるとは限りませんね。そこで，有理数や無理数を学ぶことで数の世界を広げていきます。

POINT 1　$\dfrac{整数}{整数}$で表せる数は有理数，$\dfrac{整数}{整数}$で表せない数は無理数

$\dfrac{整数}{整数}$の形で表される数を有理数（ゆうりすう）といいます。分母を1にすると整数になることからもわかるように，整数は有理数の一部です。また，整数でない有理数をいくつか小数に直してみると，次のようになりますね。

①　$\dfrac{3}{4}=0.75$　　②　$-\dfrac{3}{2}=-1.5$　　③　$\dfrac{1}{3}=0.333\cdots$　　④　$-\dfrac{12}{11}=-1.0909\cdots$

①・②のように，**小数点以下が有限個の数字で表される小数**を有限小数（ゆうげんしょうすう）,③・④のように，**小数点以下に無限個の数字が続く小数**を無限小数（むげんしょうすう）といいます。特に，無限小数のうち，**ある位以下で同じ数字の並びがくり返される小数**を循環小数（じゅんかんしょうすう）といいます。

循環小数は，$\dfrac{1}{3}=0.\dot{3}$ や $-\dfrac{12}{11}=-1.\dot{0}\dot{9}$ のように，くり返される数字の両端の数字の上に「・」をつけて表します。

$\dfrac{整数}{整数}$の形で表せない数（同じ数字の並びがくり返されない無限小数）を無理数（むりすう）といいます。有理数と無理数を合わせて実数といいます。

POINT 2　循環小数を分数で表すには10$^{○}$をかける

循環小数を分数で表すことを考えてみましょう。

例　$0.\dot{5}0\dot{4}$（$=0.504504504\cdots$）を分数で表せ。

小数第1位から3つごとに同じ数字の並びがくり返されているので，1000倍すると小数点以下がそろう！

$x=0.504504504\cdots$とおくと，$1000x=504.504504504\cdots$

よって，$1000x-x=504$ より，

$$x=\frac{504}{999}=\frac{56}{111}$$

$$\begin{array}{rrl} & 1000x= & 504.504504504\cdots \\ -) & x= & 0.504504504\cdots \\ \hline & 999x= & 504 \end{array}$$

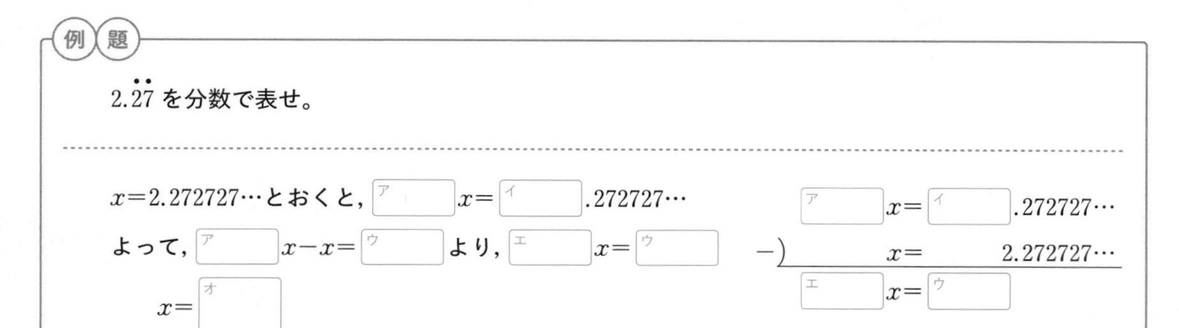

例題

$2.\dot{2}\dot{7}$ を分数で表せ。

$x=2.272727\cdots$とおくと，[ア]$x=$[イ]$.272727\cdots$

よって，[ア]$x-x=$[ウ]より，[エ]$x=$[ウ]

$x=$[オ]

$$\begin{array}{rrl} & [ア]x= & [イ].272727\cdots \\ -) & x= & 2.272727\cdots \\ \hline & [エ]x= & [ウ] \end{array}$$

例題の解答　ア 100　イ 227　ウ 225　エ 99　オ $\dfrac{25}{11}$

演習の解答 ➡ 別冊P.9

1 次の数について，下の問いに答えよ。

$$-5,\ \frac{\sqrt{3}}{3},\ \frac{2}{5},\ \sqrt{2^3},\ -\frac{2}{3},\ 4\sqrt{6},\ \frac{1}{7},\ 2\sqrt{2}-\sqrt{8}$$

(1) 有理数となる数をすべて答えよ。

(2) 循環小数となる数をすべて答えよ。

(3) 無理数となる数をすべて答えよ。

2 循環小数 $1.\dot{6}5\dot{7}$ を分数で表せ。

CHALLENGE 循環小数 $0.3\dot{2}\dot{7}$ を分数で表せ。

HINT $x=0.3\dot{2}\dot{7}$ とおくと，$1000x=327.272727\cdots$ になるね。これから x をひいても $272727\cdots$ の部分がそろわないから $10x$ をひこう！

✔ CHECK 08講で学んだこと

□ $\dfrac{整数}{整数}$ の形で表される数を有理数，$\dfrac{整数}{整数}$ で表すことができない数を無理数という。

□ 循環小数 x を分数で表すには，$10x$, $100x$, $1000x$ などを考えて，共通な部分をつくる。

09講 $\sqrt{\ \ }$ をはずすときは絶対値記号をつける！

絶対値と平方根

▶ここからつなげる 絶対値と平方根には密接な関係があります。実は $\sqrt{a^2}$ は絶対値を使ってはずすことができるんです。また，ここでは絶対値記号のはずし方も学習します。難しく感じる部分もあるかもしれませんが，じっくり学んでいきましょう。

POINT 1 絶対値記号は中身が正→そのまま，負→「－」をつけてはずす！

絶対値は原点からの距離を表し，a の絶対値を $|a|$ と表します。

例　$|3|=3$,
　　$|-2|=2$

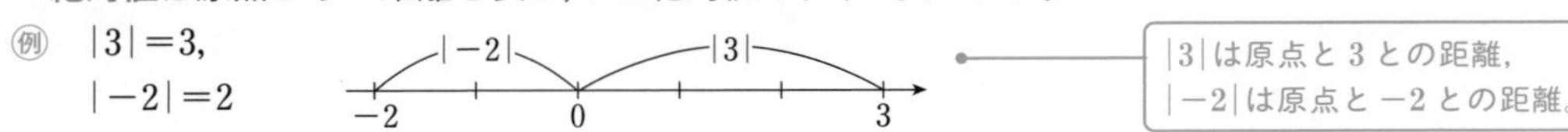

$|3|$ は原点と 3 との距離，
$|-2|$ は原点と -2 との距離。

$|3|=3$ のように，**絶対値記号の中身が 0 以上のとき，絶対値記号はそのままはずします。**つまり，**$a \geqq 0$ のとき** $|a|=a$ です。また，$|-2|=-(-2)=2$ のように，**絶対値記号の中身が負のときは，「－」をつけてはずします。**つまり，**$a<0$ のとき** $|a|=-a$ です。

POINT 2 $a \geqq 0$ のとき $\sqrt{a^2}=a$，$a<0$ のとき $\sqrt{a^2}=-a$

$\sqrt{3^2}$ は 2 乗して 3^2 になる数のうち正の数の方なので，$\sqrt{3^2}=3$ となりますね。よって，

$a \geqq 0$ のとき， $\sqrt{a^2}=a$　　$\sqrt{a^2}$ は 2 乗して a^2 になる正の数。

$\sqrt{(-3)^2}$ は 2 乗して $(-3)^2$ になる数のうち正の数の方なので，$\sqrt{(-3)^2}=3$ ですが，$\sqrt{(-3)^2}=-(-3)$ と考えることができますね。つまり，

$a<0$ のとき， $\sqrt{a^2}=-a$

POINT 3 $\sqrt{a^2}$ は絶対値記号をつけてはずす！

$\sqrt{a^2}$ は 2 乗すると a^2 になる正の数だから，$a \geqq 0$ のとき $\sqrt{a^2}=a$，$a<0$ のとき $\sqrt{a^2}=-a$ より，絶対値記号を使って次のように表せます。

$$\sqrt{a^2}=|a|=\begin{cases} a & (a \geqq 0 \text{ のとき}) \\ -a & (a<0 \text{ のとき}) \end{cases}$$

$\sqrt{\ \ }$ をはずすときは絶対値記号をつける！

例　$\sqrt{5^2}=|5|=5$，$\sqrt{(-7)^2}=|-7|=-(-7)=7$
　　$a-1<0$ のとき，$\sqrt{(a-1)^2}=|a-1|=-(a-1)=-a+1$

例題

次の数を絶対値記号や根号を用いずに表せ。ただし，$x<2$ とする。

(1)　$|\sqrt{2}-\sqrt{3}|$　　(2)　$\sqrt{(-2)^2}$　　(3)　$\sqrt{(x-2)^2}$

---

(1)　$\sqrt{2}-\sqrt{3}$ [ア] 0 より，$|\sqrt{2}-\sqrt{3}|=\sqrt{[イ]}-\sqrt{[ウ]}$

(2)　$\sqrt{(-2)^2}=|[エ]|=[オ]$

(3)　$x-2$ [カ] 0 より，$\sqrt{(x-2)^2}=|x-2|=-([キ]-[ク])=[ク]-[キ]$

例題の解答　ア <　イ 3　ウ 2　エ -2　オ 2　カ <　キ x　ク 2

演習の解答 ➡ 別冊P.10

演習

1 次の数を絶対値記号を用いずに表せ。

(1) $|2.5|$　(2) $|-5|$　(3) $|-\sqrt{2}-1|$

2 次の数を根号を用いずに表せ。

(1) $\sqrt{\left(\frac{3}{2}\right)^2}$　(2) $\sqrt{(-3.2)^2}$　(3) $\sqrt{(2-\pi)^2}$

3 $x>-1$ のとき，$\sqrt{(x+1)^2}$ を根号を用いずに表せ。

CHALLENGE $-3<x<2$ のとき，$\sqrt{x^2+6x+9}+\sqrt{x^2-4x+4}$ を根号を用いずに表せ。

□ $\sqrt{a^2}=|a|=\begin{cases} a & (a\geqq 0 \text{ のとき}) \\ -a & (a<0 \text{ のとき}) \end{cases}$

□ $\sqrt{}$ は絶対値記号をつけてはずす！

10講　分母に$\sqrt{\quad}$が 3 つあるときはカタマリをみつける！

分母の有理化

▶ここからつなげる　$\dfrac{1}{\sqrt{2}+\sqrt{3}}$は，分子と分母に$\sqrt{2}-\sqrt{3}$をかけることで有理化することができました。今回は分母に$\sqrt{\quad}$が3つあるときの有理化を考えていきましょう。

POINT 1　$\sqrt{\quad}$が 3 つの式の計算

㊀例　$(\sqrt{2}+\sqrt{3}+\sqrt{5})(\sqrt{2}+\sqrt{3}-\sqrt{5})$を計算せよ。

$$\begin{aligned}(\sqrt{2}+\sqrt{3}+\sqrt{5})(\sqrt{2}+\sqrt{3}-\sqrt{5}) &= \{(\sqrt{2}+\sqrt{3})+\sqrt{5}\}\{(\sqrt{2}+\sqrt{3})-\sqrt{5}\}\\ &= (\sqrt{2}+\sqrt{3})^2-(\sqrt{5})^2\\ &= (2+2\sqrt{6}+3)-5\\ &= 2\sqrt{6}\end{aligned}$$

$(a+b)(a-b)=a^2-b^2$

POINT 2　分母に$\sqrt{\quad}$が 3 つある場合の有理化

上の㊀例で考えた計算を行い，3 つある$\sqrt{\quad}$を 1 つに減らせることを利用します。

例

$$\begin{aligned}\frac{1}{\sqrt{2}+\sqrt{3}+\sqrt{5}} &= \frac{\sqrt{2}+\sqrt{3}-\sqrt{5}}{(\sqrt{2}+\sqrt{3}+\sqrt{5})(\sqrt{2}+\sqrt{3}-\sqrt{5})}\\ &= \frac{\sqrt{2}+\sqrt{3}-\sqrt{5}}{2\sqrt{6}}\\ &= \frac{(\sqrt{2}+\sqrt{3}-\sqrt{5})\times\sqrt{6}}{2\sqrt{6}\times\sqrt{6}}\\ &= \frac{2\sqrt{3}+3\sqrt{2}-\sqrt{30}}{12}\end{aligned}$$

$\sqrt{2}+\sqrt{3}$をカタマリとみる。

$\sqrt{3}+\sqrt{5}$をカタマリとみたときの分母だけを計算すると，

$$\begin{aligned}&\{\sqrt{2}+(\sqrt{3}+\sqrt{5})\}\{\sqrt{2}-(\sqrt{3}+\sqrt{5})\}\\ &=(\sqrt{2})^2-(\sqrt{3}+\sqrt{5})^2\\ &=-6-2\sqrt{15}\end{aligned}$$

$\sqrt{2}+\sqrt{3}$ではなく，$\sqrt{3}+\sqrt{5}$を**カタマリ**とみて解くこともできますが，分母が$-6-2\sqrt{15}$となり，その後の計算が面倒になります。カタマリの 2 つの$\sqrt{\quad}$の中の数の和が，残りの$\sqrt{\quad}$の中の数に一致するようにカタマリをつくりましょう。

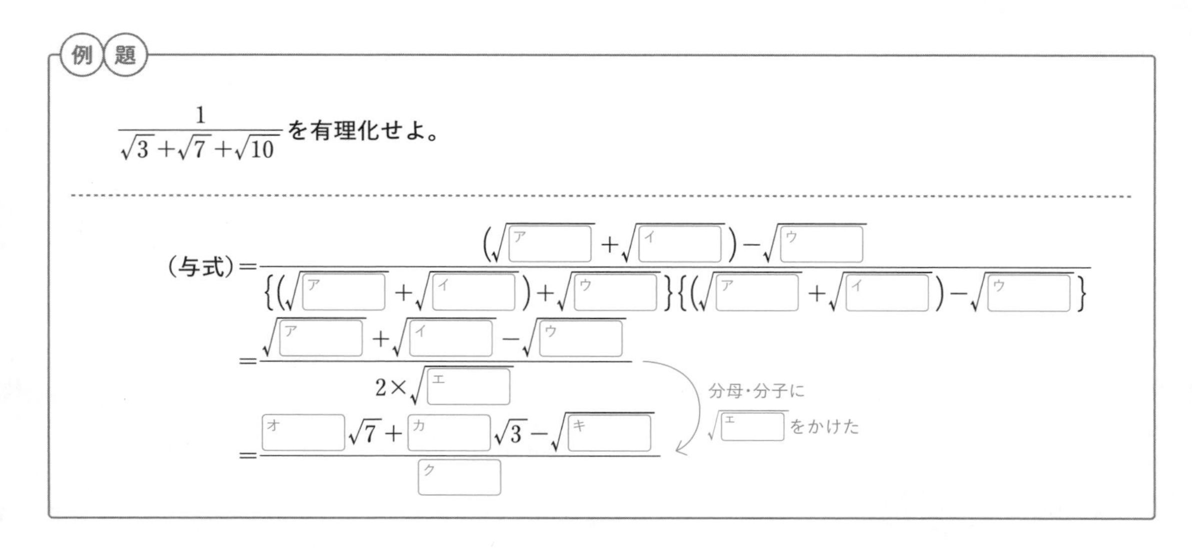

　例題の解答　ア 3　イ 7　ウ 10　エ 21　オ 3　カ 7　キ 210　ク 42

演習の解答 ➡ 別冊P.11

1 (1) $(3+\sqrt{2}+\sqrt{7})(3-\sqrt{2}-\sqrt{7})$ を計算せよ。

(2) $\dfrac{1}{3-\sqrt{2}-\sqrt{7}}$ の分母を有理化せよ。

CHALLENGE $\dfrac{\sqrt{2}+\sqrt{3}+\sqrt{5}}{2\sqrt{2}+\sqrt{3}+\sqrt{5}}$ を有理化せよ。

HINT $2\sqrt{2}=\sqrt{8}$ だから，$2\sqrt{2}+\sqrt{3}+\sqrt{5}=2\sqrt{2}+(\sqrt{3}+\sqrt{5})$ と考えよう！

CHECK
10講で学んだこと

□ 分母に $\sqrt{}$ が3つある場合の有理化は，分母の $\sqrt{}$ が1つになるようにカタマリをみつけて，分子と分母にかける。

11講　2重根号は $\sqrt{(\sqrt{a}\pm\sqrt{b})^2}$ に変形してはずす！

2重根号

▶ここからつなげる　$\sqrt{\ }$ の中が $\sqrt{a^2}$ のように2乗の形で表されるとき，$\sqrt{\ }$ をはずせることを09講で学びました。今回は，$\sqrt{5+2\sqrt{6}}$ のような $\sqrt{\ }$ の中に $\sqrt{\ }$ がある（2重根号という）数を $\sqrt{○}\pm\sqrt{△}$ の形に変形することを目標とします！

POINT　2重根号は $\sqrt{(\sqrt{a}\pm\sqrt{b})^2}$ の形をつくってはずす！

$\sqrt{5+2\sqrt{6}}$ のように，根号が2つ重なっている値を $\sqrt{a}\pm\sqrt{b}$ の形にして，みやすくすることを2重根号をはずすといいます。

例1　$\sqrt{5+2\sqrt{6}}$ の2重根号をはずせ。

$\sqrt{5+2\sqrt{6}}=\sqrt{(\sqrt{a}+\sqrt{b})^2}$ に変形できれば，2重根号をはずすことができます。

$(\sqrt{a}+\sqrt{b})^2=(a+b)+2\sqrt{ab}$ より，

$$\sqrt{5+2\sqrt{6}}=\sqrt{(a+b)+2\sqrt{ab}}$$

$\sqrt{ab}$ が2倍になっていることがポイント！

となる a, b, すなわち $a+b=5$, $ab=6$ となるような a, b を探せばよいですね。

和が5, **積が6** となる2数は3と2だから，

$$\sqrt{5+2\sqrt{6}}=\sqrt{(\sqrt{3}+\sqrt{2})^2}$$
$$=|\sqrt{3}+\sqrt{2}|$$
$$=\sqrt{3}+\sqrt{2}$$

$5+2\sqrt{6}=3+2+2\sqrt{3\times2}$
$=(\sqrt{3})^2+2\sqrt{3}\sqrt{2}+(\sqrt{2})^2$
$=(\sqrt{3}+\sqrt{2})^2$

絶対値記号の中身が正なので，そのままはずせる。

例2　$\sqrt{5-2\sqrt{6}}$ の2重根号をはずせ。

$\sqrt{5-2\sqrt{6}}=\sqrt{(a+b)-2\sqrt{ab}}$ となる a, b, すなわち**和が5**, **積が6** となる2数は3と2だから，

$$\sqrt{5-2\sqrt{6}}=\sqrt{(\sqrt{3}-\sqrt{2})^2}$$
$$=|\sqrt{3}-\sqrt{2}|$$
$$=\sqrt{3}-\sqrt{2}$$

$5-2\sqrt{6}=3+2-2\sqrt{3\times2}$
$=(\sqrt{3})^2-2\sqrt{3}\sqrt{2}+(\sqrt{2})^2$
$=(\sqrt{3}-\sqrt{2})^2$

$(\sqrt{a}-\sqrt{b})^2$ の形に直すときは，$a>b$ としておくと，絶対値記号の中身が正になってそのままはずすことができる。

例題

次の式の2重根号をはずせ。

(1) $\sqrt{4+2\sqrt{3}}$　　(2) $\sqrt{7-2\sqrt{10}}$

---

(1) $\sqrt{4+2\sqrt{3}}=\sqrt{(\sqrt{ア}+\sqrt{イ})^2}=|\sqrt{ア}+\sqrt{イ}|$
$=\sqrt{ア}+\sqrt{イ}$

たして4，かけて3となる2数は ア と イ

(2) $\sqrt{7-2\sqrt{10}}=\sqrt{(\sqrt{ウ}-\sqrt{エ})^2}=|\sqrt{ウ}-\sqrt{エ}|$
$=\sqrt{ウ}-\sqrt{エ}$

たして7，かけて10となる2数は ウ と エ

　例題の解答　ア 3　イ 1　ウ 5　エ 2

演 習の解答 ➡ 別冊P.12

1 次の式の 2 重根号をはずせ。

(1) $\sqrt{9+2\sqrt{14}}$　　(2) $\sqrt{10-2\sqrt{21}}$

CHALLENGE 次の式の 2 重根号をはずせ。

(1) $\sqrt{7+4\sqrt{3}}$　　(2) $\sqrt{11-\sqrt{96}}$

(3) $\sqrt{4+\sqrt{15}}$

(1) $\sqrt{□+2\sqrt{△}}$ の形にしよう。
(2) $\sqrt{□-2\sqrt{△}}$ の形にしよう。
(3) 分母･分子に $\sqrt{2}$ をかけて，$\sqrt{□+2\sqrt{△}}$ の形にしよう。

✔ CHECK
11講で学んだこと

□ $\sqrt{□\pm2\sqrt{△}}$ の $\sqrt{}$ は，たして□，かけて△になる 2 数 a，b を用いて，$\sqrt{(\sqrt{a}\pm\sqrt{b})^2}$ に変形することによってはずす。

12講　数は整数部分と小数部分に分解できる！

整数部分，小数部分

▶ ここからつなげる　5.2 の小数部分は 0.2，4.8 の小数部分は 0.8 ですが，$\sqrt{2}=1.41421356\cdots$ の小数部分は $0.41421356\cdots$ となり，扱いにくいですね。今回は，小数部分を元の数と整数部分で表す方法を学び，小数部分を扱いやすくします。

POINT　（小数部分）＝（元の数）－（整数部分）で求めることができる

例えば，3.125 の**整数部分**（数の整数の部分）は 3 ですね。また，3.125 の**小数部分**（数の小数点以下の部分）は 0.125 ですね。この 0.125 は，

$$\underbrace{0.125}_{\text{小数部分}}=\underbrace{3.125}_{\text{元の数}}-\underbrace{3}_{\text{整数部分}}$$

と求めることができます。つまり，

（x の小数部分）＝x－（x の整数部分）

が成り立ちます。

例えば，$\sqrt{3}=1.7320508\cdots$ については，整数部分は 1 だから，

$$(\sqrt{3}\text{ の小数部分})=\underbrace{\sqrt{3}}_{\text{元の数}}-\underbrace{1}_{\text{整数部分}}$$

$\sqrt{3}$ の小数部分は $0.7320508\cdots$ ではありますが，このように表してしまうと $\sqrt{3}$ の小数部分の 2 乗を求めよといわれたら困ってしまいますね。しかし，$\sqrt{3}$ の小数部分を $\sqrt{3}-1$ と表しておけば，小数部分の 2 乗は，

$$(\sqrt{3}-1)^2=(\sqrt{3})^2-2\cdot\sqrt{3}\cdot1+1^2=4-2\sqrt{3}$$

と計算することができます。

ですので，小数部分は

（元の数）－（整数部分）

として求めましょう。

考えてみよう

次の数の整数部分と小数部分を求めよ。

(1)　$\sqrt{91}$　　　(2)　$2+\sqrt{11}$

(1)　$81<91<100$ より，

$9<\sqrt{91}<10$

（$\sqrt{\ }$ の中の数を（整数）^{2} ではさむと，$9^2<91<10^2$）

よって，

$\sqrt{91}$ の整数部分は 9

したがって，

小数部分は $\sqrt{91}-9$

(2)　$9<11<16$ より，

$3<\sqrt{11}<4$

$5<2+\sqrt{11}<6$

よって，

$2+\sqrt{11}$ の整数部分は 5

したがって，小数部分は $(2+\sqrt{11})-5=\sqrt{11}-3$

演習の解答 ➡ 別冊P.13

1 次の数の整数部分と小数部分を求めよ。

(1) 3.92　　(2) $\sqrt{7}$　　(3) π

2 $5-\sqrt{5}$ の整数部分と小数部分を求めよ。

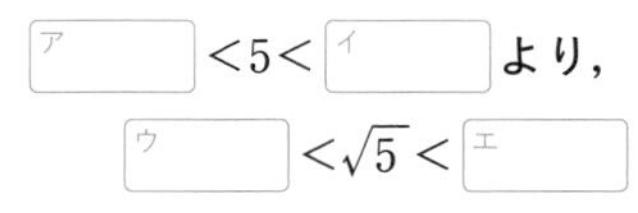

[ア] $<5<$ [イ] より,

[ウ] $<\sqrt{5}<$ [エ]

よって,

$-$[エ] $<-\sqrt{5}<-$[ウ]

[オ] $<5-\sqrt{5}<$ [カ]

したがって,

$5-\sqrt{5}$ の整数部分は [キ],

小数部分は,

$(5-\sqrt{5})-$[キ] $=$ [ク] $-\sqrt{5}$

CHALLENGE $3\sqrt{11}$ の整数部分と小数部分を求めよ。

HINT $3\sqrt{11}$ を $\sqrt{\square}$ の形で表して，□を整数の 2 乗ではさむことを考えよう。

✔ CHECK
12講で学んだこと

□ 数の整数の部分を「整数部分」という。
□ 数の小数点以下の部分を「小数部分」という。
□ (小数部分)＝(元の数)－(整数部分)

13講　x, yの対称式は$x+y$, xyを用いて表せる！

対称式

▶ここからつなげる　図形の対称は中学で学習しました。式の「対称」とはどのようなことでしょうか？　式が「対称」であるとは，文字を入れかえても，元と変わらないことを意味します！　対称な式がもつ性質について学んでいきます。

POINT 1　対称式

x^2y+xy^2 において，「x」のところを「y」に，「y」のところを「x」に変えると，y^2x+yx^2 になりますが，これはかける順番とたす順番を入れかえると x^2y+xy^2 になり，元の式と一致します。このように，**文字を入れかえても元と変わらない式**を**対称式**といいます。対称式の中でも，特に

$$x+y \text{ と } xy$$

和と積。

の 2 つを**基本対称式**とよびます。

対称式の例　$x+y,\ xy,\ x^2+y^2,\ \dfrac{x}{y}+\dfrac{y}{x},\ (x-y)^2$　　これらはすべて対称式！

POINT 2　x, yの対称式は$x+y$とxyを用いて表せる

x, yの対称式は基本対称式（$x+y$, xy）を用いて表せることが知られています。
例えば，x^2y+xy^2 も $x^2y+xy^2=xy(x+y)$ のように基本対称式で表せますね。
その他にも，対称式の変形について次のような例があります。

$$x^2+y^2=(x+y)^2-2xy$$
$$(x-y)^2=(x+y)^2-4xy$$
$$\frac{x}{y}+\frac{y}{x}=\frac{x^2}{xy}+\frac{y^2}{xy}=\frac{x^2+y^2}{xy}=\frac{(x+y)^2-2xy}{xy}$$

$(x+y)^2=x^2+2xy+y^2$ だから，$(x+y)^2$ から $2xy$ を除けば，x^2+y^2 だけが残る！

考えてみよう

$x+y=2$, $xy=-4$ のとき，次の値を求めよ。

(1) $\dfrac{1}{x}+\dfrac{1}{y}$　　(2) x^2+y^2　　(3) $(x-y)^2$

(1) $\dfrac{1}{x}+\dfrac{1}{y}=\dfrac{x+y}{xy}=\dfrac{2}{-4}=-\dfrac{1}{2}$　　$\dfrac{1}{x}=\dfrac{y}{xy}$, $\dfrac{1}{y}=\dfrac{x}{xy}$

(2) $x^2+y^2=(x+y)^2-2xy$
$=2^2-2\times(-4)$
$=12$

(3) $(x-y)^2=x^2-2xy+y^2$
$=(x+y)^2-4xy$
$=2^2-4\times(-4)$
$=20$

演習の解答 ➡ 別冊P.14

演習

1 $x+y=5,\ xy=3$ のとき，次の値を求めよ。

(1) x^2+y^2

(2) $\dfrac{x}{y}+\dfrac{y}{x}$

2 $x=\sqrt{5}+2,\ y=\sqrt{5}-2$ のとき，$\dfrac{1}{x}+\dfrac{1}{y}$ の値を求めよ。

CHALLENGE

(1) $x>y$ とする。$x+y=6,\ xy=4$ のとき，$x-y$ の値を求めよ。

(2) $a+\dfrac{1}{a}=\sqrt{5}$ のとき，$a^2+\dfrac{1}{a^2}$ の値を求めよ。

HINT
(1) $x-y$ は対称式ではないから，対称式である $(x-y)^2$ を考えよう！
(2) $a^2+\dfrac{1}{a^2}$ は a と $\dfrac{1}{a}$ の対称式ということに着目しよう！

✔ CHECK
13講で学んだこと

□ 文字を入れかえても元の式と変わらない式のことを対称式という。
□ すべての対称式は基本対称式 $(x+y,\ xy)$ を用いて表すことができる。

14講　係数に文字が入ったら場合分け！

係数に文字を含む方程式・不等式

▶ここからつなげる 係数に文字が入っている方程式や不等式を解いていきます。具体的な数ではないため，難しく感じるかもしれませんが，ぜひここで理解しておきましょう。何かを0でわることはできませんので「文字でわる」ときには気をつけましょう。

POINT 1　$ax=\square$ は a が 0 か 0 でないかで場合分け

例えば，x についての方程式 $ax=1$ の解を考えてみましょう。

両辺を a でわって，$x=\dfrac{1}{a}$ が解だと思うかもしれませんが，実はこれでは不十分です。**a が 0 の場合はわることができない**ですよね。だから，**場合分け**が必要です。

(i)　$a\neq 0$ のとき，　$x=\dfrac{1}{a}$

(ii)　$a=0$ のとき，　$0\cdot x=1$ となり，これをみたす x は存在しないので，解なし。

のように場合分けして答えることになります。

POINT 2　$ax\leqq\square$ は a が正か 0 か負かで場合分け

例えば，x についての不等式 $ax\leqq 1$ の解を考えてみましょう。

両辺を a でわりたいところですが，**a が 0 の場合はわることはできない**ですね。さらに，**a が負の数の場合はわったときに不等号の向きが変わる**ので注意が必要です。a がどのような値かによって答えが変わってきますので，$a>0$，$a=0$，$a<0$ で**場合分け**をしていきます。

(i)　$a>0$ のとき，　$x\leqq\dfrac{1}{a}$　← 正の数でわっても不等号の向きは変わらない。

(ii)　$a=0$ のとき，　$0\cdot x\leqq 1$ となり，これはすべての実数 x について成り立つ。← x の値が 1 でも $-\sqrt{2}$ でもどんな実数でも成り立つ。

(iii)　$a<0$ のとき，　$x\geqq\dfrac{1}{a}$　← 負の数でわると不等号の向きが変わる。

例題

(1)　x についての方程式 $ax=3a$ を解け。

(2)　x についての不等式 $ax\geqq 2a$ を解け。

---

(1)(i)　$a\neq 0$ のとき，

$x=$ [ア]

(ii)　$a=0$ のとき，

$0\cdot x=3\cdot 0$　← これは x にどのような実数を代入しても成り立つね！

となり，解は [イ] 。

(2)(i)　$a>0$ のとき，

$x\geqq$ [ウ]

(ii)　$a=0$ のとき，

$0\cdot x\geqq 2\cdot 0$

となり，これは [エ] について成り立つ。

(iii)　$a<0$ のとき，

$x\leqq$ [オ]

例題の解答　ア 3　イ すべての実数　ウ 2　エ すべての実数　オ 2

演習の解答 ➡ 別冊P.15

1 次のxについての方程式を解け。

(1) $(a-1)x=2$

(2) $(a+2)x=5(a+2)$

2 次のxについての不等式を解け。

$(a-2)x<3$

CHALLENGE 次のxについての不等式を解け。

$(a+3)x>5(a+3)$

HINT $a+3$を正，0，負で場合分けして考えよう！

✔ CHECK 14講で学んだこと

☐ 文字を含む方程式→係数が0か0でないかで場合分け
☐ 文字を含む不等式→係数が正，0，負で場合分け

15講　絶対値を含む方程式は絶対値の中以外に変数があるかに着目！

絶対値を含む方程式

▶ ここからつなげる 方程式の中には，絶対値を含むものもあります。ここでは，「絶対値の意味を考えれば解くことができるもの」と「絶対値をはずすことができれば単なる1次方程式になるもの」の2つを解くことができるようにしていきましょう！

POINT 1　絶対値記号の中以外に変数が入っていないときは意味を考える

例　$|x-2|=5$ を解け。 ―― $|x-2|$ は原点と $x-2$ との距離を表す。

原点と $x-2$ の距離が5であるから，

$x-2=\pm5$ ―― 原点との距離が5になるのは5と -5

$x=7,\ -3$

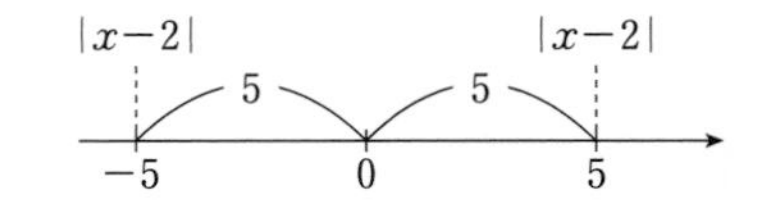

POINT 2　絶対値記号の中以外にも変数が入っているときは絶対値記号をはずす

例　$|x-12|=3x$ を解け。

このように絶対値記号の中以外にも変数がある場合は，**場合分け**をして**絶対値記号をはずし**，方程式を解きます。

(i)　$x-12\geqq0$，すなわち，$x\geqq12$ のとき，

$x-12=3x$ ―― $x-12\geqq0$ のとき，$x-12$ は0以上の数だから，$|x-12|=x-12$ のようにそのままはずす。

$x=-6$

これは $x\geqq12$ をみたさないので不適。

(ii)　$x-12<0$，すなわち，$x<12$ のとき，

$-(x-12)=3x$ ―― $x-12<0$ のとき，$x-12$ は負の数だから，$|x-12|=-(x-12)$ のように「$-$(マイナス)」をつけてはずす。

$x=3$　（これは $x<12$ をみたす。）

(i)，(ii)より，$x=3$

例題

次の方程式を解け。

(1)　$|3x-2|=1$　　(2)　$|2x-6|=x$

---

(1)　[ア] $x-$ [イ] $=\pm$ [ウ]

より，$x=$ [エ]，$\dfrac{[オ]}{[カ]}$

(2)(i)　$2x-6\geqq0$，すなわち，$x\geqq$ [キ] のとき

$2x-6=x$

$x=$ [ク]　（これは $x\geqq$ [キ] をみたす）

(ii)　$2x-6<0$，すなわち，$x<$ [キ] のとき

$-(2x-6)=x$

$x=$ [ケ]　（これは $x<$ [キ] をみたす）

(i)，(ii)より，$x=$ [ク]，[ケ]

例題の解答　ア 3　イ 2　ウ 1　エ 1　オ 1　カ 3　キ 3　ク 6　ケ 2

演習の解答 ➡ 別冊P.16

1 次の方程式を解け。

(1) $|2x-5|=1$

(2) $|3x-4|=5x$

CHALLENGE 方程式 $3|-x+3|=2x+1$ を解け。

HINT $-x+3\geqq 0$ のときと $-x+3<0$ のときとで場合分けをして，絶対値記号をはずそう。

✔ CHECK 15講で学んだこと

□ 絶対値記号の中以外に変数が入っていないときは，絶対値の意味を考える。
□ 絶対値記号の中以外に変数が入っているときは，場合分けして絶対値記号をはずす。

16講　絶対値を含む不等式も絶対値の中以外に変数があるかに着目！

絶対値を含む不等式

▶ここからつなげる　不等式の中にも，絶対値を含むものがあります。方程式のときと同様，「絶対値記号の中だけに変数が入っている場合」と「絶対値記号の中以外にも変数が入っている場合」に分けて考えていきましょう！

POINT 1　絶対値記号の中以外に変数が入っていないときは意味を考える

例　$|x-2|<5$ を解け。

原点と $x-2$ の距離が 5 より小さい x の値の範囲を求めればよく，

$-5<x-2<5$

$-3<x<7$

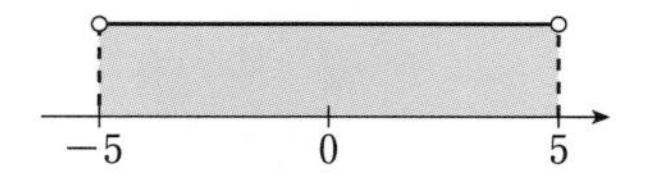

POINT 2　絶対値記号の中以外にも変数が入っているときは絶対値記号をはずす

例　$|x-12|<3x$ を解け。

方程式のときと同様，**場合分け**をして**絶対値記号をはずします。**

(i)　$x-12\geqq 0$，すなわち，$x\geqq 12$ のとき，

$x-12<3x$

$-2x<12$

$x>-6$

これと $x\geqq 12$ の共通範囲は，

$x\geqq 12$　…①

$x\geqq 12$ の範囲で考えているので，解は，$x\geqq 12$ の中の $x>-6$ をみたす部分。

(ii)　$x-12<0$，すなわち，$x<12$ のとき，

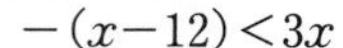

$-(x-12)<3x$

$-x+12<3x$

$-4x<-12$

$x>3$

これと $x<12$ の共通範囲は，

$3<x<12$　…②

$x<12$ の範囲で考えているので，解は，$x<12$ の中の $x>3$ をみたす部分。

①，②より，

$3<x$

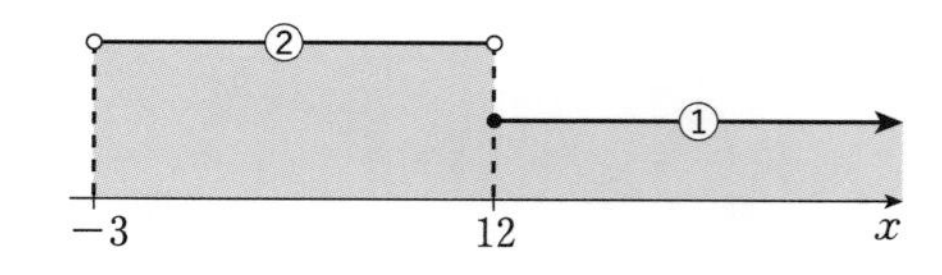

例題

不等式 $|x-2|>5$ を解け。

$x-2<$ ア ，イ $<x-2$

$x<$ ウ ，エ $<x$

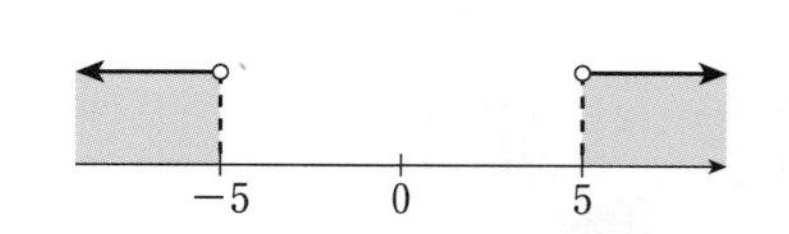

例題の解答　ア -5　イ 5　ウ -3　エ 7

演習の解答 ➡ 別冊P.17

1 次の不等式を解け。

(1)　$|2x-5| \leqq 3$

(2)　$|2x-5| > 3$

(3)　$|4x-1| \leqq 3x+2$

CHECK
16講で学んだこと

- □ 絶対値記号の中以外に変数が入っていないときは，絶対値の意味を考える。
- □ 絶対値記号の中以外に変数が入っているときは，場合分けして絶対値記号をはずす。

17講　絶対値を２つ含む方程式は表をつくって場合分け！

絶対値を２つ含む方程式

▶ここからつなげる　方程式に含まれている絶対値は１つとは限りません。今回は絶対値を２つ含む方程式に挑戦します。場合分けが少し複雑になりますが，場合分けをわかりやすくするよい方法を今回お伝えします！　ぜひ習得してください。

POINT 絶対値を２つ含む方程式は表を利用して絶対値記号をはずす

考えてみよう

方程式 $|x-2|+|2x-6|=5x$ を解け。

$|x-2|$ の絶対値記号をはずすためには，$x-2$ が 0 以上か負かに着目。

$$|x-2|=\begin{cases} x-2 & (x-2\geqq 0,\ \text{すなわち},\ x\geqq 2\ \text{のとき}) \\ -(x-2) & (x-2<0,\ \text{すなわち},\ x<2\ \text{のとき}) \end{cases}$$

このように $x=2$ を境として絶対値をどのようにはずすかが変わる。

$|2x-6|$ の絶対値記号をはずすためには，$2x-6$ が 0 以上か負かに着目。

$$|2x-6|=\begin{cases} 2x-6 & (2x-6\geqq 0,\ \text{すなわち},\ x\geqq 3\ \text{のとき}) \\ -(2x-6) & (2x-6<0,\ \text{すなわち},\ x<3\ \text{のとき}) \end{cases}$$

このように $x=3$ を境として絶対値をどのようにはずすかが変わる。

この２種類の場合分けを同時に考える必要があるので，次のような表の作成がオススメ。

(i)　　2	(ii)　　3	(iii)　→ x	
$-(x-2)$	$x-2$	$x-2$	$|x-2|$ をどうはずすか
$-(2x-6)$	$-(2x-6)$	$2x-6$	$|2x-6|$ をどうはずすか

これを元に，次のように場合分けをして解いていく。

(i)　$x<2$ のとき

$$-(x-2)-(2x-6)=5x$$
$$-x+2-2x+6=5x$$
$$-8x=-8$$
$$x=1$$

$x<2$ のとき，
$|x-2|=-(x-2)$
$|2x-6|=-(2x-6)$

これは $x<2$ をみたす。

(ii)　$2\leqq x<3$ のとき

$$(x-2)-(2x-6)=5x$$
$$x-2-2x+6=5x$$
$$-6x=-4$$
$$x=\frac{2}{3}$$

$2\leqq x<3$ のとき，
$|x-2|=x-2$
$|2x-6|=-(2x-6)$

これは $2\leqq x<3$ をみたさないので不適。

(iii)　$3\leqq x$ のとき

$$(x-2)+(2x-6)=5x$$
$$-2x=8$$
$$x=-4$$

$x\geqq 3$ のとき，
$|x-2|=x-2$
$|2x-6|=2x-6$

これは $3\leqq x$ をみたさないので不適。

(i), (ii), (iii)より，$x=1$

演習の解答 ➡ 別冊P.18

1 方程式 $|2x-3|-|3x+2|=2x+1$ を解け。

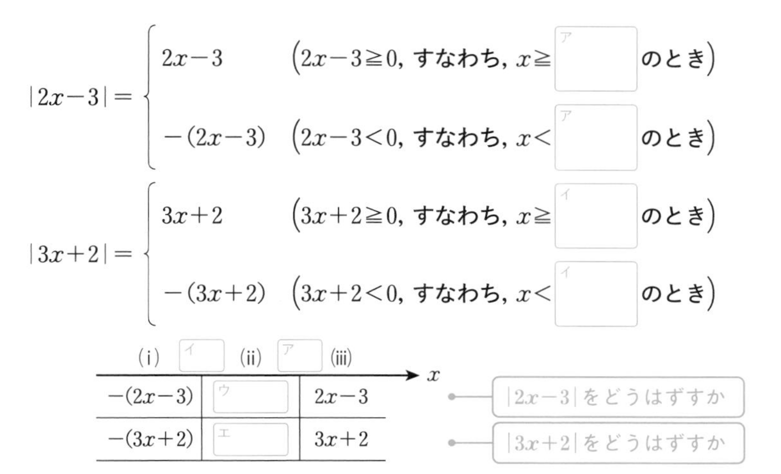

$$|2x-3|=\begin{cases}2x-3 & (2x-3\geqq 0,\ \text{すなわち},\ x\geqq \boxed{\text{ア}}\ \text{のとき})\\ -(2x-3) & (2x-3<0,\ \text{すなわち},\ x<\boxed{\text{ア}}\ \text{のとき})\end{cases}$$

$$|3x+2|=\begin{cases}3x+2 & (3x+2\geqq 0,\ \text{すなわち},\ x\geqq \boxed{\text{イ}}\ \text{のとき})\\ -(3x+2) & (3x+2<0,\ \text{すなわち},\ x<\boxed{\text{イ}}\ \text{のとき})\end{cases}$$

(i)	[イ] (ii) [ア]	(iii) → x	
$-(2x-3)$	[ウ]	$2x-3$	← $|2x-3|$をどうはずすか
$-(3x+2)$	[エ]	$3x+2$	← $|3x+2|$をどうはずすか

(i) $x\leqq$ [イ] のとき

$-(2x-3)-\{-(3x+2)\}=2x+1$

$-2x+3+3x+2=2x+1$

$-x=-4$

$x=$ [オ]

これは$x\leqq$ [イ] をみたさないので不適。

(ii) [イ] $<x\leqq$ [ア] のとき

[ウ] $-($ [エ] $)=2x+1$

$-2x+3-3x-2=2x+1$

$-7x=0$

$x=$ [カ]

これは [イ] $<x\leqq$ [ア] をみたす。

(iii) [ア] $<x$ のとき

$(2x-3)-(3x+2)=2x+1$

$2x-3-3x-2=2x+1$

$-3x=6$

$x=$ [キ]

これは [ア] $<x$ をみたさないので不適。

(i), (ii), (iii)より,

$x=$ [ク]

✔ CHECK
17講で学んだこと

□ 絶対値を 2 つ含む方程式は, 表を作成して場合分けを考える。

18講　絶対値を2つ含む不等式も表をつくって場合分け！

絶対値を2つ含む不等式

▶ ここからつなげる　今回は絶対値を2つ含む不等式に挑戦します。方程式のときと同様に考えていきます。場合分けをして解いた解の和集合（合わせたもの）が求める解になります。これができればあなたも絶対値マスターです！

POINT 絶対値を2つ含む不等式は表を利用して絶対値記号をはずす

考えてみよう

不等式 $|x-2|+|2x-6|<5x$ を解け。

方程式のときと同様の表を作成して絶対値記号をはずして求める。

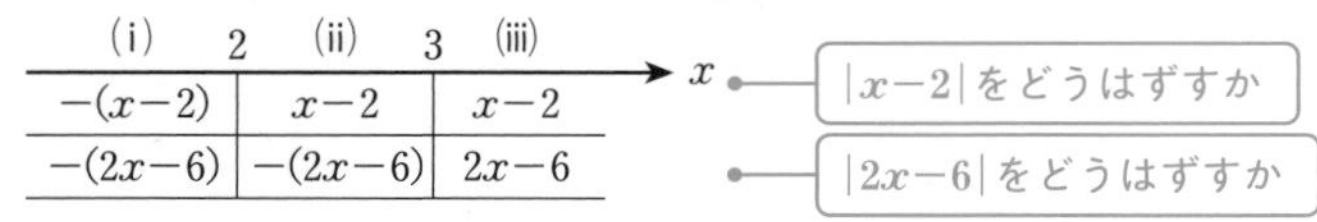

(i)	2	(ii)	3	(iii) → x
$-(x-2)$		$x-2$		$x-2$
$-(2x-6)$		$-(2x-6)$		$2x-6$

(i)　$x<2$ のとき

$$-(x-2)-(2x-6)<5x$$
$$-x+2-2x+6<5x$$
$$-8x<-8$$
$$x>1$$

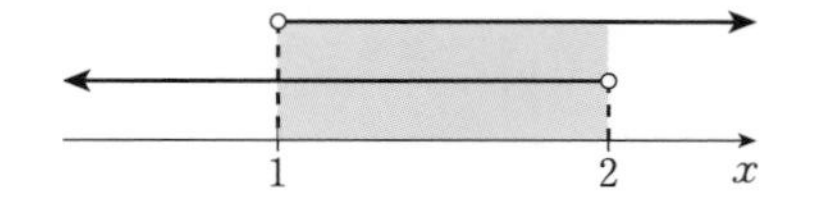

これと $x<2$ の共通範囲は,

$1<x<2$　…①

$x<2$ の中で $1<x$ をみたす部分が $x<2$ のときの答え。

(ii)　$2\leqq x<3$ のとき

$$(x-2)-(2x-6)<5x$$
$$x-2-2x+6<5x$$
$$-6x<-4$$
$$x>\frac{2}{3}$$

これと $2\leqq x<3$ の共通範囲は,

$2\leqq x<3$　…②

(iii)　$3\leqq x$ のとき

$$(x-2)+(2x-6)<5x$$
$$-2x<8$$
$$x>-4$$

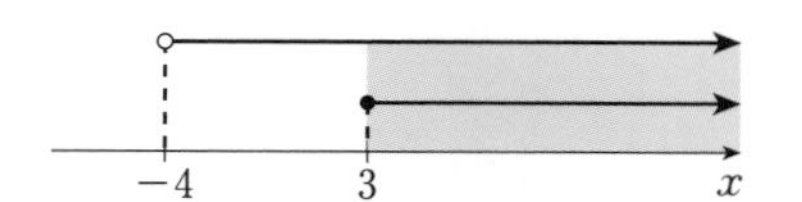

これと $3\leqq x$ の共通範囲は,

$x\geqq 3$　…③

①, ②, ③より,

$x>1$

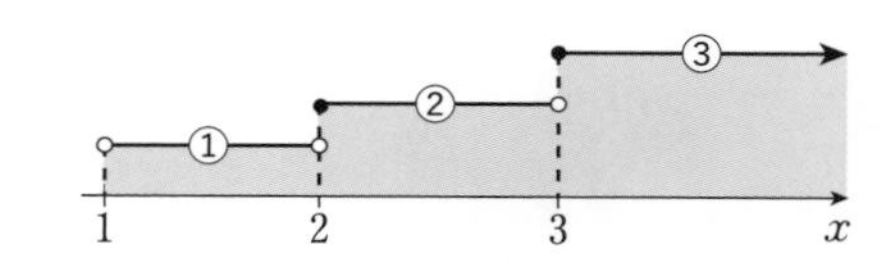

演習

1 不等式 $|x+3|-|2x-5|>4x+2$ を解け。

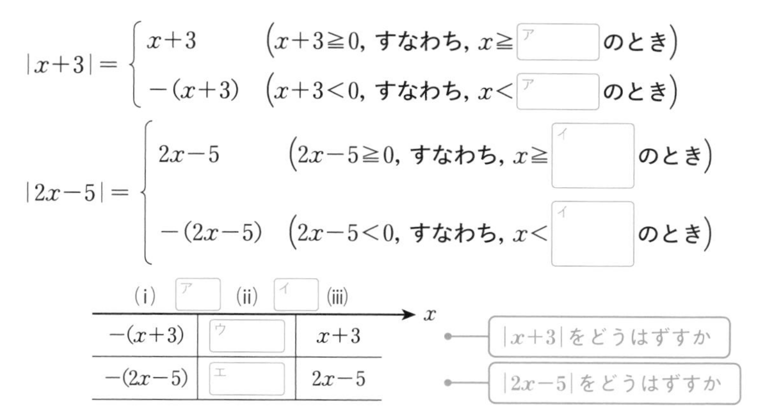

$$|x+3|=\begin{cases} x+3 & \left(x+3\geqq 0,\ \text{すなわち},\ x\geqq \boxed{\text{ア}}\ \text{のとき}\right) \\ -(x+3) & \left(x+3<0,\ \text{すなわち},\ x<\boxed{\text{ア}}\ \text{のとき}\right) \end{cases}$$

$$|2x-5|=\begin{cases} 2x-5 & \left(2x-5\geqq 0,\ \text{すなわち},\ x\geqq \boxed{\text{イ}}\ \text{のとき}\right) \\ -(2x-5) & \left(2x-5<0,\ \text{すなわち},\ x<\boxed{\text{イ}}\ \text{のとき}\right) \end{cases}$$

(i) ［ア］ (ii) ［イ］ (iii) → x			
$-(x+3)$	［ウ］	$x+3$	$|x+3|$をどうはずすか
$-(2x-5)$	［エ］	$2x-5$	$|2x-5|$をどうはずすか

(i) $x\leqq$ ［ア］ のとき

$-(x+3)-\{-(2x-5)\}>4x+2$

$-x-3+2x-5>4x+2$

$-3x>10$

$x<$ ［オ］

これと $x\leqq$ ［ア］ の共通範囲は,

$x<$ ［オ］

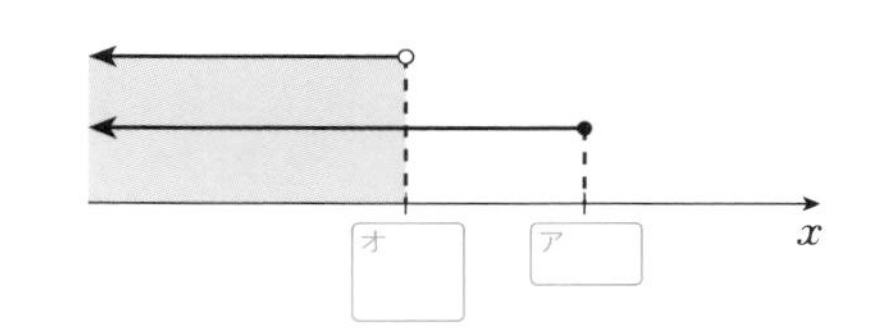

(ii) ［ア］ $<x\leqq$ ［イ］ のとき

［ウ］ $-\{$［エ］$\}>4x+2$

$x+3+2x-5>4x+2$

$-x>4$

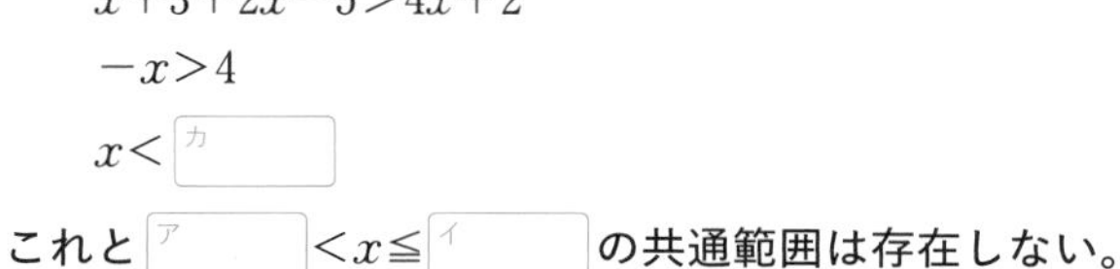

$x<$ ［カ］

これと ［ア］ $<x\leqq$ ［イ］ の共通範囲は存在しない。

(カ, ア, イ, x)

(iii) ［イ］ $<x$ のとき

$(x+3)-(2x-5)>4x+2$

$x+3-2x+5>4x+2$

$-5x>-6$

$x<$ ［キ］

これと ［イ］ $<x$ の共通範囲は存在しない。

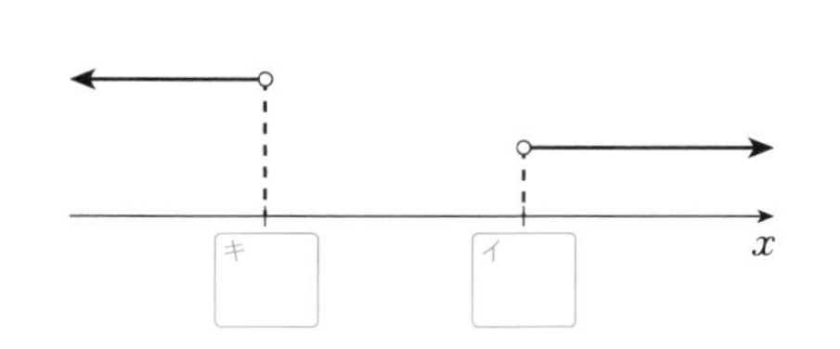

(i), (ii), (iii)より,

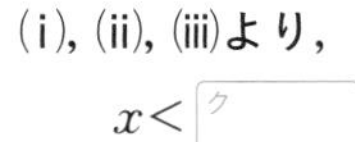

$x<$ ［ク］

✓ CHECK 18講で学んだこと

□ 絶対値を 2 つ含む不等式は, 方程式のときと同様, 表を作成して場合分けを考える。

19講　複雑な集合はド・モルガンの法則で整理！

ド・モルガンの法則

▶ここからつなげる ここでは，「ド・モルガンの法則」について学習していきます。これは，集合の共通部分や和集合と補集合に関する法則であり，この法則を利用することで，集合どうしの複雑な関係を，よりわかりやすい関係に表現し直すことができます。

ド・モルガンの法則：$\overline{A \cup B}=\overline{A} \cap \overline{B}$, $\overline{A \cap B}=\overline{A} \cup \overline{B}$

補集合について，次の**ド・モルガンの法則**が成り立ちます。

ド・モルガンの法則

1 $\overline{A \cup B}=\overline{A} \cap \overline{B}$　　**2** $\overline{A \cap B}=\overline{A} \cup \overline{B}$

[1]　$\overline{A}$

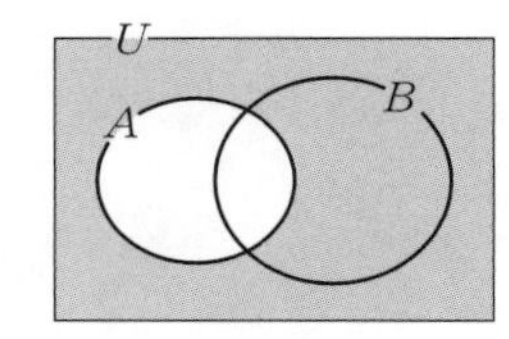

[2]　$\overline{B}$

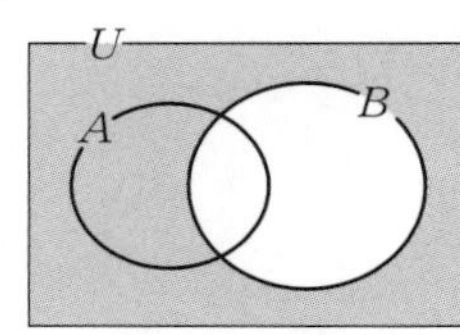

[3]　$\overline{A} \cap \overline{B}$

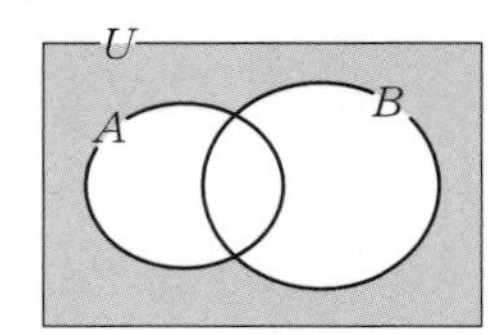

$\overline{A}$ と $\overline{B}$ は，それぞれ図[1]と図[2]の網かけ部分であり，その共通部分 $\overline{A} \cap \overline{B}$ は，図[3]の網かけ部分です。

[4]　$A \cup B$

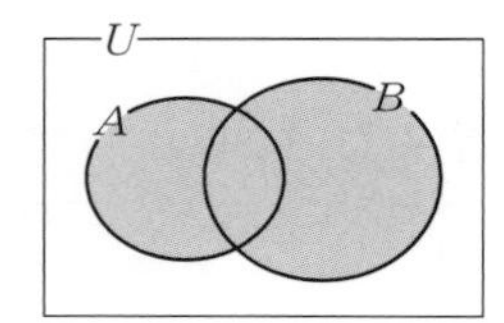

[5]　$\overline{A \cup B}$

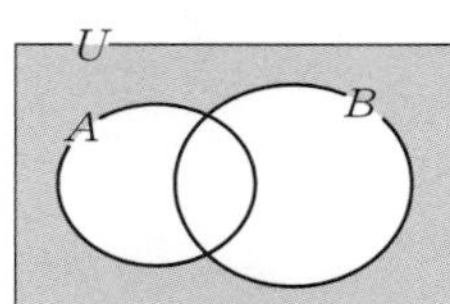

$A \cup B$ は，図[4]の網かけ部分であり，その補集合である $\overline{A \cup B}$ は，図[5]の網かけ部分です。

図[3]，図[5]の網かけ部分が同じ部分を表すので，$\overline{A \cup B}=\overline{A} \cap \overline{B}$ が成り立ちます。

$\overline{A \cap B}=\overline{A} \cup \overline{B}$ に関しても同じように考えることができます。

例題

全体集合 $U=\{x \mid x$ は 12 以下の負でない整数$\}$ の部分集合 A, B を $A=\{x \mid x$ は 12 の正の約数$\}$，$B=\{2n \mid n=1, 2, 3, 4\}$ とするとき，次の集合を求めよ。

(1)　$\overline{A} \cap \overline{B}$　　　(2)　$\overline{A} \cup \overline{B}$

$U=\{0, 1, 2, 3, 4, 5, 6, 7, 8, 9, 10, 11, 12\}$

$A=\{1, 2, 3, 4, 6, 12\}$, $B=\{2, 4, 6, 8\}$

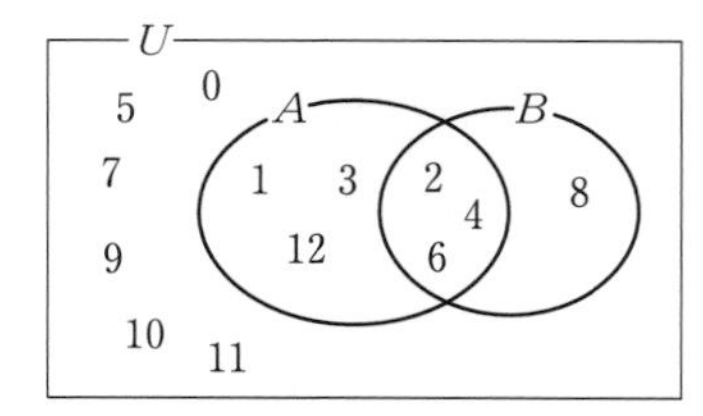

(1)　ド・モルガンの法則より，

$\overline{A} \cap \overline{B}=$ $\overline{\boxed{ア}}$ $=\{$ $\boxed{イ}$ $\}$

(2)　ド・モルガンの法則より，

$\overline{A} \cup \overline{B}=$ $\overline{\boxed{ウ}}$ $=\{$ $\boxed{エ}$ $\}$

例題の解答　ア $A \cup B$　イ 0, 5, 7, 9, 10, 11　ウ $A \cap B$　エ 0, 1, 3, 5, 7, 8, 9, 10, 11, 12

演 習 の解答 ➡ 別冊P.20

1 $U=\{x \mid 1 \leqq x \leqq 10,\ x$は整数$\}$を全体集合とする。$U$の部分集合$A=\{1, 2, 3, 5, 7\}$, $B=\{2, 3, 8, 10\}$について，次の集合を求めよ。

(1) $A \cap B$

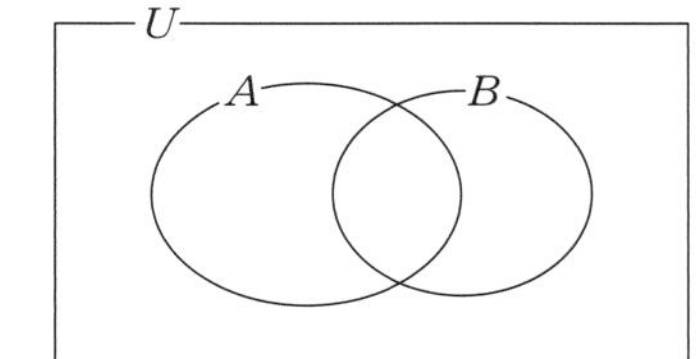

(2) $A \cup B$

(3) $\overline{A} \cap \overline{B}$

(4) $\overline{A} \cup \overline{B}$

CHALLENGE $U=\{1, 2, 3, 4, 5, 6, 7, 8, 9\}$を全体集合とする。$U$の部分集合$A$, Bについて，$\overline{A \cup B}=\{1, 9\}$, $\overline{\overline{A} \cup \overline{B}}=\{2\}$, $\overline{A} \cap B=\{4, 6, 8\}$であるとき，次の集合を求めよ。

(1) $A \cup B$

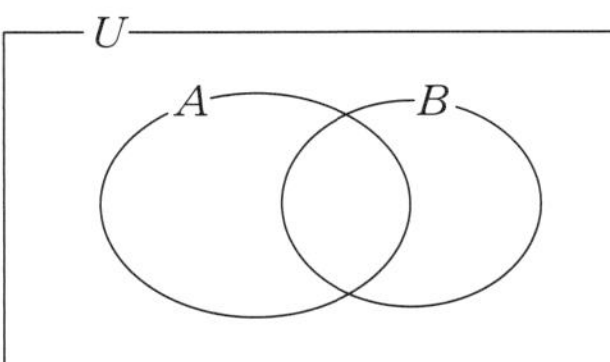

(2) B

(3) $A \cap \overline{B}$

HINT　ド・モルガンの法則より，$\overline{\overline{A} \cup \overline{B}}=\overline{\overline{A}} \cap \overline{\overline{B}}=A \cap B$となるね。

✔ CHECK 19講で学んだこと

□ ド・モルガンの法則
・$\overline{A \cup B}=\overline{A} \cap \overline{B}$
・$\overline{A \cap B}=\overline{A} \cup \overline{B}$

20講　命題の真・偽は集合を利用して考える！

命題と集合

▶ここからつなげる　今回は命題の真偽と集合の包含関係について扱っていきます。命題の真・偽は，集合の包含関係に着目するとわかりやすくなります。また，偽であることを示す方法も学習します。

条件pをみたすもの全体の集合をP，条件qをみたすもの全体の集合をQとします。

POINT 1　命題「$p \Longrightarrow q$」が真であることと$P \subset Q$が成り立つことは同じこと

命題「$p：x>6 \Longrightarrow q：x>1$」

は真ですね！　xが6より大きければ，xは必ず1より大きくなります。このとき，

$$P \subset Q$$

が成り立っていることがわかりますね！！

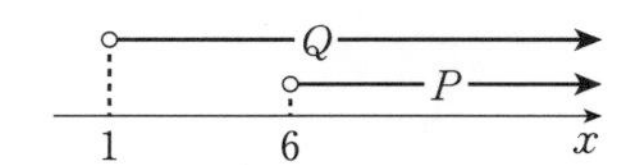

「$p \Longrightarrow q$が真」は，「集合Pの要素であれば必ず集合Qの要素でもある」ということだから，「PがQの部分集合」ということと同じになります。つまり，

命題「$p \Longrightarrow q$」が真であることと$P \subset Q$が成り立つことは同じこと

だから，命題の真偽は，**集合の包含関係に着目**することで判断しやすくなります。

POINT 2　命題が偽であることを示すには「pであるのにqでない例」をあげる

ある命題「$p \Longrightarrow q$」が偽(ぎ)であることを示すには，

「pであるのにqでない例」(反例)

を1つあげます($P \subset Q$が成り立たないことをいいます)。

仮定はみたすが結論ではない例

例えば，右の図の「×」の部分にあたるものが1つでもみつかれば，$P \subset Q$が成り立たないので偽といえます。

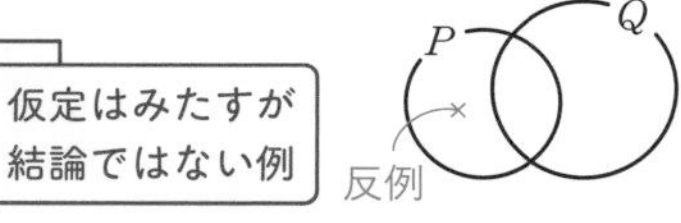

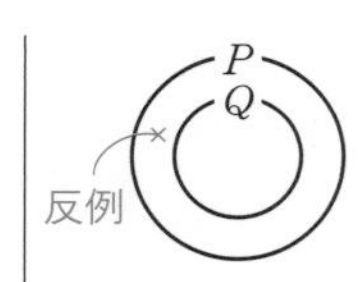

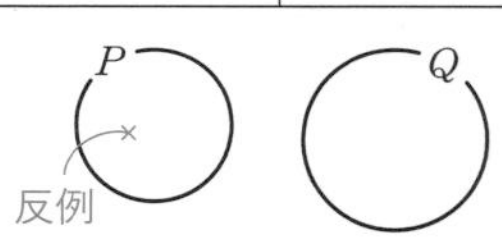

例題

次の命題の真偽を答えよ。また，偽であるときは反例をあげよ。
ただし，xは実数，nは自然数とする。

(1)　$p：x>-3 \Longrightarrow q：x<1$　　(2)　$p：n$は12の倍数 $\Longrightarrow q：n$は3の倍数

---

(1)　この命題は，

ア［　　］

反例は$x=$ イ［　　］

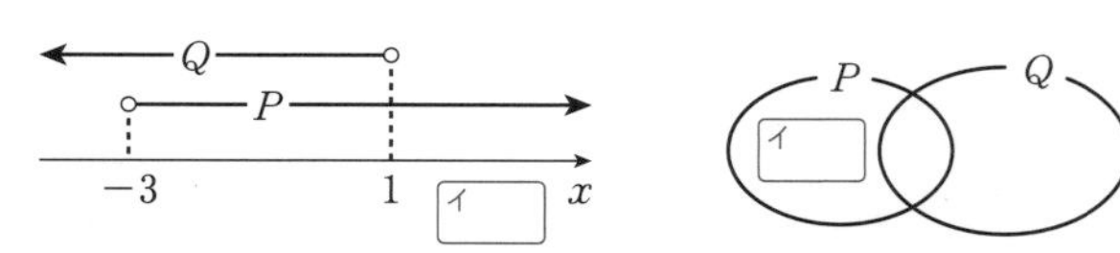

(2)　$P=\{12, 24, 36, \cdots\}$，$Q=\{3, 6, 9, 12, \cdots\}$

であり，ウ［　　］$\subset$ エ［　　］となるので，この命題は，オ［　　］

Q　P　3　6　12　24　9　15　…　36　…　…

例題の解答　ア 偽　イ 2(1以上の実数であれば何でもよい)　ウ P　エ Q　オ 真

演習の解答 ➡ 別冊P.21

1 次の命題の真偽を答えよ。また，偽であるときは反例をあげよ。
ただし，x は実数，n は自然数とする。

(1) $p：x \geqq 5 \Longrightarrow q：x \geqq 3$

(2) p：n は 6 の倍数 $\Longrightarrow$ q：n は 12 の倍数

CHALLENGE x は実数とする。次の命題が真であるような定数 k の値の範囲を求めよ。

$$-3 \leqq x \leqq 2 \Longrightarrow k-5 \leqq x \leqq k+1$$

HINT $-3 \leqq x \leqq 2$ をみたす x 全体の集合を P，$k-5 \leqq x \leqq k+1$ をみたす x 全体の集合を Q とすると，$P \subset Q$ となる k の値の範囲を求めればよいね！

CHECK 20講で学んだこと

- □ 命題「$p \Longrightarrow q$」が真であることと $P \subset Q$ が成り立つことは同じことである。
- □ 仮定はみたすが結論はみたさない例を反例という。
- □ ある命題が偽であることを示すには，反例をあげる。

21講　$p \Longrightarrow q$が真のとき，pは十分条件，qは必要条件

必要条件・十分条件・必要十分条件

▶ ここからつなげる 必要条件・十分条件・必要十分条件について学習していきます。「pはqであるための何条件か」を求められるようになりましょう！　命題の真偽を判定するのは難しいかもしれませんが，ともにがんばりましょう！

POINT 必要条件・十分条件・必要十分条件

必要条件，十分条件，必要十分条件について確認をしておきましょう。

pはqであるための［　　］。

に対して，［　　］に入るものは次のようになります。

(i)　$p \underset{\times}{\overset{\bigcirc}{\rightleftarrows}} q$：$p$は$q$であるための［十分条件であるが必要条件でない］

(ii)　$p \underset{\bigcirc}{\overset{\times}{\rightleftarrows}} q$：$p$は$q$であるための［必要条件であるが十分条件でない］

(iii)　$p \underset{\bigcirc}{\overset{\bigcirc}{\rightleftarrows}} q$：$p$は$q$であるための［必要十分条件である］

(iv)　$p \underset{\times}{\overset{\times}{\rightleftarrows}} q$：$p$は$q$であるための［必要条件でも十分条件でもない］

例題

下の(1)，(2)の文中の空欄にあてはまるものを，次の①～④の中から選べ。
ただし，x，y，aは実数である。

① 必要十分条件である
② 十分条件であるが必要条件ではない
③ 必要条件であるが十分条件ではない
④ 必要条件でも十分条件でもない

(1)　$x<y$であることは，$x^4<y^4$であるための［　　］。

(2)　A，Bを2つの集合とする。aが$A \cup B$の要素であることは，aがAの要素であるための［　　］。

---

(1)　$x<y \Longrightarrow x^4<y^4$は［ア］であり，反例は$x=$［イ］，$y=$［ウ］

$x^4<y^4 \Longrightarrow x<y$は［エ］であり，反例は$x=$［オ］，$y=$［カ］

よって，［キ］。

(2)　$a \in A \cup B \Longrightarrow a \in A$は［ク］であり，反例は$A=\{2, 3\}$，$B=\{3, 4\}$，$a=$［ケ］

$a \in A \Longrightarrow a \in A \cup B$は［コ］である。 ── $A \subset A \cup B$

よって，［サ］。

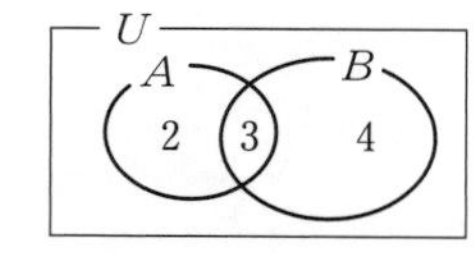

例題の解答　ア 偽　イ -3　ウ -1　エ 偽　オ -1　カ -3　キ ④　ク 偽　ケ 4　コ 真　サ ③
（イ，ウは$x<y$をみたすが$x^4<y^4$をみたさない例であれば何でもよい。オ，カは$x^4<y^4$をみたすが$x<y$をみたさない例であれば何でもよい。）

演習の解答 ➡ 別冊P.22

1 下の(1), (2)の文中の空欄にあてはまるものを，次の①〜④の中から選べ。
ただし，x, yは実数である。

① 必要十分条件である
② 十分条件であるが必要条件ではない
③ 必要条件であるが十分条件ではない
④ 必要条件でも十分条件でもない

(1) $x \geqq 0$であることは，$\sqrt{x^2}=x$であるための□。

(2) $x>1$かつ$y>1$であることは，$x+y>2$であるための□。

CHALLENGE 2以上の自然数a, bについて，集合A, Bを次のように定めるとき，下の文中の空欄にあてはまるものを，次の①〜④の中から1つ選べ。

$A=\{x \mid x$はaの正の約数$\}$, $B=\{x \mid x$はbの正の約数$\}$

① 必要十分条件である
② 十分条件であるが必要条件ではない
③ 必要条件であるが十分条件ではない
④ 必要条件でも十分条件でもない

(1) aが素数であることは，Aの要素の個数が2であるための□。

(2) aとbがともに偶数であることは，$A \cap B=\{1, 2\}$であるための□。

- □ $p \Longrightarrow q$が真，$p \Longleftarrow q$が偽のとき，pはqであるための十分条件であるが必要条件ではない。
- □ $p \Longrightarrow q$が偽，$p \Longleftarrow q$が真のとき，pはqであるための必要条件であるが十分条件ではない。
- □ $p \Longrightarrow q$が真，$p \Longleftarrow q$が真のとき，pはqであるための必要十分条件である。

22講　「かつ」は共通部分，「または」は和集合！

かつ・または

▶ここからつなげる　さまざまな条件を「かつ」や「または」で組み合わせたり，それを否定したりする方法を学習します。「かつ」や「または」の否定の背景には「ド・モルガンの法則」があります。しっかり押さえておきましょう！

POINT 1　「かつ」は集合の共通部分，「または」は集合の和集合

全体集合をUとして，条件p, qをみたすものの集合をそれぞれP, Qとします。条件「pかつq」と「pまたはq」をみたすものの集合は，次のようになります。

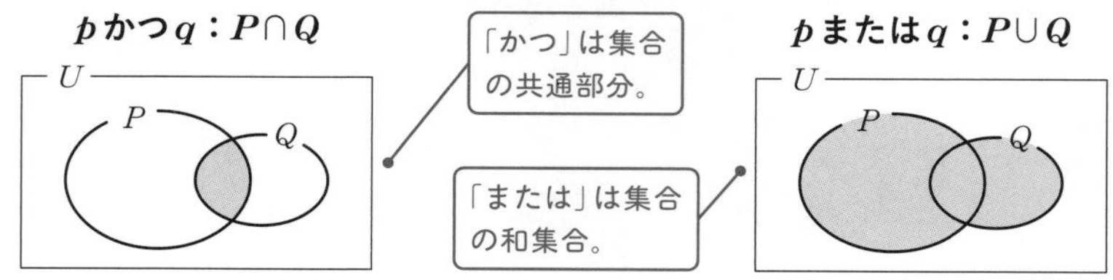

例　条件p：$-2<x<3$, q：$x\leqq 1$ において，

条件「pかつq」は

$-2<x\leqq 1$

条件「pまたはq」は

$x<3$

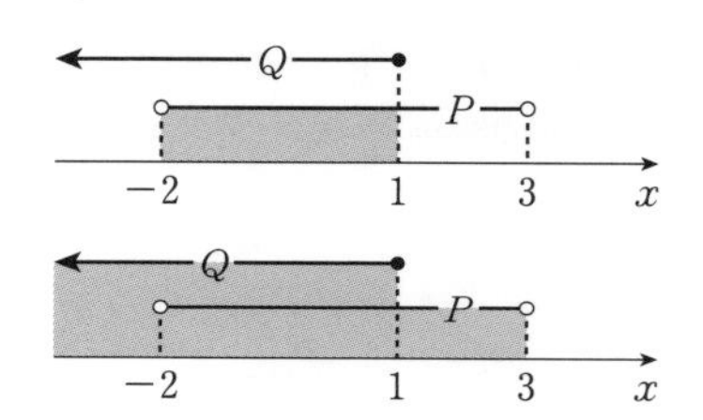

POINT 2　かつ・またはの否定はド・モルガンの法則を利用する！

ド・モルガンの法則：$\overline{P\cap Q}=\overline{P}\cup\overline{Q}$, $\overline{P\cup Q}=\overline{P}\cap\overline{Q}$

から，2つの条件p, qについて，次が成り立ちます。

$\overline{p\text{かつ}q} \iff \overline{p}\text{または}\overline{q}$,　$\overline{p\text{または}q} \iff \overline{p}\text{かつ}\overline{q}$

例　「$x\leqq 2$ かつ $y>-3$」の否定は，「$x>2$ または $y\leqq -3$」

「$a=-1$ または $b\neq 5$」の否定は，「$a\neq -1$ かつ $b=5$」

それぞれの条件を否定し，
かつ→または
または→かつ
に直す。

例題

次の命題の対偶を述べ，その真偽をいえ。x, yは実数とする。

(1)　$x+y>0$ ならば，$x>0$ かつ $y>0$

(2)　xyが無理数ならば，x, yの少なくとも一方は無理数である。

---

(1)　対偶：「[ア]または[イ]」ならば，$x+y\leqq 0$

[ウ]　（反例：$x=-2$, $y=5$）

(2)　対偶：x, yがともに[エ]ならば，xyは有理数。

[オ]

「x, yの少なくとも一方は無理数」すなわち「xは無理数またはyは無理数」の否定は，「xは有理数かつyは有理数」。

　例題の解答　ア $x\leqq 0$　イ $y\leqq 0$　ウ 偽　エ 有理数　オ 真

演習の解答 ➡ 別冊P.23

1 条件p：$x>2$，q：$-5\leqq x\leqq 3$において，次の問いに答えよ。

(1) 条件「pかつq」を求めよ。

(2) 条件「pまたはq」を求めよ。

2 次の条件の否定を述べよ。

(1) $a+b\geqq 0$ かつ $ab\geqq 0$ である。

(2) $x=1$ または $y\geqq -3$ である。

3 次の命題の対偶を述べ，その真偽をいえ。

$x+y\neq 0$ ならば，「$x\neq 0$ または $y\neq 0$」

CHALLENGE pはxに関する条件とする。

「すべてのxに対してp」の否定は，「あるxに対して$\overline{p}$」

「あるxに対してp」の否定は，「すべてのxに対して$\overline{p}$」

である。次の命題とその否定の真偽を求めよ。

(1) すべての実数xについて$x^2>0$

(2) ある素数は偶数である。

CHECK 22講で学んだこと

□「かつ」は集合の「共通部分」，「または」は集合の「和集合」

□「かつ」を否定すると「または」，「または」を否定すると「かつ」

23講 対偶が真であることを利用して証明できる！

対偶を利用した証明

▶ここからつなげる「n^2 が 3 の倍数ならば n も 3 の倍数」の真偽を調べたい際に，n^2 に関する条件からスタートするよりも，n に関する条件からスタートしたいですね。このように結論からスタートしたいときに活躍するのが，対偶を利用した証明です。

POINT 元の命題と対偶は真偽が一致する

条件 p, q をみたすもの全体の集合をそれぞれ P, Q とすると，

命題「$p \Longrightarrow q$」が真であることと $P \subset Q$ が成り立つことは同じ

すなわち「**$p \Longrightarrow q$ が真 $\Longleftrightarrow$ $P \subset Q$**」が成り立ちました。これを利用して元の命題と対偶の真偽が一致することを確認していきましょう。

「$p \Longrightarrow q$ が真」$\Longleftrightarrow$ $P \subset Q$

$\Longleftrightarrow$ $\overline{Q} \subset \overline{P}$

$\Longleftrightarrow$「$\overline{q} \Longrightarrow \overline{p}$ が真」

$P \subset Q$ のとき，右図のような状況だから，$\overline{Q} \subset \overline{P}$

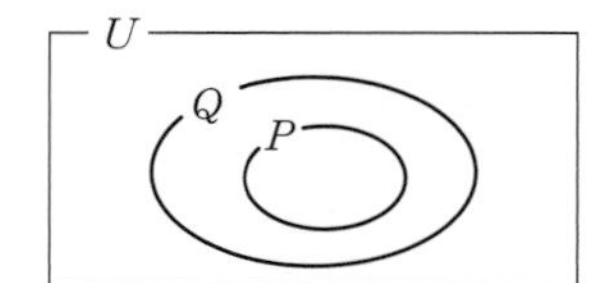

「$p \Longrightarrow q$ が偽」$\Longleftrightarrow$「$\overline{q} \Longrightarrow \overline{p}$ が偽」

も同じように示すことができます(別冊 24 ページ参照)。

元の命題と対偶の真偽が一致するので，

命題「$p \Longrightarrow q$」が真であることを直接示すのが難しいときは，
対偶「$\overline{q} \Longrightarrow \overline{p}$」が真であることを証明してもよい

ということになります。

考えてみよう

整数 n について，n^2 が 3 の倍数ならば，n は 3 の倍数であることを証明せよ。

対偶「n が 3 の倍数でないならば，n^2 は 3 の倍数でない」を示す。

n が 3 の倍数でないとき，

(i)　n を 3 でわった余りが 1,　　(ii)　n を 3 でわった余りが 2

の 2 つの場合がある。

(i)　$n=3k+1$ (k は整数) のとき，

例えば「22」は，3 が 7 個入っていて余りが 1 だから，$22=3\times7+1$ と表せる！

$$n^2=(3k+1)^2=9k^2+6k+1$$
$$=3(3k^2+2k)+1$$

n^2 を 3 でわった余りが 1 であることを意味しているから，n^2 は 3 の倍数ではない！

となり，$3k^2+2k$ は整数より，n^2 は 3 の倍数ではない。

(ii)　$n=3k+2$ (k は整数) のとき，

$$n^2=(3k+2)^2=9k^2+12k+4=9k^2+12k+3+1$$
$$=3(3k^2+4k+1)+1$$

となり，$3k^2+4k+1$ は整数より，n^2 は 3 の倍数ではない。

よって，n が 3 の倍数でないならば，n^2 は 3 の倍数でない。

したがって，対偶は真であり，元の命題も真である。[証明終わり]

このように，元の命題を直接証明するのが難しい場合でも，その対偶を証明することで元の命題が成り立つことが証明できます。とても便利な方法なので，身につけておきましょう。

演習の解答 ➡ 別冊P.24

1 整数nについて，n^2が2の倍数ならば，nは2の倍数であることを証明せよ。

対偶「nが2の倍数でないならば，n^2は2の倍数でない」を示す。

nが2の倍数でないとき，kを整数として，

$n=$ [ア] $k+1$

と表すことができる。このとき，

$n^2=$ ([ア] $k+1)^2$

$=$ [イ] k^2+ [ウ] $k+1$

$=2($[エ] k^2+ [オ] $k)+1$

となり，[エ] k^2+ [オ] kは整数より，n^2は2の倍数ではない。

よって，nが2の倍数でないとき，n^2は2の倍数でない。

したがって，対偶は真であり，元の命題も真である。

［証明終わり］

2 整数m，nについて，m^2+n^2が奇数ならば積mnは偶数であることを証明せよ。

HINT 対偶を考えてみよう。

□ 命題「$p \Longrightarrow q$」が真であることを直接示すのが難しいときは，対偶「$\overline{q} \Longrightarrow \overline{p}$」が真であることを証明してもよい。

24講　矛盾を導いて証明するのが背理法！

背理法

▶ここからつなげる 前回は対偶を用いた証明方法を学びました。今回は,「背理法」という証明方法を学びます。背理法は「p ならば q である」という命題だけでなく,「q である」という対偶が存在しない命題にも使える,とても使い勝手がよい証明方法です。

POINT 命題が成り立たないと仮定し,矛盾を導くことで証明する

48人のグループの中には,同じ都道府県出身の人が,少なくとも1組はいます。これは次のようにして証明できます。

同じ都道府県出身の人が1人もいないと仮定すると,都道府県が48なければならない。これは都道府県が47であることに矛盾する。したがって,同じ都道府県出身の人が少なくとも1組いる。

このように,ある命題を証明するとき,

「その命題が偽であると仮定したら矛盾が生じる。
したがって,その仮定は誤りであり,命題は真である」

という証明法があります。この証明法を背理法(はいり)といいます。

次の問題を通して,背理法を使ってどのように証明するかを整理しておきましょう。

考えてみよう

$\sqrt{3}$ が無理数であることを用いて,次の命題を証明せよ。

$5+2\sqrt{3}$ は無理数である

手順1 命題が偽であると仮定する。

$5+2\sqrt{3}$ は無理数ではない,すなわち有理数であると仮定すると,r を有理数として,

$$5+2\sqrt{3}=r \quad \cdots①$$

とおける。

手順2 **手順1** の仮定のもとで,矛盾を導く。

①を変形して,

$$2\sqrt{3}=r-5,\ すなわち,\ \sqrt{3}=\frac{r-5}{2}$$

$\sqrt{3}$ は無理数であり,$\frac{r-5}{2}$ は有理数であるから,この等式は,

(無理数)＝(有理数)

となって,矛盾している。

手順3 矛盾が生じたのは,**手順1** のように仮定したためであり,仮定が誤り。

したがって,$5+2\sqrt{3}$ は無理数である。

$5+2\sqrt{3}$ を無理数ではないとした仮定が誤り。

背理法は,「$5+2\sqrt{3}$ は無理数」のように,**当たり前に思える事柄**の証明に有効です。また,「$\sqrt{3}$ が無理数」すなわち「$\sqrt{3}$ は有理数ではない」すなわち「$\sqrt{3}$ は $\frac{整数}{整数}$ で表すことができない」のように,**否定的事柄**の証明にも有効です。**当たり前に思える事柄**や**否定的事柄**の証明のときは,背理法が使えないかを考えてみてください。

演習の解答 ➡ 別冊P.25

1 $\sqrt{3}$ が無理数であることを証明せよ。ただし,「n が整数のとき, n^2 が 3 の倍数ならば, n は 3 の倍数である」ことは証明なしに用いてもよい。

$\sqrt{3}$ が無理数ではない, すなわち, 有理数であると仮定すると,

$\sqrt{3}=\dfrac{n}{m}$ (m, n は互いに素な自然数)　〔1 以外に正の公約数をもたないということ。〕

と表すことができる。このとき,

$\sqrt{3}\,m=n$

両辺を 2 乗すると,

$3m^2=n^2$ …①

よって, n^2 は ア[　　] の倍数であるから, n も ア[　　] の倍数である。

これより, $n=$ ア[　　] k (k は自然数) と表される。①に代入して,

$3m^2=($ ア[　　] $k)^2$, すなわち, $m^2=$ イ[　　] k^2　〔両辺を 3 でわった。〕

よって, m^2 は イ[　　] の倍数であるから, m も イ[　　] の倍数である。

したがって, m, n はともに ウ[　　] の倍数であり, m, n が エ[　　] であることに矛盾する。

以上より, $\sqrt{3}$ は有理数ではなく, 無理数である。　[証明終わり]

2 $\sqrt{2}$ が無理数であることを証明せよ。ただし,「n が整数のとき, n^2 が 2 の倍数ならば, n は 2 の倍数である」ことは証明なしに用いてもよい。

✔ CHECK 24講で学んだこと

□「その命題が偽であると仮定したら矛盾が生じる。したがって, その仮定は誤りであり, 命題は真である」という証明法を「背理法」という。

25講　放物線の平行移動は頂点の移動に注目！

平行移動

▶ここからつなげる　図形を一定の方向に，形や向きを変えずに移動させることを「平行移動」といいます。2次関数のグラフの形・開き具合はx^2の係数で決まり，x^2の係数が同じであれば平行移動することで重ねることができます。

POINT　放物線の平行移動は頂点に注目する！

例　放物線C_1：$y=2x^2+8x+11$は，放物線C_2：$y=2x^2-4x$をどのように平行移動すると重なるか。

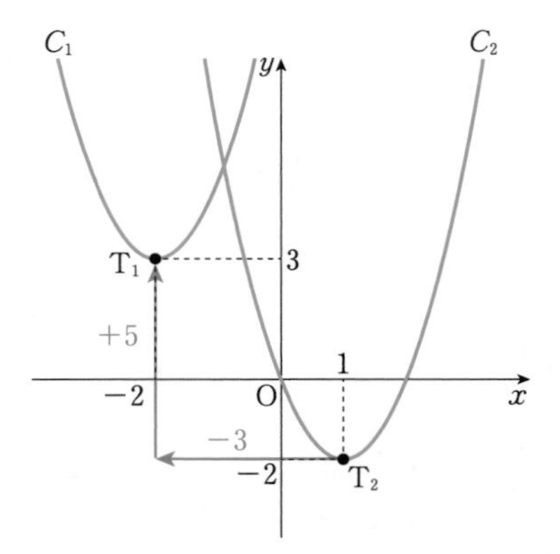

C_1を平方完成すると，

$y=2(x+2)^2+3$で，頂点は$T_1(-2,\ 3)$

C_2を平方完成すると，

$y=2(x-1)^2-2$で，頂点は$T_2(1,\ -2)$

頂点の移動に着目すると，

$T_2(1,\ -2)\ \longrightarrow\ T_1(-2,\ 3)$

C_2をどれだけ平行移動すればC_1に重なるかは

x軸方向：$(-2)-1=-3$

y軸方向：$3-(-2)=5$

（移動後）−（移動前）

よって，C_1は，C_2をx軸方向に-3，y軸方向に5だけ平行移動すれば重なる。

参考　放物線$y=ax^2+bx+c$のグラフの形・開き具合はx^2の係数aによって決まります。C_1とC_2はx^2の係数がともに2で同じであるから，C_2を平行移動することでC_1に重ねることができます。$y=a(x-p)^2+q$のaの部分が同じなので，p，qの部分，すなわち頂点の座標が一致すれば，同じグラフになり，重なります。

例題

放物線C_1：$y=x^2+2x+3$は，物線C_2：$y=x^2-8x+19$をどのように平行移動すると重なるか。

C_1：$y=x^2+2x+3$を平方完成すると，

$y=(x+$ ア $)^2+$ イ であり，頂点は(ウ , エ)

C_2：$y=x^2-8x+19$を平方完成すると，

$y=(x-$ オ $)^2+$ カ であり，頂点は(キ , ク)

これよりC_1はC_2を，

x軸方向に ウ − キ ＝ ケ ，

y軸方向に エ − ク ＝ コ

だけ平行移動すると重なる。

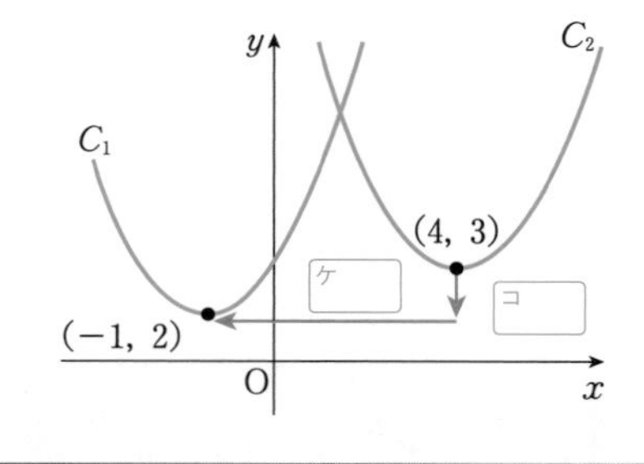

演習の解答 ➡ 別冊P.26

演習

1 放物線 C_1：$y=-x^2+4x-1$ は，放物線 C_2：$y=-x^2-6x-4$ をどのように平行移動したら重なるか。

CHALLENGE 放物線 $y=2x^2-4x+5$ を，x 軸方向に 2，y 軸方向に -3 だけ平行移動したときの，移動後の放物線の方程式を求めよ。

HINT 平方完成をして頂点を求め，平行移動したあとに頂点が移る点の座標を調べよう。平行移動しても x^2 の係数は変わらないよ。

CHECK 25講で学んだこと

- □ 放物線の平行移動は頂点の移動に着目する。
- □ $y=ax^2+bx+c$ のグラフを平行移動しても，x^2 の係数 a は変わらない。

26講　放物線の対称移動は頂点の移動に着目！

対称移動

▶ここからつなげる 今回は対称移動について学習します。「x軸に関する対称移動」「y軸に関する対称移動」「原点に関する対称移動」の3種類を学習しますが，いずれも平行移動と同様に，頂点の移動に注目することがポイントです。

POINT 1 軸に関する対称移動は頂点の「座標の符号の変化」に着目する！！

点の対称移動について調べてみましょう。

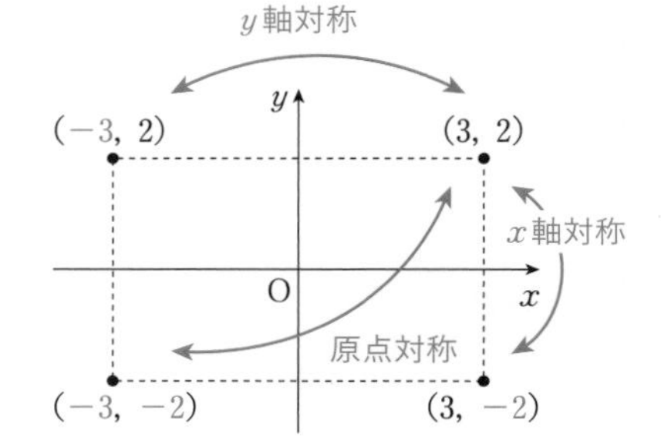

POINT 2 x軸や原点に関する対称移動はx^2の係数の符号も変わる！

POINT 1を参考に，$C：y=(x-3)^2+2$ のグラフについて考えます。

x軸に関して対称移動したグラフの方程式は，

$C_1：y=-(x-3)^2-2$ ― x^2の係数の符号が変わり，頂点は$(3,\ -2)$

y軸に関して対称移動したグラフの方程式は，

$C_2：y=(x+3)^2+2$ ― x^2の係数は同じで，頂点は$(-3,\ 2)$

原点に関して対称移動したグラフの方程式は，

$C_3：y=-(x+3)^2-2$ ― x^2の係数の符号が変わり，頂点は$(-3,\ -2)$

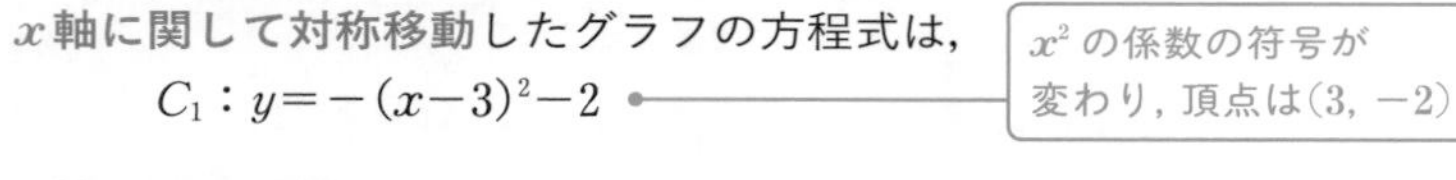

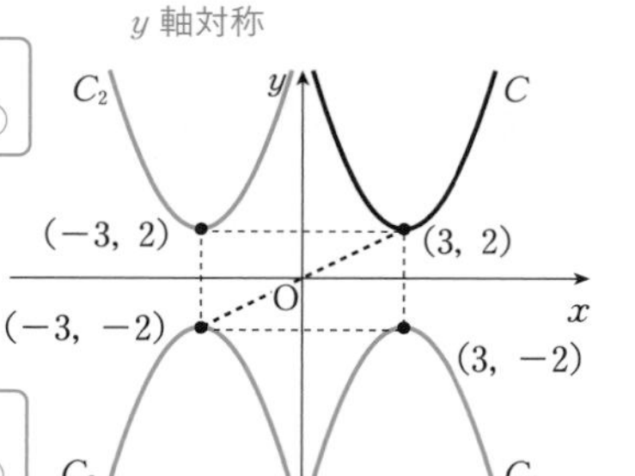

例題

2次関数$y=2(x-1)^2+3$ のグラフの，x軸，y軸，原点に関する対称移動後の放物線の方程式を求めよ。

2次関数$y=2(x-1)^2+3$ の頂点は，(ア , イ)

x軸に関して対称移動したグラフの方程式は，

$y=$ オ $(x-$ カ $)^2-$ キ

y軸に関して対称移動したグラフの方程式は，

$y=$ コ $(x+$ サ $)^2+$ シ

原点に関して対称移動したグラフの方程式は，

$y=$ ソ $(x+$ タ $)^2-$ チ

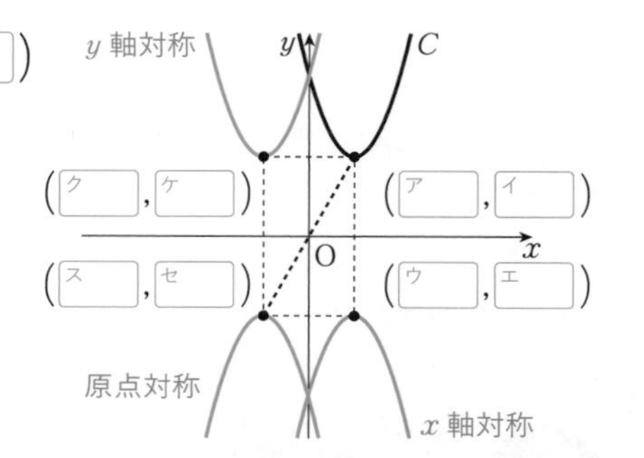

 例題の解答　ア 1　イ 3　ウ 1　エ −3　オ −2　カ 1　キ 3　ク −1　ケ 3　コ 2　サ 1　シ 3　ス −1　セ −3　ソ −2　タ 1　チ 3

演習の解答 ➡ 別冊P.27

演習

1 点$(-2,\ 1)$に対して，x軸に関して対称な点，y軸に関して対称な点，原点に関して対称な点をそれぞれ求めよ。

2 放物線$y=-2(x+3)^2-1$に対して，x軸，y軸，原点に関して対称な放物線の方程式をそれぞれ求めよ。

CHALLENGE ある放物線をx軸方向に4，y軸に方向に-1だけ平行移動して，x軸に関して対称移動したら$y=-x^2+4x-5$になった。元の放物線の方程式を求めよ。

HINT $y=-x^2+4x-5$のグラフをx軸に関して対称移動して，問題文と逆の平行移動をしよう。

✔ CHECK
26講で学んだこと

- □ 点$(a,\ b)$のx軸対称な点は$(a,\ -b)$，y軸対称な点は$(-a,\ b)$，原点対称な点は$(-a,\ -b)$
- □ 放物線の対称移動は頂点に着目して考える。
- □ x軸や原点に関する対称移動は，x^2の係数の符号が変わるので注意する！

27講　軸や頂点がわかっているときは$y=a(x-p)^2+q$を利用！

2次関数の決定(1)

▶ここからつなげる　2次関数の式は，「放物線の軸の式」「頂点の座標」「グラフの開き具合と開く向き」が求まれば決定します。今回は「頂点の座標」がわかっている場合の2次関数の式を求める練習をしていきます。

2次関数の標準形は軸や頂点に関する情報があるときに使う！

2次関数の$y=a(x-p)^2+q$の形を標準形といいます。

頂点や軸に関する情報があるときは標準形を使います。**頂点**がわかれば，**pとqの値**がわかり，**軸**がわかれば，**pの値**がわかります。

例　グラフが点$(-3,\ 2)$を頂点とし，点$(-4,\ 5)$を通る2次関数を求めよ。

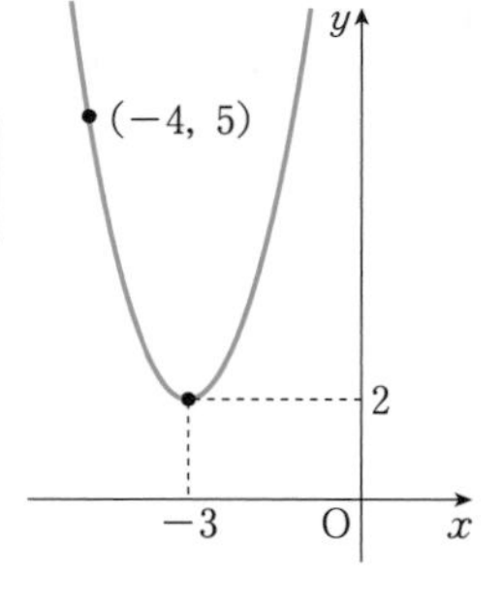

頂点が点$(-3,\ 2)$より，求める2次関数は，

$y=a\{x-(-3)\}^2+2$　…①　（$y=a(x-p)^2+q$の式に，$p=-3$，$q=2$を代入。）

とおける。

これが点$(-4,\ 5)$を通るので，

$5=a(-4+3)^2+2$　（$(x,\ y)=(-4,\ 5)$を代入して成り立つ。）

$a=3$

$a=3$を①に代入して，

$y=3(x+3)^2+2$　$(y=3x^2+18x+29)$

例題

グラフの軸が直線$x=1$で，2点$(-1,\ 5)$，$(2,\ -1)$を通る2次関数を求めよ。

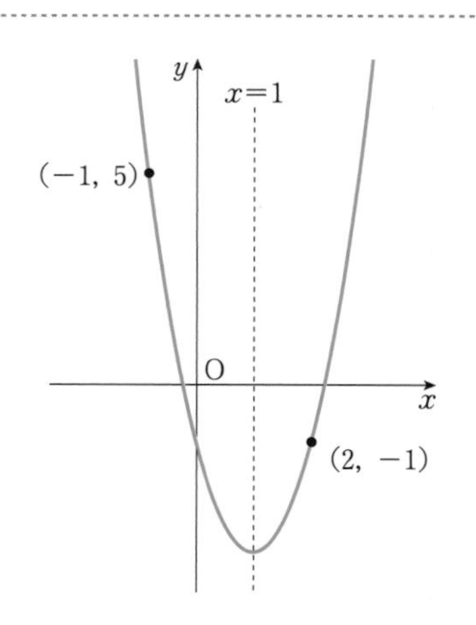

軸が直線$x=1$であるから，求める2次関数は，

$y=a(x-$ ア $)^2+q$　…①

とおくことができる。

これが2点$(-1,\ 5)$，$(2,\ -1)$を通るので，

$$\begin{cases} 5=a(-1-\text{ア})^2+q \\ -1=a(2-\text{ア})^2+q \end{cases}$$

より，

$$\begin{cases} 4a+q=5 \\ a+q=-1 \end{cases}$$

これを解くと，

$a=$ イ ，$q=$ ウ

求める2次関数は，これを①に代入して，

$y=$ イ $(x-$ ア $)^2-$ エ

　例題の解答　ア 1　イ 2　ウ −3　エ 3

演習の解答 ➡ 別冊P.28

1 次の条件をみたす放物線をグラフとする2次関数を求めよ。

(1) 頂点が点$(-1, 4)$で，点$(-2, 7)$を通る。

(2) 軸が直線$x=2$で，2点$(-2, -5)$，$(0, 1)$を通る。

CHALLENGE 放物線$y=x^2$を平行移動した曲線で，点$(2, 8)$を通り，頂点が直線$y=2x+1$上にある放物線をグラフとする2次関数を求めよ。

HINT 頂点が直線$y=2x+1$上にあることより，頂点のx座標をpとおくと，頂点の座標は$(p, 2p+1)$とおけることに着目しよう。

CHECK 27講で学んだこと

- □ $y=a(x-p)^2+q$を2次関数の標準形という。
- □ 軸や頂点に関する情報があるときに，標準形を用いる。

28講　グラフが通る3点が与えられたときは $y=ax^2+bx+c$ を利用！

2次関数の決定⑵

▶ここからつなげる　今回はグラフが通る3点が与えられたときの2次関数の求め方を学習します。2次関数は $y=ax^2+bx+c$ と表すことができ，未知数が3つなので，グラフが通る3点がわかれば，2次関数が求められますね。

POINT グラフが通る3点が与えられたときは，一般形を利用する

2次関数 $y=ax^2+bx+c$ の形を2次関数の**一般形**といいます。**グラフの通る3点が与えられたときに一般形を利用します。**

例　グラフが3点(1, 3)，(−1, 5)，(2, 8)を通る2次関数を求めよ。

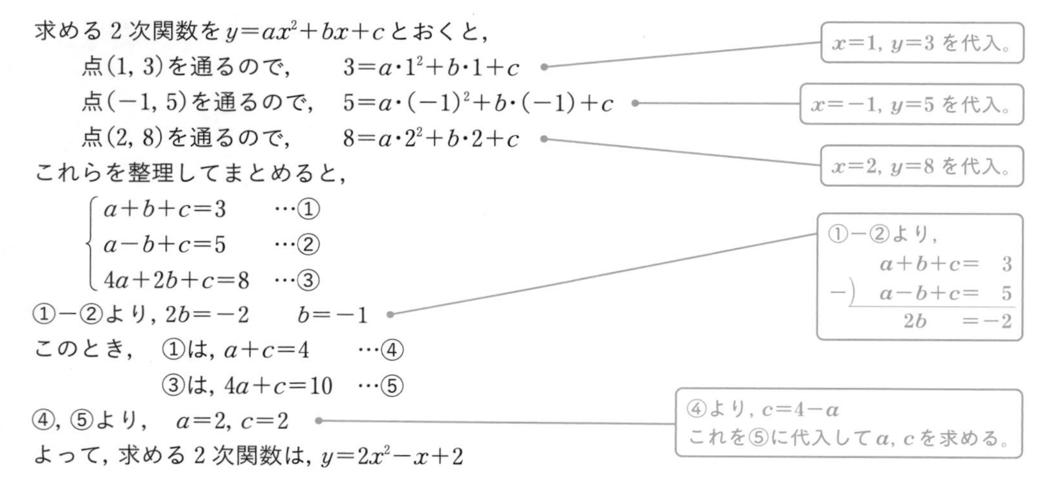

求める2次関数を $y=ax^2+bx+c$ とおくと，

点(1, 3)を通るので，　$3=a\cdot1^2+b\cdot1+c$　（$x=1$, $y=3$ を代入。）

点(−1, 5)を通るので，　$5=a\cdot(-1)^2+b\cdot(-1)+c$　（$x=-1$, $y=5$ を代入。）

点(2, 8)を通るので，　$8=a\cdot2^2+b\cdot2+c$　（$x=2$, $y=8$ を代入。）

これらを整理してまとめると，

$$\begin{cases} a+b+c=3 & \cdots① \\ a-b+c=5 & \cdots② \\ 4a+2b+c=8 & \cdots③ \end{cases}$$

①−②より，$2b=-2$　　$b=-1$

（①−②より，
$$\begin{array}{rr} & a+b+c=3 \\ -) & a-b+c=5 \\ \hline & 2b\quad=-2 \end{array}$$
）

このとき，①は，$a+c=4$　…④

③は，$4a+c=10$　…⑤

④，⑤より，　$a=2$, $c=2$

（④より，$c=4-a$
これを⑤に代入して a, c を求める。）

よって，求める2次関数は，$y=2x^2-x+2$

例題

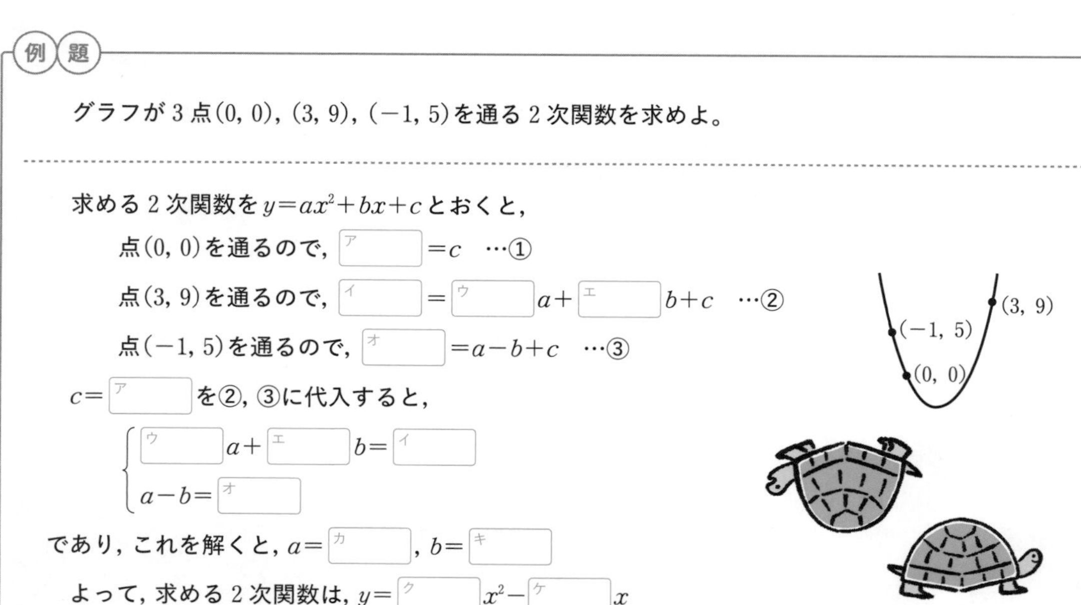

グラフが3点(0, 0)，(3, 9)，(−1, 5)を通る2次関数を求めよ。

求める2次関数を $y=ax^2+bx+c$ とおくと，

点(0, 0)を通るので，［ア］$=c$　…①

点(3, 9)を通るので，［イ］$=$［ウ］$a+$［エ］$b+c$　…②

点(−1, 5)を通るので，［オ］$=a-b+c$　…③

$c=$［ア］を②，③に代入すると，

$$\begin{cases} [ウ]a+[エ]b=[イ] \\ a-b=[オ] \end{cases}$$

であり，これを解くと，$a=$［カ］，$b=$［キ］

よって，求める2次関数は，$y=$［ク］x^2-［ケ］x

例題の解答　ア 0　イ 9　ウ 9　エ 3　オ 5　カ 2　キ −3　ク 2　ケ 3

演習

1 グラフが 3 点$(0,\ 4)$, $(2,\ -2)$, $(1,\ 3)$を通る 2 次関数を求めよ。

CHALLENGE グラフが 3 点$(-1,\ -9)$, $(2,\ 6)$, $(3,\ 15)$を通る 2 次関数を求めよ。

HINT 通る点を代入した 3 つの式から 2 つずつ式を選んで文字を消す。消しやすい文字が何かを考えよう。

CHECK 28講で学んだこと

- □ $y=ax^2+bx+c$を 2 次関数の一般形という。
- □ グラフが通る 3 点が与えられたら一般形を使う。

29講　グラフが通るx軸上の2点が与えられたら$y=a(x-\alpha)(x-\beta)$！

2次関数の決定(3)

▶ここからつなげる　前講で，グラフの通る3点が具体的にわかっているときの2次関数を一般形を用いて求める方法について学習しましたが，x軸との交点が2つともわかっている場合はもう少し簡単に求まります。今回はその方法について学習します。

POINT　グラフが通るx軸上の2点が与えられたら因数分解された形を利用！

グラフがx軸上の異なる2点$(\alpha, 0)$，$(\beta, 0)$を通る2次関数は，

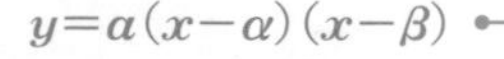

$$y=a(x-\alpha)(x-\beta)$$

と表せます。

x軸上の異なる2点が与えられた場合は，因数分解された形を利用すると，一般形を利用するよりも簡単に求めることができます。

点$(\alpha, 0)$を通るということは，$x=\alpha$を代入したときにyが0になるから，$(x-\alpha)$を因数にもつ。点$(\beta, 0)$も通るので，$(x-\beta)$も因数にもつ。x^2の係数はわからないのでaとおく。

例　グラフが3点$(-3, 0)$，$(2, 0)$，$(1, -8)$を通る2次関数を求めよ。

$(-3, 0)$，$(2, 0)$はx軸上の2点だから，

求める2次関数は，

$$y=a\{x-(-3)\}(x-2)$$

すなわち，

$$y=a(x+3)(x-2)$$

とおける。これが点$(1, -8)$を通るとき，

$$-8=a(1+3)(1-2)$$

$$a=2$$

よって，求める2次関数は，

$$y=2(x+3)(x-2)\quad (y=2x^2+2x-12)$$

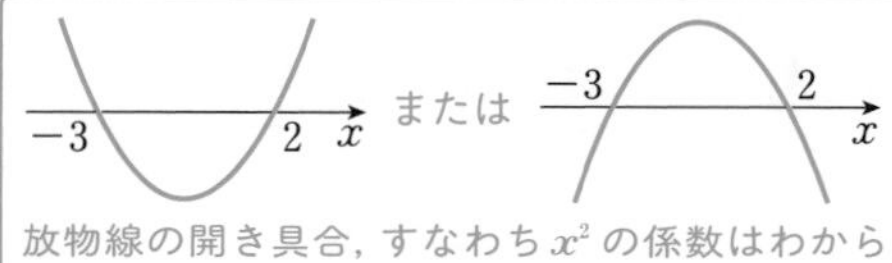

放物線の開き具合，すなわちx^2の係数はわからないから，aとおいておこう！

$(1, -8)$を通るから，$y=a(x+3)(x-2)$に$(x, y)=(1, -8)$を代入して「＝」が成立。

例題

グラフが3点$(1, 0)$，$(2, 0)$，$(3, -4)$を通るとき，その2次関数を求めよ。

$(1, 0)$，$(2, 0)$はx軸上の2点だから，

$y=a(x-$[ア]$)(x-$[イ]$)$

とおける。これが点$(3, -4)$を通るとき，

[ウ]$=a($[エ]$-$[ア]$)($[オ]$-$[イ]$)$

$a=$[カ]

よって，求める2次関数は，

$y=$[カ]$(x-$[ア]$)(x-$[イ]$)$

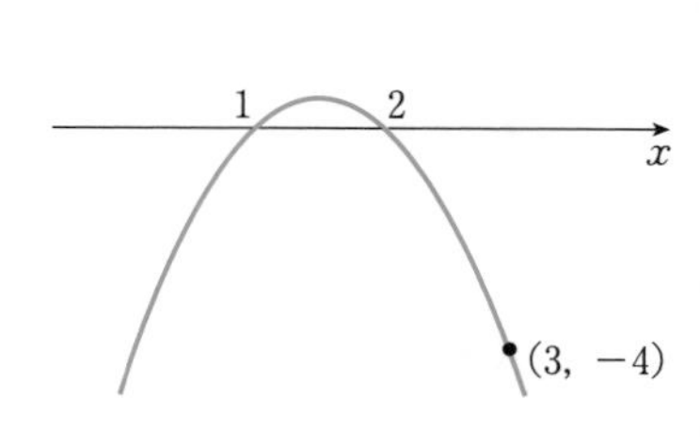

演習の解答 ➡ 別冊P.30

演習

1 グラフが 3 点$(-1,\ 0)$, $(4,\ 0)$, $(2,\ -6)$を通るとき，その 2 次関数を求めよ。

CHALLENGE グラフが 3 点$(0,\ 4)$, $(2,\ -2)$, $(1,\ 3)$を通るような 2 次関数$y=f(x)$を求めよ。

$(0,\ 4)$と$(2,\ -2)$を通る直線は，

$y=$ [ア] $x+$ [イ]

$y=f(x)$と$y=$ [ア] $x+$ [イ] の共有点のx座標は，

$x=0,$ [ウ] である。よって，$y=f(x)$と

$y=$ [ア] $x+$ [イ] を連立してyを消去した方程式

$f(x)=$ [ア] $x+$ [イ]

$f(x)-($ [ア] $x+$ [イ] $)=0$

の解は，$x=0,$ [ウ] であるから，$f(x)$が 2 次式であることに注意すると，

$f(x)-($ [ア] $x+$ [イ] $)=ax(x-$ [ウ] $)$

解が$x=0,$ [ウ] ということは，$x-0$ と $x-$ [ウ] を因数にもつ！

すなわち，

$f(x)=ax(x-$ [ウ] $)+($ [ア] $x+$ [イ] $)$ …①

と表すことができる。

$y=f(x)$のグラフは点$(1,\ 3)$を通るので，$f(1)=3$ より，

$3=a\cdot 1(1-$ [ウ] $)+($ [ア] $\cdot 1+$ [イ] $)$　　①に$x=1$を代入

$a=$ [エ]

よって，求める 2 次関数は，①より，

$y=f(x)=$ [エ] $x(x-$ [ウ] $)+($ [ア] $x+$ [イ] $)$

$=$ [エ] x^2+x+ [オ]

□ グラフがx軸上の異なる 2 点$(\alpha,\ 0)$, $(\beta,\ 0)$を通る 2 次関数は，$y=a(x-\alpha)(x-\beta)$と表せる。

30講　図形量の最大・最小を求めるときは知りたい量を文字で表す！

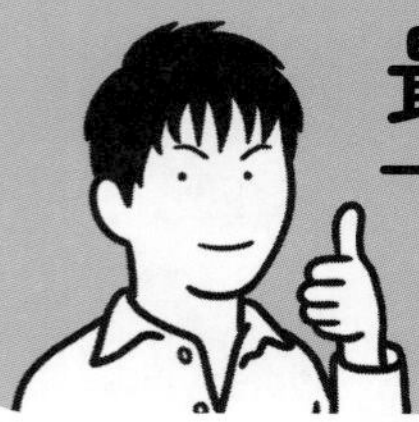

最大・最小の応用

▶ここからつなげる　今回は図形量の最大・最小を扱っていきます。面積が最大となるときや辺の長さが最小となるときなどを考えていきましょう。図などを利用して状況をきちんと把握し，おいた文字の取り得る値の範囲に注意しましょう！

POINT

図形量を文字でおいたら，文字の取り得る値の範囲に注意する

「図形の面積」などが2次関数で表せる場合は，**最大値**（**最小値**）を今まで学習したことを利用して求められることがあります。その際「図形の面積」などを**文字で表す**必要があります。

例えば，長方形の面積 S は（縦）×（横）で求めることができますね。

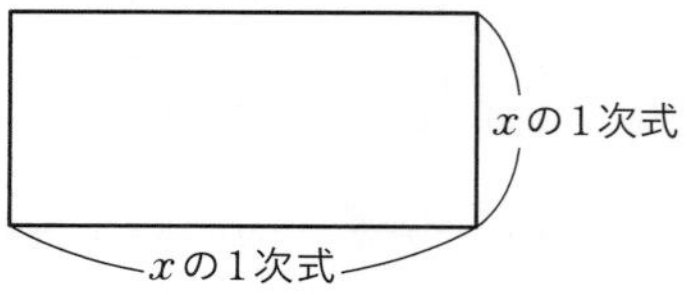

（縦）も（横）も **x の1次式**で表されていれば，**S は x の2次関数**となり，S の最大値を求めることができます。

このとき，文字の**取り得る値の範囲**（**定義域**）**に注意**しましょう。

考えてみよう

長さ32 mのロープで長方形の囲いをつくる。囲った部分の面積の最大値と，そのときの長方形の各辺の長さを求めよ。

ロープで囲った長方形の面積を S m^2 とおく。

長方形の縦の長さを x mとすると，

横の長さは $(16-x)$ mであり，

> （縦）×2＋（横）×2＝32
> （縦）＋（横）＝32÷2
> x＋（横）＝16

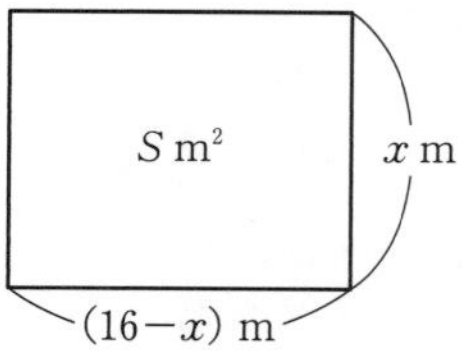

$$
\begin{aligned}
S&=x(16-x)\\
&=-x^2+16x\\
&=-(x^2-16x)\\
&=-\{(x-8)^2-8^2\}\\
&=-(x-8)^2+64
\end{aligned}
$$

ここで，縦と横の長さは正の数であるから，

$x>0$，かつ，$16-x>0$

すなわち，

$0<x<16$

よって，この範囲でグラフをかくと，右の図のようになることから，S は

$x=8$ で最大値64

をとる。$x=8$ のとき，$16-x=8$ であるから，縦，横の長さはともに8 mである。

（つまり，1辺の長さが8 mの正方形となるときに面積は最大となる。）

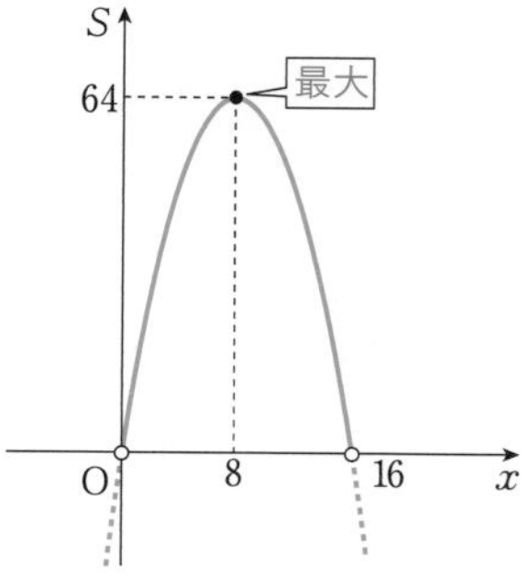

演習の解答 ➡ 別冊 P.31

演習

1 周の長さが 16 m である長方形の面積を S m^2 とするとき，S の最大値を求めよ。

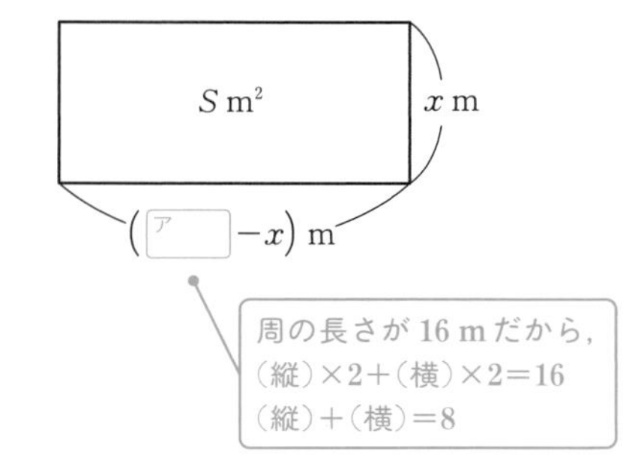

長方形の縦の長さを x m とすると，

横の長さは $\left(\boxed{ア}-x\right)$m

となる。したがって，

$S=x\left(\boxed{ア}-x\right)$

$=\boxed{イ}x^2+\boxed{ア}x$

ここで，辺の長さは正なので，

$x>0$ かつ $\boxed{ア}-x>0$

より，

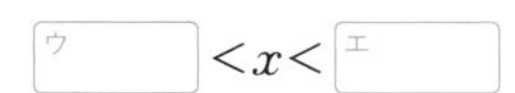

$\boxed{ウ}<x<\boxed{エ}$

S の式を平方完成すると，

$S=-\left(x-\boxed{オ}\right)^2+\boxed{カ}$

であるから，

$\boxed{ウ}<x<\boxed{エ}$ における S の最大値を調べると，

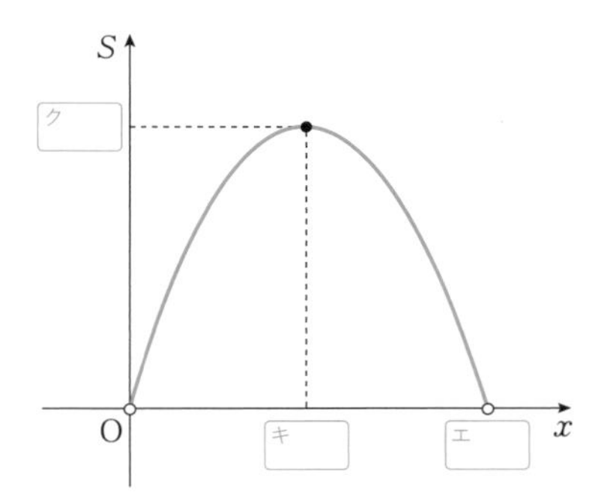

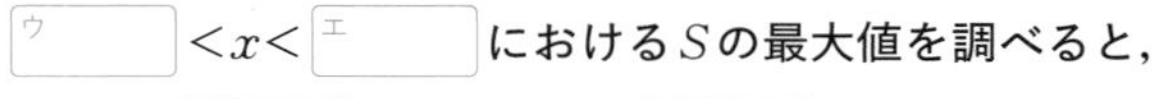

S は $x=\boxed{キ}$ のとき最大値 $\boxed{ク}$ をとる。

CHALLENGE 右の図のような直角三角形ABCにおいて，2辺AB, BCの長さの和が 10 cm であるとする。斜辺の長さが最小となるときの 3 辺の長さを求めよ。

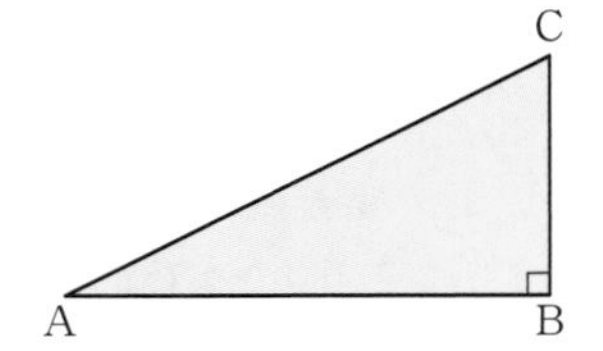

HINT ABの長さを x とおくと，AB+BC=10 からBCの長さも x を用いて表すことができる。ACは三平方の定理を使おう。

✔ CHECK 30講で学んだこと

□ 知りたい図形量を文字で表す。
□ おいた文字の取り得る値の範囲(定義域)に注意する。

31講　軸に文字が含まれる下に凸の2次関数の最小値は軸の位置で場合分け！

軸に文字を含むときの下に凸の最小値

▶ここからつなげる　今回は2次関数の式に文字が含まれている場合の最小値を求めます。これは多くの学生がつまずきやすいところです。難しく感じる部分もあるかもしれませんが，軸と定義域の関係に着目して丁寧にやっていけば大丈夫です。

POINT　下に凸の2次関数の最小値は軸が定義域の中か外かに着目

軸の式に文字が含まれているときの下に凸の2次関数の最小値は，次のようになります。

(i)　**軸が定義域より左のとき**　**左端で最小**

(ii)　**軸が定義域の中のとき**　**軸で最小**

(iii)　**軸が定義域より右のとき**　**右端で最小**

上に凸の2次関数の最大値も同様に考えることができます。

考えてみよう

aを定数とするとき，2次関数$f(x)=x^2-2ax+1$ $(1\leqq x\leqq 3)$の最小値を求めよ。

$$f(x)=x^2-2ax+1$$
$$=(x-a)^2-a^2+1$$

(i)　軸が定義域より左，すなわち，$a<1$のとき，
定義域の左端である$x=1$で最小となり，
最小値は，
$$f(1)=1^2-2a+1$$
$$=-2a+2$$

(ii)　軸が定義域の中，すなわち，$1\leqq a\leqq 3$のとき，
軸，つまり$x=a$で最小となり，最小値は，
$$f(a)=-a^2+1$$

(iii)　軸が定義域より右，すなわち，$3<a$のとき，
定義域の右端である$x=3$で最小となり，
最小値は，
$$f(3)=3^2-2a\cdot 3+1$$
$$=-6a+10$$

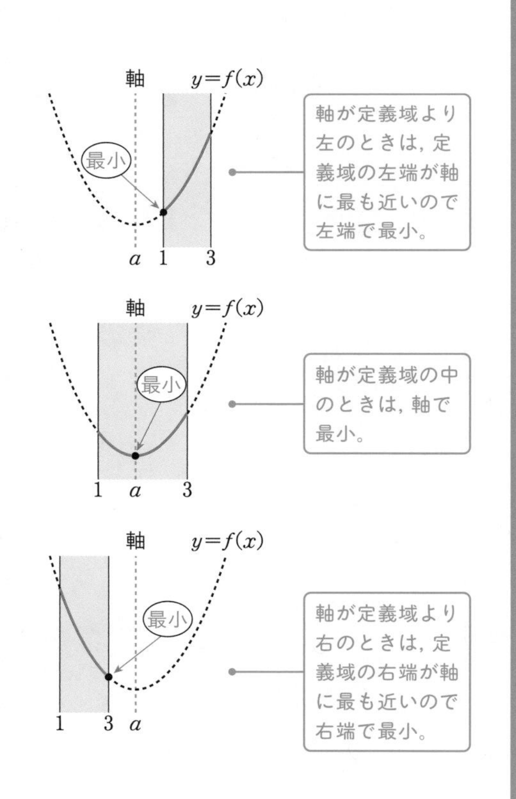

(i)〜(iii)より，最小値は，
$$\begin{cases} -2a+2 & (a<1\text{のとき}) \\ -a^2+1 & (1\leqq a\leqq 3\text{のとき}) \\ -6a+10 & (a>3\text{のとき}) \end{cases}$$

参考　例えば，$a\geqq 1$など，文字aに制限があれば(ii)(iii)のみになります。文字に制限があるときは(i)(ii)(iii)すべての場合が起こるわけではないので注意しましょう。

1 a を定数とするとき，2 次関数 $f(x)=(x+2a)^2+3$ $(0\leqq x\leqq 2)$ の最小値を求めよ。

(i)　$-2a<0$，すなわち，$a>$ [ア] のとき，

$x=$ [イ] で最小となり，最小値は，

$f($[イ]$)=$ [ウ] a^2+ [エ]

(ii)　$0\leqq -2a\leqq 2$，すなわち，[オ] $\leqq a\leqq$ [ア] のとき，

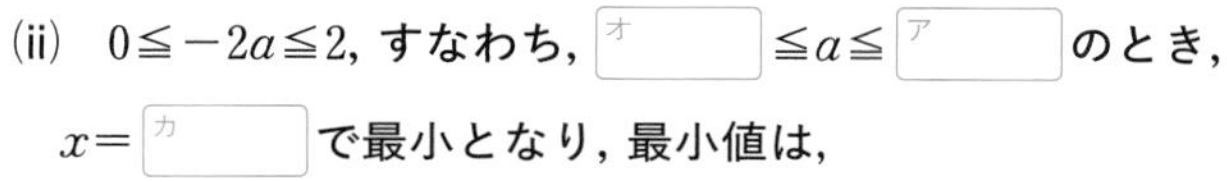

$x=$ [カ] で最小となり，最小値は，

$f($[カ]$)=$ [キ]

(iii)　$2<-2a$，すなわち，$a<$ [オ] のとき，

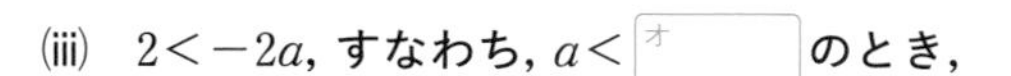

$x=$ [ク] で最小となり，最小値は，

$f($[ク]$)=$ [ケ] a^2+ [コ] $a+$ [サ]

軸　最小　$-2a$　0　2

軸　最小　0　$-2a$　2

軸　最小　0　2　$-2a$

(i)〜(iii)より，最小値は，

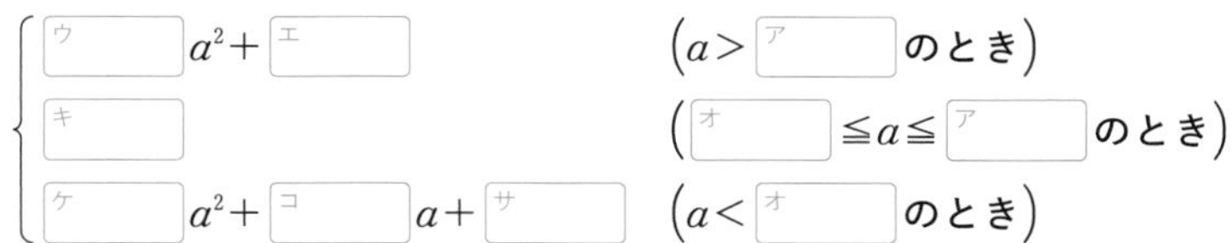

[ウ] a^2+ [エ]　$(a>$ [ア] のとき$)$
[キ]　$($[オ] $\leqq a\leqq$ [ア] のとき$)$
[ケ] a^2+ [コ] $a+$ [サ]　$(a<$ [オ] のとき$)$

CHALLENGE　a を定数とするとき，2 次関数 $f(x)=-x^2+2ax-a$ $(-2\leqq x\leqq 0)$ の最大値を求めよ。

HINT　軸が「定義域より左」，「定義域の中」，「定義域より右」で場合分けしよう。

✔ CHECK　31講で学んだこと

□ 下に凸の 2 次関数の最小値は，
軸が「定義域より左」，「定義域の中」，「定義域より右」で場合分けする。

32講　軸に文字が含まれる下に凸の 2 次関数の最大値は軸の位置で場合分け！

軸に文字を含むときの下に凸の最大値

▶ ここからつなげる　今回は 2 次関数の式に文字が含まれている場合の最大値を求めます。前講と同様に，放物線の軸の式に文字が含まれているときの，軸の位置による「場合分け」の練習をしていきます。

POINT　下に凸の 2 次関数の最大値は軸と定義域の中央の大小に着目

軸の式に文字が含まれているときの下に凸の 2 次関数の最大値は，次のようになります。

(i)　**軸が定義域の中央より左のとき**
右端で最大

(ii)　**軸が定義域の中央より右のとき**
左端で最大

上に凸の 2 次関数の最小値も同様に考えることができます。

考えてみよう

a を定数とするとき，2 次関数 $f(x)=x^2-2ax+3$ $(-3 \leqq x \leqq 1)$ の最大値を求めよ。

$$f(x)=(x-a)^2-a^2+3$$

定義域の中央は $x=\dfrac{-3+1}{2}=-1$ である。

$a=-1$ のとき，

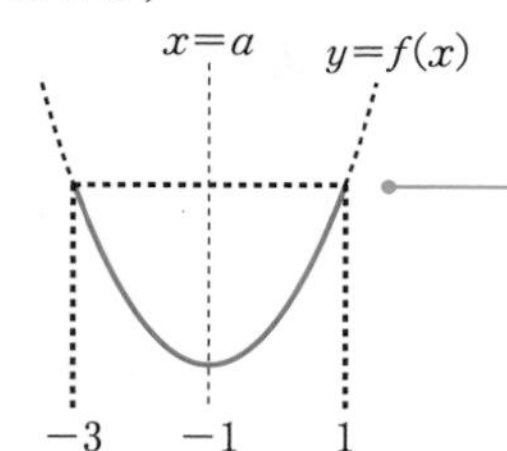

軸と定義域の中央が一致するとき，左端と右端の y 座標が一致する。
⟹　軸が定義域中央より左　→　右端が軸より遠い。
　　軸が定義域中央より右　→　左端が軸より遠い。

(i)　軸が定義域の中央より左，
すなわち，$a<-1$ のとき，
定義域の右端の $x=1$ で最大となる。
よって，最大値は，
$$f(1)=-2a+4$$

(ii)　軸が定義域の中央より右，
すなわち，$-1 \leqq a$ のとき，
定義域の左端の $x=-3$ で最大となる。
よって，最大値は，
$$f(-3)=6a+12$$

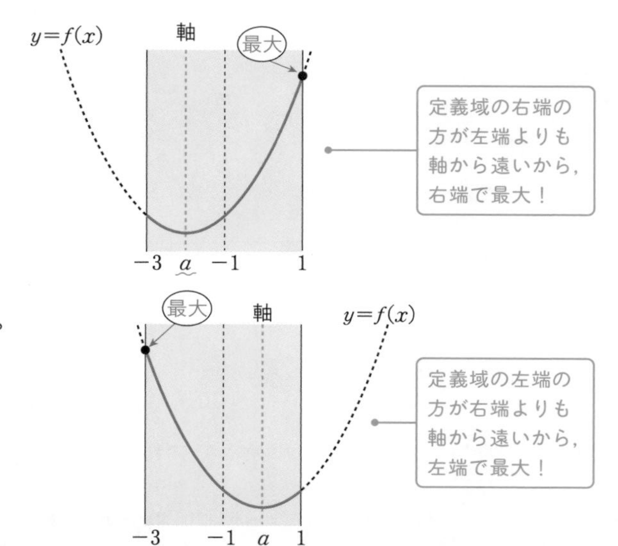

(i)，(ii)より，最大値は，
$$\begin{cases} -2a+4 & (a<-1 \text{ のとき}) \\ 6a+12 & (a \geqq -1 \text{ のとき}) \end{cases}$$

演習

1 aを定数とするとき，2次関数$f(x)=(x-2a)^2+1\ (0\leqq x\leqq 4)$の最大値を求めよ。

定義域の中央は$x=$ ア である。

(i) $2a<$ ア ，すなわち，$a<$ イ のとき，

定義域の右端の$x=$ ウ で最大となる。

よって，最大値は，

$f($ ウ $)=$ エ a^2- オ $a+$ カ

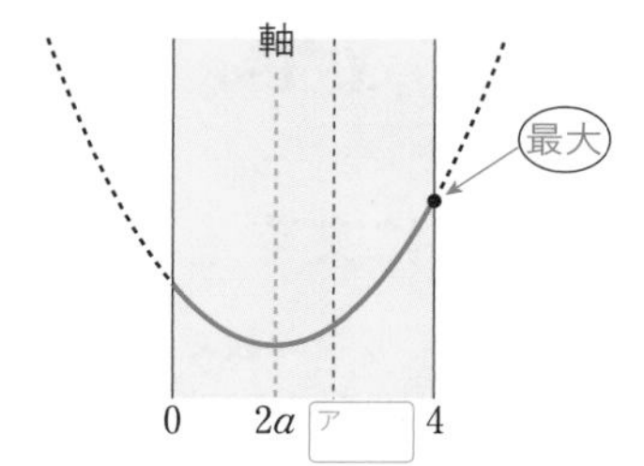

(ii) ア $\leqq 2a$，すなわち，イ $\leqq a$のとき，

定義域の左端の$x=$ キ で最大となる。

よって，最大値は，

$f($ キ $)=$ ク a^2+ ケ

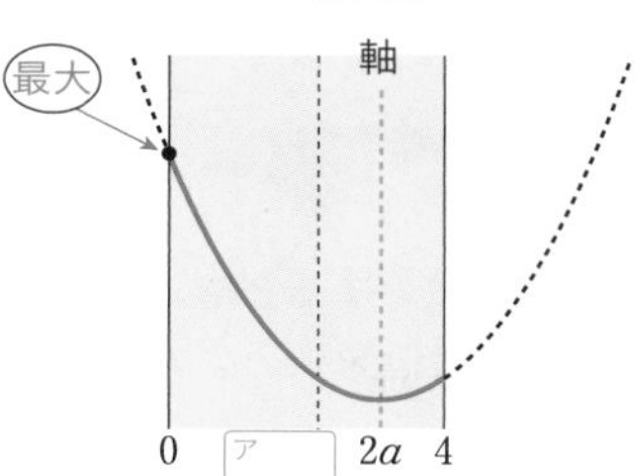

(i)，(ii)より，最大値は，

$\begin{cases} \text{エ}\ a^2-\text{オ}\ a+\text{カ} & (a<\text{イ}\ のとき) \\ \text{ク}\ a^2+\text{ケ} & (a\geqq\text{イ}\ のとき) \end{cases}$

CHALLENGE aを定数とするとき，2次関数$f(x)=-x^2+2ax-a\ (-2\leqq x\leqq 0)$の最小値を求めよ。

HINT 軸が「定義域の中央より左」，「定義域の中央より右」で場合分けしよう。

✔ CHECK 32講で学んだこと

□ 下に凸の2次関数の最大値は，
軸が「定義域の中央より左」，「定義域の中央より右」で場合分けする。

33講　定義域に文字が含まれる2次関数の最大値・最小値は軸の位置で場合分け！

定義域に文字を含むときの最大値・最小値

▶ここからつなげる 今回は，下に凸の2次関数の定義域に文字が含まれている場合の最大値・最小値を求めます。31・32講と同様に，軸の位置に着目して「場合分け」をしていきましょう。

POINT 定義域に文字を含む場合も軸の位置に着目して場合分け

下に凸の2次関数では，次のように場合分けをして考えます。

最小値：(i)　**軸が定義域より左**　(ii)　**軸が定義域の中**　(iii)　**軸が定義域より右**

最大値：(ア)　**軸が定義域の中央より左**　(イ)　**軸が定義域の中央より右**

考えてみよう

aを定数とするとき，2次関数$f(x)=(x-2)^2+1$ $(a \leqq x \leqq a+2)$ の最小値を求めよ。また，最大値を求めよ。

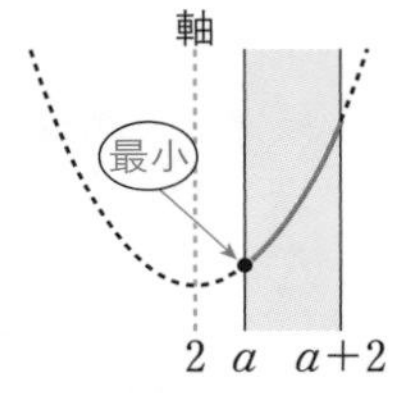

(i)　軸が定義域より左，
すなわち，$2<a$のとき，
最小値は，

$$f(a)=(a-2)^2+1$$
$$=a^2-4a+5$$

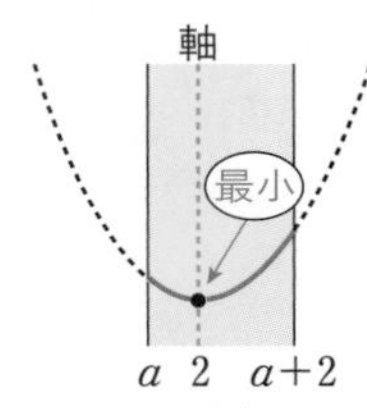

(ii)　軸が定義域の中，
すなわち，$a \leqq 2 \leqq a+2$,
つまり $0 \leqq a \leqq 2$ のとき，
最小値は，

$$f(2)=1$$

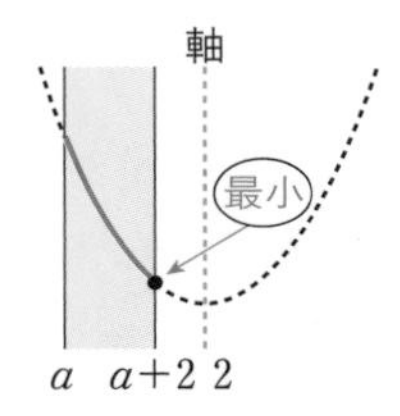

(iii)　軸が定義域より右，
すなわち，$a+2<2$,
つまり$a<0$のとき，
最小値は，

$$f(a+2)=a^2+1$$

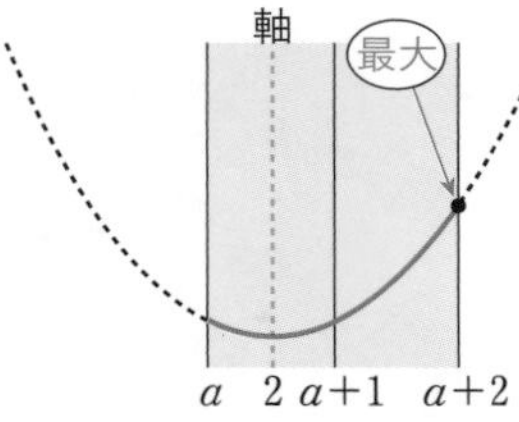

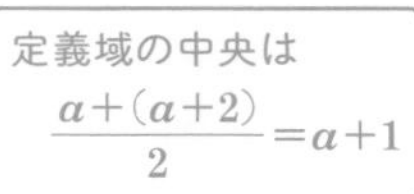

(ア)　軸が定義域の中央よりも左，
すなわち，$2 \leqq a+1$，つまり
$a \geqq 1$のとき，最大値は，

$$f(a+2)=a^2+1$$

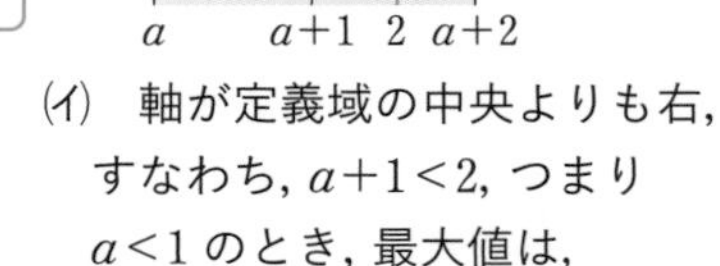

(イ)　軸が定義域の中央よりも右，
すなわち，$a+1<2$，つまり
$a<1$のとき，最大値は，

$$f(a)=(a-2)^2+1$$
$$=a^2-4a+5$$

よって，

最小値：$\begin{cases} a^2-4a+5 & (a>2 \text{ のとき}) \\ 1 & (0 \leqq a \leqq 2 \text{ のとき}) \\ a^2+1 & (a<0 \text{ のとき}) \end{cases}$　最大値：$\begin{cases} a^2+1 & (a \geqq 1 \text{ のとき}) \\ a^2-4a+5 & (a<1 \text{ のとき}) \end{cases}$

1 aを定数とするとき，2 次関数$f(x)=-x^2-2x+1$ $(a \leqq x \leqq a+4)$ の最大値を求めよ。また，最小値を求めよ。

$$f(x)=-(x+1)^2+2$$

（最大値について）

(i) 軸が定義域よりも右，すなわち

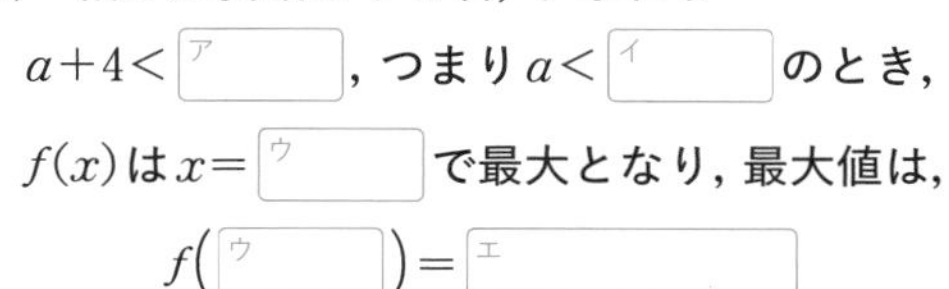

$a+4<$ [ア]，つまり$a<$ [イ] のとき，

$f(x)$は$x=$ [ウ] で最大となり，最大値は，

$f($[ウ]$)=$ [エ]

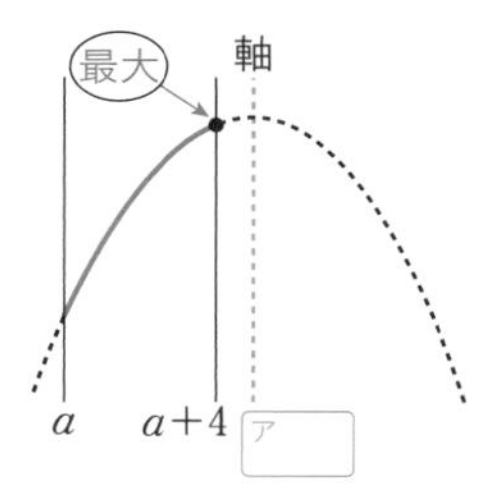

(ii) 軸が定義域の中，すなわち

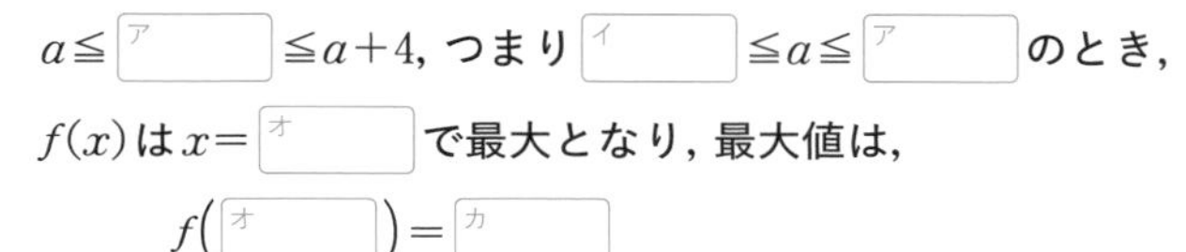

$a \leqq$ [ア] $\leqq a+4$，つまり [イ] $\leqq a \leqq$ [ア] のとき，

$f(x)$は$x=$ [オ] で最大となり，最大値は，

$f($[オ]$)=$ [カ]

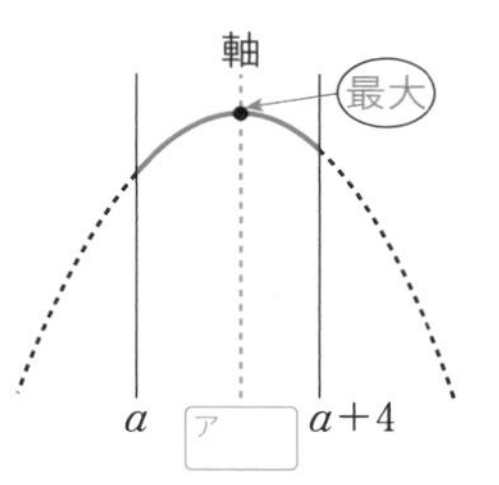

(iii) 軸が定義域よりも左，すなわち

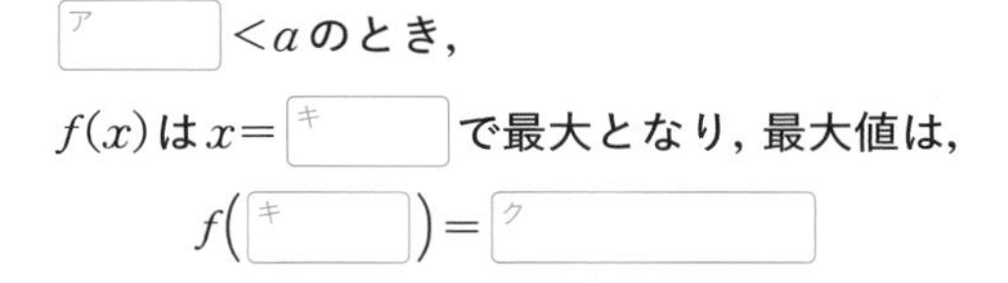

[ア] $<a$のとき，

$f(x)$は$x=$ [キ] で最大となり，最大値は，

$f($[キ]$)=$ [ク]

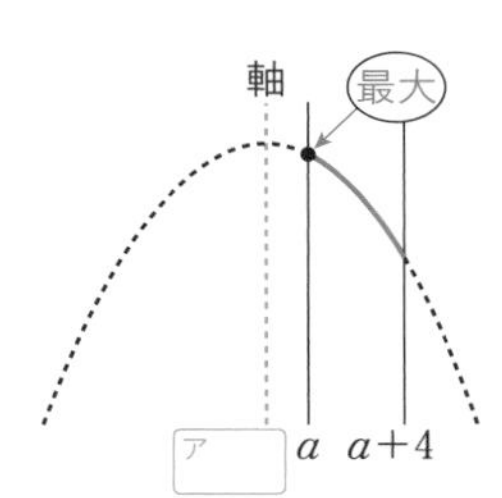

（最小値について）

(ア) 軸が定義域の中央よりも右，すなわち

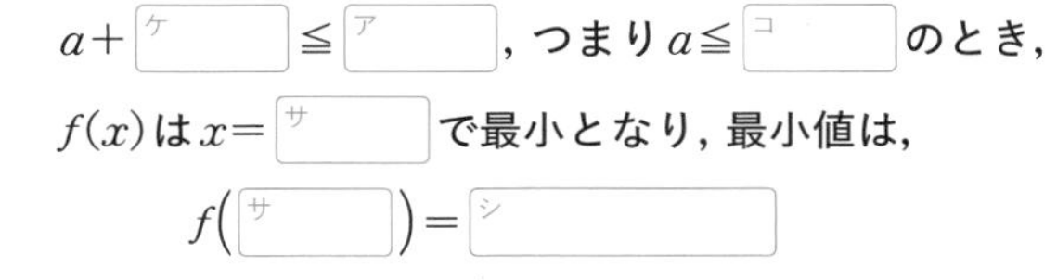

$a+$ [ケ] $\leqq$ [ア]，つまり$a \leqq$ [コ] のとき，

$f(x)$は$x=$ [サ] で最小となり，最小値は，

$f($[サ]$)=$ [シ]

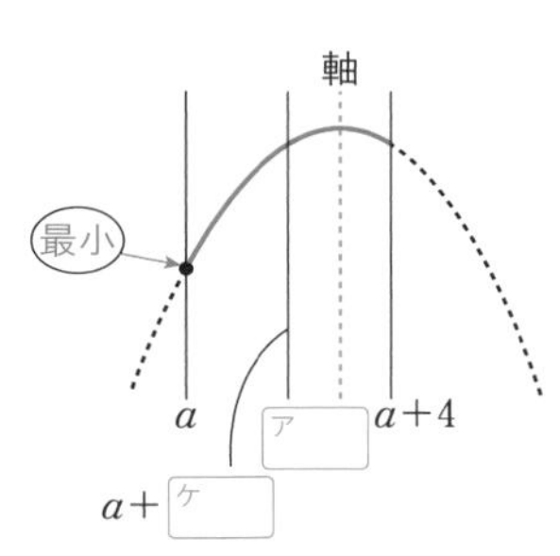

(イ) 軸が定義域の中央よりも左，すなわち

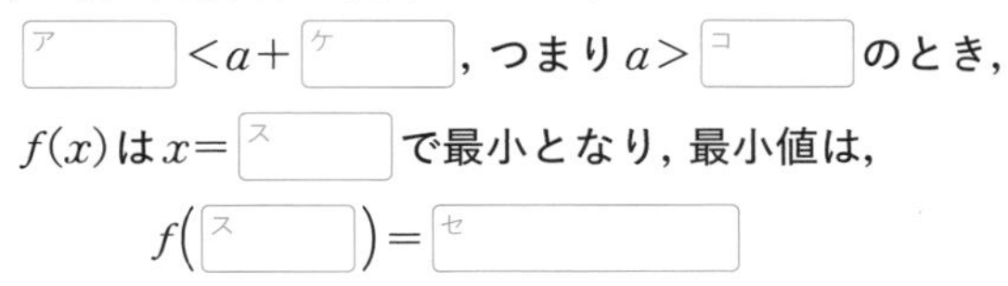

[ア] $<a+$ [ケ]，つまり$a>$ [コ] のとき，

$f(x)$は$x=$ [ス] で最小となり，最小値は，

$f($[ス]$)=$ [セ]

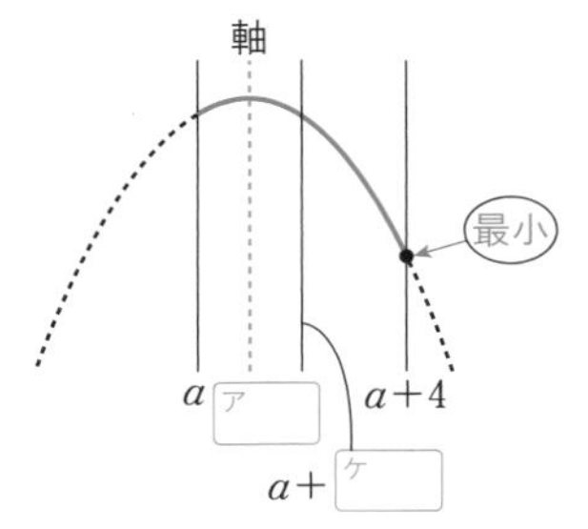

✔ CHECK 33講で学んだこと

□ 下に凸の 2 次関数の最小値と上に凸の 2 次関数の最大値は，軸が「定義域より左」，「定義域の中」，「定義域より右」で場合分けする。

□ 下に凸の 2 次関数の最大値と上に凸の 2 次関数の最小値は，軸が「定義域の中央より左」，「定義域の中央より右」で場合分けする。

34講　連立不等式はそれぞれの解の共通範囲を求めて解く！

2次不等式を含む連立不等式

▶ここからつなげる　2つ以上の不等式を組み合わせたものを連立不等式といいました。今回は2次不等式を含む連立不等式の解き方について学習します。1つ1つていねいに不等式を解いていきましょう！

POINT 連立不等式は，それぞれの不等式を解き，共通範囲を求める

連立不等式をすべてみたすxの値の範囲をその連立不等式の解といいます。

連立不等式は，2次不等式が含まれていても，**それぞれの不等式を解き，それらの解の共通範囲を求める**ことで，解くことができます。

例　連立不等式$\begin{cases}(x+2)(x-3)\geqq 0 & \cdots ① \\ (x+3)(x-5)<0 & \cdots ② \end{cases}$ を解け。

①の解は，

$x\leqq -2,\ 3\leqq x \quad \cdots ①'$

②の解は，

$-3<x<5 \quad \cdots ②'$

①′，②′の共通範囲を求めて，

$-3<x\leqq -2,\ 3\leqq x<5$

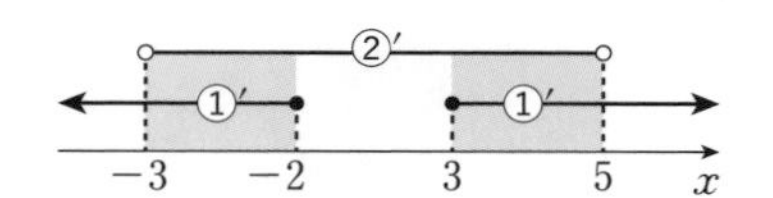

参考　$A\leqq B\leqq C$のタイプの不等式は，連立不等式$\begin{cases}A\leqq B \\ B\leqq C\end{cases}$として解きます。

例題

次の連立不等式を解け。

$$\begin{cases}x^2+6x-6\geqq 0 \\ x^2-4<0\end{cases}$$

$x^2+6x-6=0$ とすると，

$$x=\frac{\boxed{ア}\pm\sqrt{\boxed{イ}}}{2}=\boxed{ウ}\pm\sqrt{\boxed{エ}}$$

であるから，$x^2+6x-6\geqq 0$ の解は，

$x\leqq \boxed{ウ}-\sqrt{\boxed{エ}},\ \boxed{ウ}+\sqrt{\boxed{エ}}\leqq x \quad \cdots ①$

$x^2-4<0$ より，

$(x+\boxed{オ})(x-\boxed{カ})<0$

$\boxed{キ}<x<\boxed{ク} \quad \cdots ②$

①，②の共通範囲を求めて，

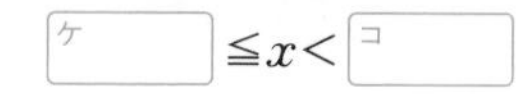

$\boxed{ケ}\leqq x<\boxed{コ}$

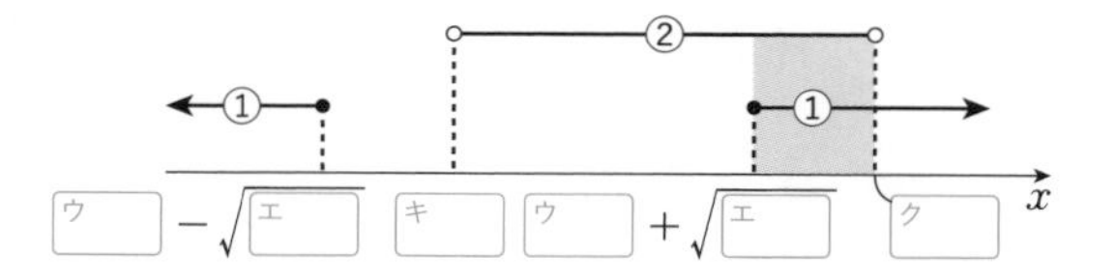

例題の解答　ア −6　イ 60　ウ −3　エ 15　オ 2　カ 2　キ −2　ク 2　ケ $-3+\sqrt{15}$　コ 2

演習の解答 ➡ 別冊P.35

1 次の連立不等式を解け。

$$6x^2-19x<7\leqq x^2-4x+10$$

CHALLENGE 隣り合う2辺の長さの和が20 cmの長方形において，面積を75 cm^2 以上96 cm^2 以下にするには，長方形の短い方の辺の長さをどのような範囲にとればよいか求めよ。

HINT 短い方の辺の長さを x cmとおいて，式を立ててみよう。

✔ CHECK 34講で学んだこと

□ 連立不等式はそれぞれの不等式を解き，それらの解の共通範囲を求める。

35講　2次方程式の実数解の個数は判別式で判断できる！

判別式(1)

▶ ここからつなげる　2次方程式の実数解の個数や，2次関数のグラフとx軸の共有点の個数を調べるために「判別式」というものがあります。今回はこの「判別式」について学習し，使い方をマスターしましょう。

POINT　2次方程式の実数解の個数は解の公式の$\sqrt{\quad}$の中身の符号で決まる

[1]　$x^2+5x+3=0$ の解は，$x=\dfrac{-5\pm\sqrt{5^2-4\cdot1\cdot3}}{2}=\dfrac{-5-\sqrt{13}}{2},\ \dfrac{-5+\sqrt{13}}{2}$

[2]　$x^2+6x+9=0$ の解は，$x=\dfrac{-6\pm\sqrt{6^2-4\cdot1\cdot9}}{2}=\dfrac{-6\pm\sqrt{0}}{2}=-3$

[3]　$x^2+6x+10=0$ の解は，$x=\dfrac{-6\pm\sqrt{6^2-4\cdot1\cdot10}}{2}=\dfrac{-6\pm\sqrt{-4}}{2}$

解の公式の$\sqrt{\quad}$の中身が，[1]のように正であれば実数解は2つになり，[2]のように0になれば実数解が1つになります。$\sqrt{-4}$（2乗すると-4になる数）は実数ではないから，解の公式の$\sqrt{\quad}$の中身が[3]のように負になった場合は実数解はなしとなります。

一般に，2次方程式$ax^2+bx+c=0$ …①の解の公式$x=\dfrac{-b\pm\sqrt{b^2-4ac}}{2a}$の$\sqrt{\quad}$の中身$b^2-4ac$を**判別式**といい，$D$で表します。

Dの符号によって，①の**実数解の個数を分類**することができます。

$D=b^2-4ac>0$ のとき，解は$x=\dfrac{-b-\sqrt{b^2-4ac}}{2a},\ \dfrac{-b+\sqrt{b^2-4ac}}{2a}$であり，

①は**異なる2つの実数解**をもちます。

$D=b^2-4ac=0$ のとき，解は$x=-\dfrac{b}{2a}$であり，（重解という。）

①は**1つの実数解**をもちます。

$D=b^2-4ac<0$ のとき，①は**実数解をもたない**ことになります。

> $x=\dfrac{-b\pm\sqrt{b^2-4ac}}{2a}$ において，$b^2-4ac=0$ のとき，$x=-\dfrac{b}{2a}$

例1　2次方程式$x^2+3x-2=0$ の実数解の個数を求めよ。

$x^2+3x-2=0$ の判別式をDとおくと，

$D=3^2-4\cdot1\cdot(-2)=17$

$D>0$ より，実数解の個数は2個

> 今回，$a=1$，$b=3$，$c=-2$ であり，$D=b^2-4ac$

例2　2次方程式$x^2+ax+a+3=0$ が実数解をもたないようなaの範囲を求めよ。

$x^2+ax+a+3=0$ の判別式をDとおくと，実数解をもたない条件は$D<0$ である。

$D=a^2-4\cdot1\cdot(a+3)=a^2-4a-12$

であり，求める条件は，

$a^2-4a-12<0$

$(a+2)(a-6)<0$

$-2<a<6$

演習

1 次の2次方程式の実数解の個数を求めよ。

(1) $9x^2-12x+4=0$

(2) $3x^2-x+1=0$

2 2次方程式$x^2+2ax-2a+3=0$が実数解をもたないような，定数aの値の範囲を求めよ。

CHALLENGE 2次方程式$x^2+6x+k-3=0$が重解をもつとき，定数kの値を求めよ。またそのときの重解を求めよ。

HINT 判別式の値が0となるkの値を求めて，そのkの値を$x^2+6x+k-3=0$に代入し，そのときのxの値を求めよう。

CHECK 35講で学んだこと

□ 2次方程式の実数解の個数は，判別式をDとすると，$D>0$のとき2個，$D=0$のとき1個，$D<0$のとき0個

36講　グラフとx軸との共有点の個数は判別式で調べられる！

判別式(2)

▶ここからつなげる　今回は前講で学習した「判別式」を用いて$y=ax^2+bx+c$のグラフとx軸の共有点の個数を調べます。2次方程式$ax^2+bx+c=0$の解の個数と一致するので，関連づけて理解していきましょう。

POINT　2次関数のグラフとx軸との共有点の個数も判別式でわかる

例えば，2次関数$y=x^2+5x+2$とx軸との共有点のx座標は，$x^2+5x+2=0$を解くことで，

$$x=\frac{-5\pm\sqrt{5^2-4\cdot1\cdot2}}{2}=\frac{-5\pm\sqrt{17}}{2}$$

と求まり，共有点が2個あることがわかります。

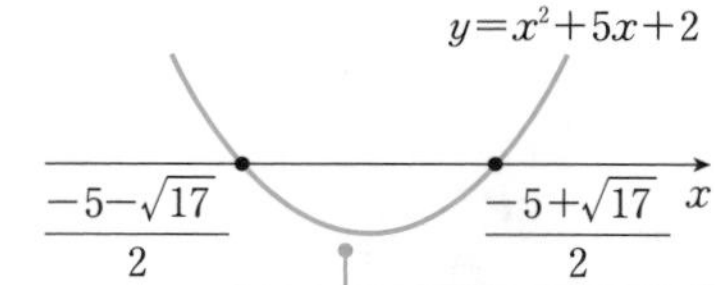

共有点のx座標が2個であれば，共有点の個数は2つ。

このように，

「**2次関数$y=ax^2+bx+c$のグラフとx軸との共有点の個数**」は，

「**2次方程式$ax^2+bx+c=0$の異なる実数解の個数**」と等しくなります。

つまり，2次関数$y=ax^2+bx+c$のグラフとx軸との共有点の個数も$ax^2+bx+c=0$の判別式Dによって，次のように分類することができます。

[1]　$D>0$のとき，$y=ax^2+bx+c$はx軸と異なる2点で交わる。

[2]　$D=0$のとき，$y=ax^2+bx+c$はx軸と1点を共有する(接するといいます)。

[3]　$D<0$のとき，$y=ax^2+bx+c$はx軸と共有点をもたない。

$a>0$のとき，

$D>0$

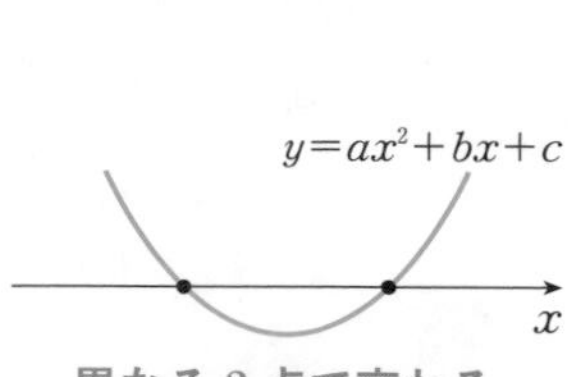

異なる2点で交わる

$D=0$

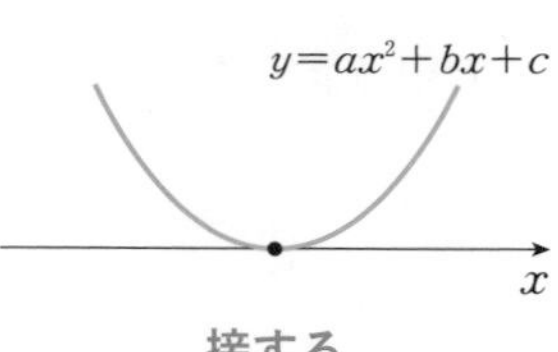

接する

$D<0$

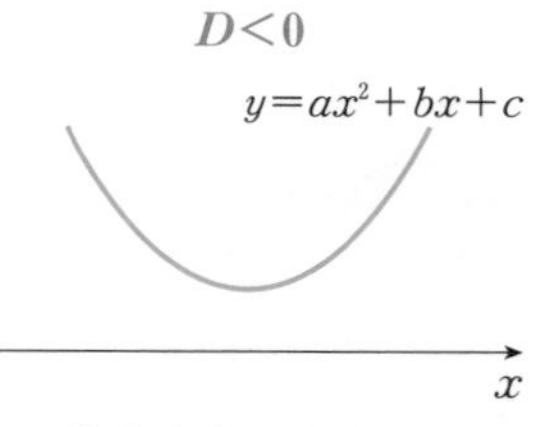

共有点をもたない

例1　2次関数$y=x^2+5x+2$とx軸との共有点の個数を求めよ。

$x^2+5x+2=0$の判別式をDとおくと，

$$D=5^2-4\cdot1\cdot2=17>0$$

$D>0$より，共有点の個数は2個

例2　2次関数$y=2x^2-4x+a$のグラフがx軸と異なる2点で交わるような定数aの値の範囲を求めよ。

$2x^2-4x+a=0$の判別式をDとおくと，$D>0$となればよく，

$$D=(-4)^2-4\cdot2\cdot a>0$$
$$a<2$$

(別解)

$$y=2x^2-4x+a=2(x-1)^2+a-2$$

より，x軸と異なる2点で交わる条件は，

$$a-2<0$$
$$a<2$$

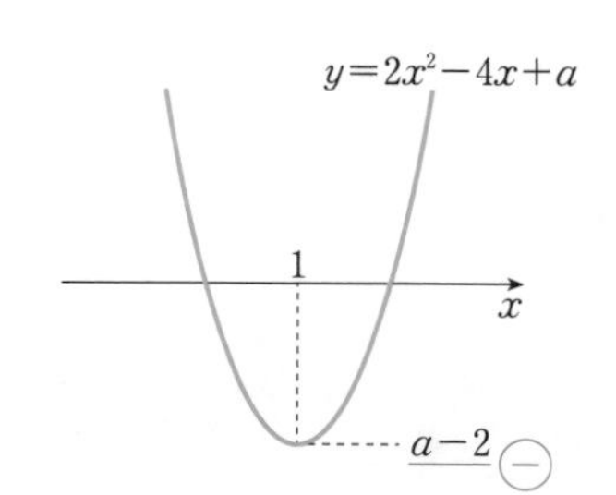

1 次の2次関数のグラフとx軸との共有点の個数を求めよ。

(1) $y=-x^2+x+5$

(2) $y=\dfrac{1}{3}x^2-2x+6$

2 2次関数$y=x^2+ax-2a$のグラフがx軸と異なる2点で交わるようなaの値の範囲を求めよ。

CHALLENGE 2次関数$y=3x^2-mx+3$のグラフがx軸と接するとき，定数mの値と，そのときの接点の座標を求めよ。

HINT グラフがx軸と接するので判別式の値が0。求めたmを元の式に戻そう！

CHECK 36講で学んだこと

□ 2次関数のグラフとx軸との共有点の個数は，判別式をDとすると，$D>0$のとき2個，$D=0$のとき1個，$D<0$のとき0個

37講 「すべての実数で成り立つ」条件は「一番成り立ちにくい所」に着目！

絶対不等式

▶ここからつなげる 文字にどのような値を代入しても成り立つ不等式を「絶対不等式」といいます。今回は2次不等式が絶対不等式になる条件について学習します。これもグラフを用いると考えやすくなります。

POINT

すべての実数で成り立つ条件は一番成り立ちにくい所に着目！

2次不等式 $x^2+ax+b>0$ **がすべての実数** x **について成り立つ**ためには，右の図のように $y=x^2+ax+b$ **のグラフが** x **軸より常に上側**にあればよいですね。つまり，

$y=x^2+ax+b$ の最小値が0より大きい

ことが，$x^2+ax+b>0$ がすべての実数 x について成り立つ条件です。

このように「**すべての〜で成り立つ**」というときは「**一番成り立ちにくい所**」，今回は最小値に着目することがポイントです。

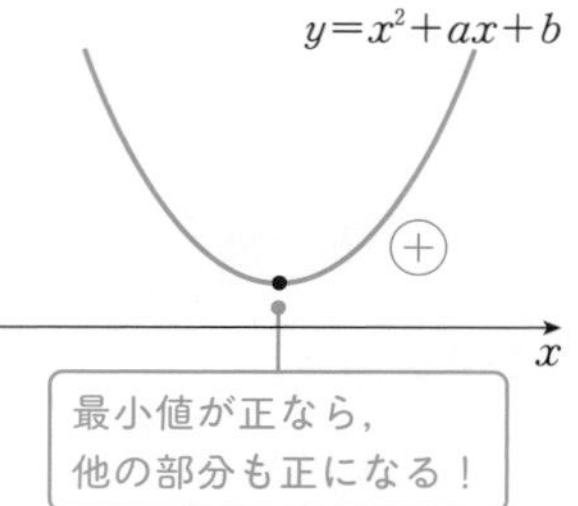

参考　「$y=x^2+ax+b$ のグラフが x 軸より常に上側にある」とは，「$y=x^2+ax+b$ のグラフが x 軸と共有点をもたない」ということですね。よって，$x^2+ax+b=0$ の判別式を D とおくと，$D<0$ のときと考えることもできます。

考えてみよう

すべての実数 x に対して，$x^2+4ax+6a-2>0$ が成り立つような a の値の範囲を求めよ。

$f(x)=x^2+4ax+6a-2$ とおく。$y=f(x)$ は下に凸の2次関数であるから，すべての実数 x に対して $f(x)>0$ が成り立つための条件は，$y=f(x)$ の最小値が0より大きいことである。

$$f(x)=(x+2a)^2-4a^2+6a-2$$

より，最小値は，

$$f(-2a)=-4a^2+6a-2$$

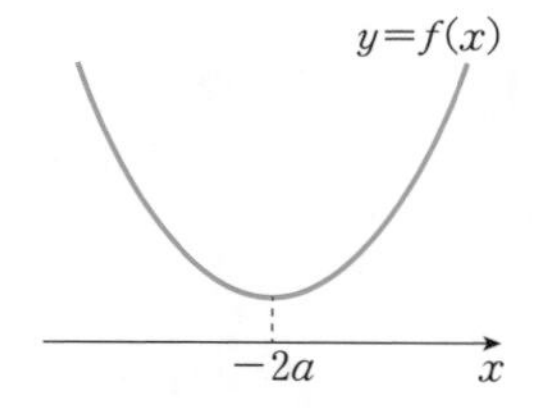

したがって，求める条件は，

$$-4a^2+6a-2>0$$
$$2a^2-3a+1<0$$
$$(2a-1)(a-1)<0$$
$$\frac{1}{2}<a<1$$

（別解）

$x^2+4ax+6a-2=0$ の判別式を D とすると，求める条件は，

$$D=(4a)^2-4\cdot1\cdot(6a-2)<0$$
$$16a^2-24a+8<0$$
$$2a^2-3a+1<0$$
$$(2a-1)(a-1)<0$$
$$\frac{1}{2}<a<1$$

$\frac{D}{4}$ を使ってもよいです。

$$\frac{D}{4}=(2a)^2-1\cdot(6a-2)<0$$
$$4a^2-6a+2<0$$
$$2a^2-3a+1<0$$

演習の解答 ➡ 別冊P.38

演習

1 すべての実数xに対して，$x^2-2ax+3a+4>0$ が成り立つようなaの値の範囲を求めよ。

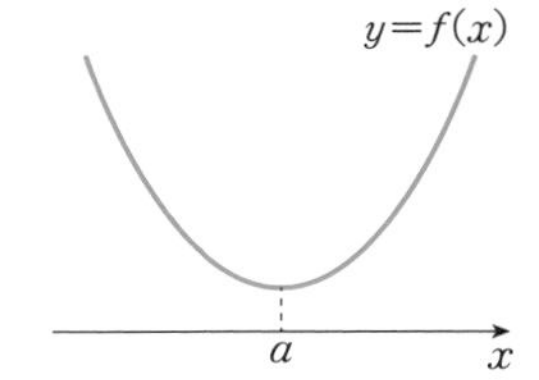

$f(x)=x^2-2ax+3a+4$ とおく。$y=f(x)$は下に凸の 2 次関数であるから，すべての実数xに対して$f(x)>0$ が成り立つための条件は，$y=f(x)$の最小値が 0 より大きいことである。

$$f(x)=(x-\boxed{ア})^2+(\boxed{イ}a^2+\boxed{ウ}a+\boxed{エ})$$

より，最小値は，

$$f(\boxed{ア})=\boxed{イ}a^2+\boxed{ウ}a+\boxed{エ}$$

したがって，求める条件は，

$$\boxed{イ}a^2+\boxed{ウ}a+\boxed{エ}>0$$

$$a^2-\boxed{ウ}a-\boxed{エ}<0$$

$$(a+\boxed{オ})(a-\boxed{カ})<0$$

$$\boxed{キ}<a<\boxed{ク}$$

CHALLENGE $x\geqq 1$ をみたすすべての実数xに対して$x^2-2ax+a^2+2a-5>0$ が成り立つような，定数aの値の範囲を求めよ。

HINT 2 次関数$y=x^2-2ax+a^2+2a-5$ の最小値を軸の位置によって場合分けして考えよう。

✔ CHECK 37講で学んだこと

□「すべての～で成り立つ」というときは「一番成り立ちにくい所」に着目する。

38講　$y=ax^2+bx+c$ の a, b, c の符号はグラフから判断する！

a, b, c の符号の判定

▶ここからつなげる 今回は$y=ax^2+bx+c$におけるa, b, cなどの符号を判定する問題を練習します。これまで学習してきた2次関数の知識を活用して，グラフから状況を読み取れるようになりましょう！

POINT グラフが開く向き，頂点のx座標，y軸との交点に注目

$y=ax^2+bx+c$において，aはグラフの開き具合を表します。よって，「下に凸」ならば$a>0$，「上に凸」ならば$a<0$がわかります。

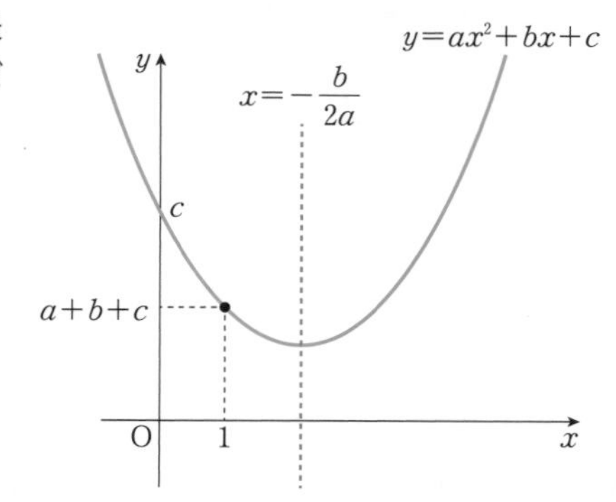

$$
\begin{aligned}
y&=ax^2+bx+c\\
&=a\left(x^2+\frac{b}{a}x\right)+c\\
&=a\left\{\left(x+\frac{b}{2a}\right)^2-\frac{b^2}{4a^2}\right\}+c\\
&=a\left(x+\frac{b}{2a}\right)^2-\frac{b^2-4ac}{4a}
\end{aligned}
$$

であり，頂点のx座標は$x=-\dfrac{b}{2a}$となります。bの符号は$-\dfrac{b}{2a}$（頂点のx座標）の符号とaの符号からわかります。

$y=ax^2+bx+c$において，$x=0$のときの値がcより，**グラフとy軸の交点のy座標がc**であることから，cの符号がわかります。

また，$a+b+c$は$y=ax^2+bx+c$に$x=1$を代入したときのyの値ですね。よって，**グラフ上の$x=1$のときのy座標**に着目することで$a+b+c$の符号がわかります。

例題

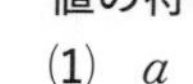
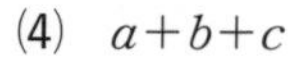

2次関数$y=ax^2+bx+c$のグラフが右の図のようになるとき，次の値の符号を調べよ。

(1)　a　　(2)　b　　(3)　c

(4)　$a+b+c$

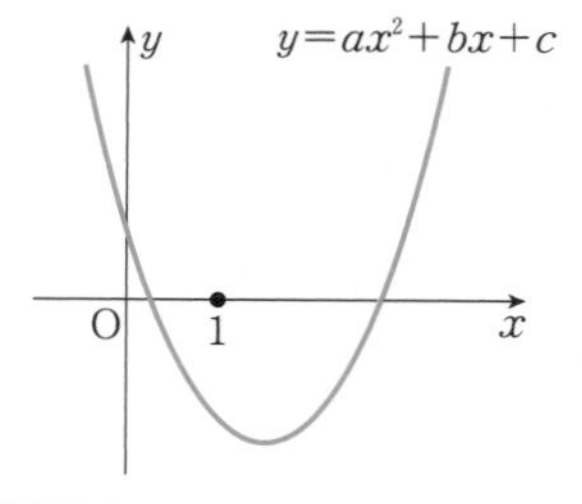

(1)　下に凸のグラフなので，a [ア] 0

(2)　頂点のx座標について，$-\dfrac{b}{2a}$ [イ] 0であり，a [ア] 0なので，b [ウ] 0

(3)　y軸との交点のy座標がcより，c [エ] 0

(4)　$x=1$のとき，$y=ax^2+bx+c$のy座標は$a+b+c$となり，グラフより，$a+b+c$ [オ] 0

 例題の解答　ア $>$　イ $>$　ウ $<$　エ $>$　オ $<$

演習の解答 ➡ 別冊P.39

1 2次関数$y=ax^2+bx+c$のグラフが右の図で与えられているとき，次の値の符号を調べよ。

(1) a　(2) b　(3) c
(4) $a+b+c$　(5) $a-b+c$

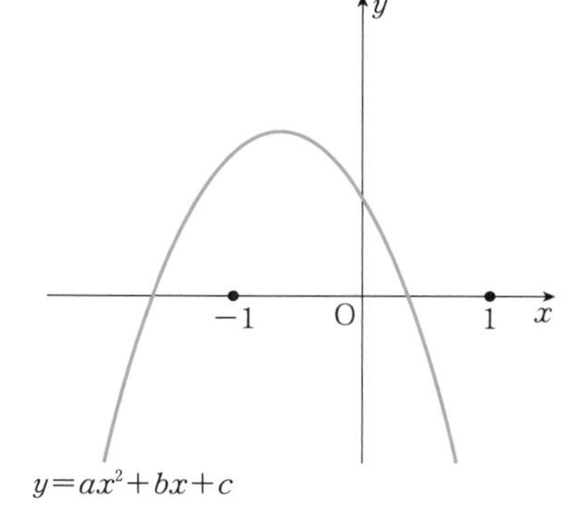

CHALLENGE 2次関数$y=ax^2+bx+c$のグラフが右の図で与えられているとき，次の値の符号を調べよ。

(1) a　(2) b　(3) c
(4) $a-b+c$　(5) b^2-4ac

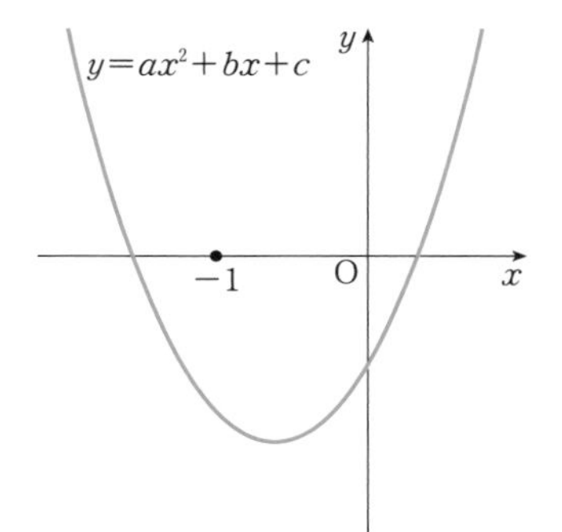

HINT (5) b^2-4acは判別式だから，共有点の個数に着目すればよさそうだね。

CHECK 38講で学んだこと

- □ aの符号は下に凸か，上に凸かで判定する。
- □ bの符号は頂点のx座標$-\dfrac{b}{2a}$とaの符号で判定する。
- □ cの符号はグラフとy軸との交点のy座標で判定する。
- □ $a+b+c$は$x=1$のときのyの値で判定する。

39講 $y=f(x)$のグラフがx軸の$\alpha<x<\beta$の部分と交わる条件は$f(\alpha)$, $f(\beta)$に着目！

解の存在範囲(1)

▶ここからつなげる 今回は「解の存在範囲」とよばれる2次関数の分野で重要な問題にチャレンジします。2次関数のグラフが，与えられた範囲でx軸と共有点をもつためには，どのような状況になればよいか図をかいて判断しましょう。

POINT

$y=f(x)$のグラフがx軸の$\alpha<x<\beta$の部分と1か所で交わる条件は$f(\alpha)$と$f(\beta)$が異符号

$y=f(x)$のグラフがx軸の$\alpha<x<\beta$の部分と交点を1つもつ条件は

$$\begin{cases} f(\alpha)>0 \\ f(\beta)<0 \end{cases} \quad \text{または} \quad \begin{cases} f(\alpha)<0 \\ f(\beta)>0 \end{cases}$$

です。

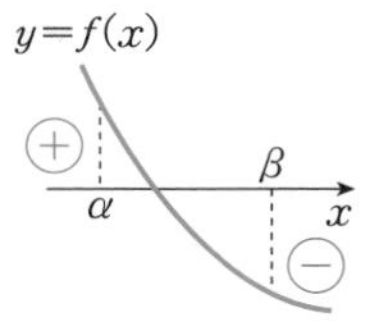

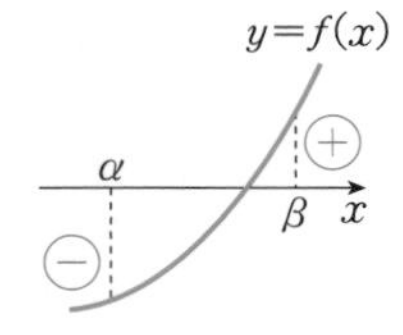

考えてみよう

$y=x^2-ax+2a-8$のグラフがx軸の$-3<x<0$および$1<x<5$のそれぞれの部分と1か所で交わるような定数aの値の範囲を求めよ。

$f(x)=x^2-ax+2a-8$とおくと，$y=f(x)$のグラフは下に凸の放物線だから，グラフが右の図のようになればよく，そのための条件は，

$$\begin{cases} f(-3)>0 & \cdots① \\ f(0)<0 & \cdots② \\ f(1)<0 & \cdots③ \\ f(5)>0 & \cdots④ \end{cases}$$

が成り立つことである。

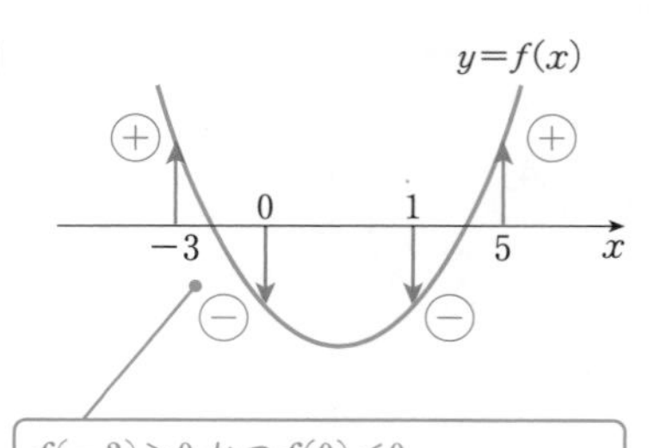

$f(-3)>0$ かつ $f(0)<0$ であれば，$-3<x<0$ で交点をもつ。

①より，$f(-3)=5a+1>0$，すなわち，$a>-\frac{1}{5}$　…①′

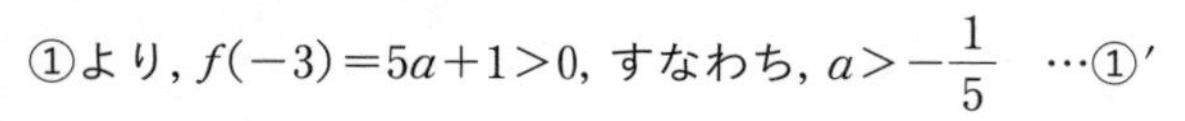

②より，$f(0)=2a-8<0$，すなわち，$a<4$　…②′

③より，$f(1)=a-7<0$，すなわち，$a<7$　…③′

④より，$f(5)=-3a+17>0$，すなわち，$a<\frac{17}{3}$　…④′

①′〜④′より

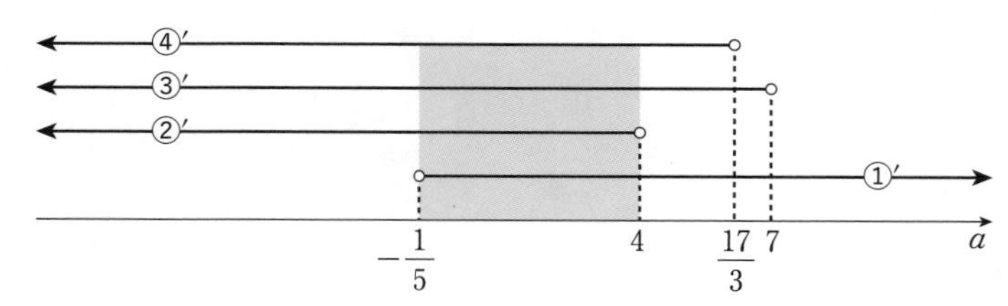

$-\frac{1}{5}<a<4$

1 2次関数 $y=x^2-3ax+2a-3$ のグラフが x 軸と x 座標が1より小さい交点と1より大きい交点をもつような a の値の範囲を定めよ。

$f(x)=x^2-3ax+2a-3$ とおく。
$y=f(x)$ のグラフは下に凸だから，求める条件は，

$f($ ア $)=$ イ $a-$ ウ <0

$a>$ エ

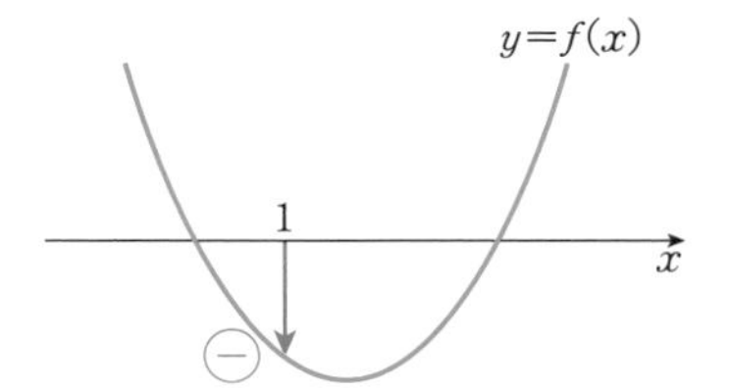

CHALLENGE 2次方程式 $x^2+3ax-2a-5=0$ の異なる2つの実数解を $\alpha,\ \beta$ とするとき，$-1<\alpha<1<\beta<5$ をみたすように，定数 a の値の範囲を定めよ。

HINT $x^2+3ax-2a-5=0$ の実数解は，2次関数 $y=x^2+3ax-2a-5$ と x 軸との共有点の x 座標だから，グラフで考えてみよう。

CHECK 39講で学んだこと

□ $y=f(x)$ のグラフが x 軸の $\alpha<x<\beta$ の部分と1か所で交わる条件は $f(\alpha)$ と $f(\beta)$ が異符号になることである。

40講　2次方程式の解に条件がついたら$f(□)$の符号，軸，頂点のy座標に着目！

解の存在範囲(2)

▶ここからつなげる　今回も前講と同様に「解の存在範囲」とよばれる問題にチャレンジします。2次方程式が指定された範囲で解をもつ条件を，2次関数のグラフを用いて処理する方法を学習します。入試でも非常によく出題されます。

POINT　$f(□)$の符号だけで決まらないときは，軸，頂点のy座標にも着目

$f(x)=0$ の実数解は$y=f(x)$と$y=0$（x軸）の共有点のx座標となります。$f(□)$の符号だけでは条件をみたさないときは，**軸，頂点のy座標にも着目**します。

考えてみよう

2次方程式$x^2+2ax-a+12=0$ が異なる2つの正の解をもつような定数aの値の範囲を求めよ。

$f(x)=x^2+2ax-a+12$ とおくと，

$f(x)=(x+a)^2-a^2-a+12$

軸は直線$x=-a$，頂点のy座標は$-a^2-a+12$

$y=f(x)$が$y=0$（x軸）と異なる2点で交わり，共有点のx座標がともに正となるのは，グラフが右の図のようになるときである。

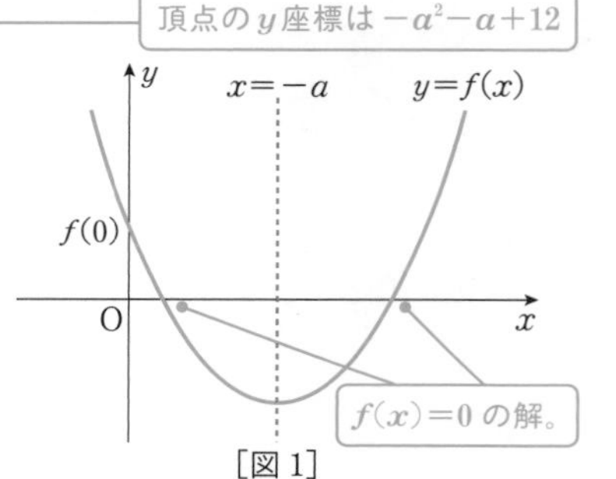

[図1]

よって，求める条件は

$$\begin{cases} f(0)>0 & \cdots① \\ \text{軸}：x=-a>0 & \cdots② \\ -a^2-a+12<0 & \cdots③ \end{cases}$$

①より，

$-a+12>0$

$a<12$　…①′

②より，

$a<0$　…②′

③より，

$a^2+a-12>0$

$(a+4)(a-3)>0$

$a<-4,\ 3<a$　…③′

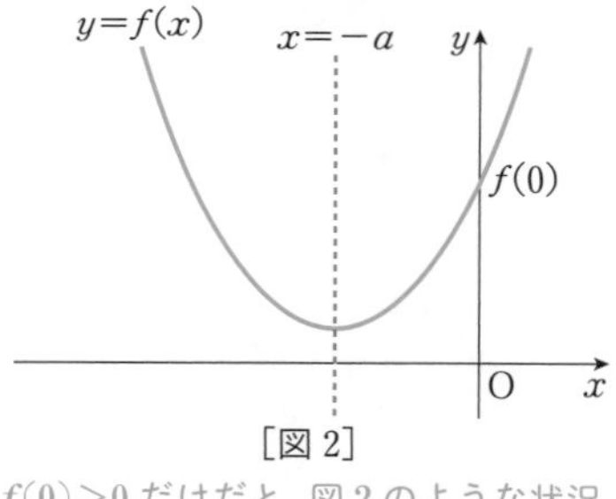

[図2]

$f(0)>0$ だけだと，図2のような状況も考えられるから，図1のような状況になるためには，
軸>0，(頂点のy座標)<0
も必要だね！

①′，②′，③′より，

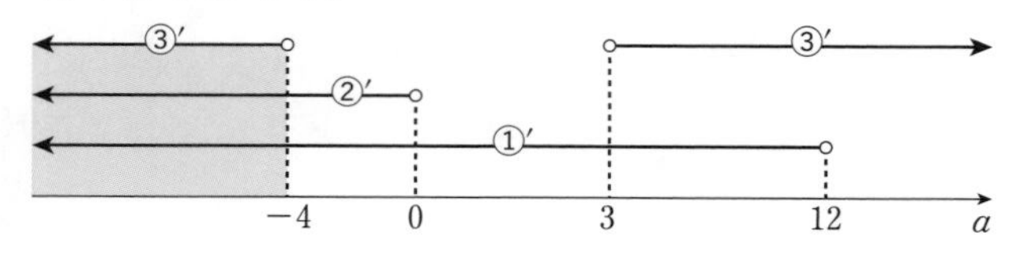

$a<-4$

このように，2次方程式の解に制限がついたときは，

[1]　**$f(□)$の符号**　　[2]　**軸**　　[3]　**頂点のy座標**

に着目します。

演習の解答 ➡ 別冊P.41

1 2次方程式 $x^2-4ax+12a+16=0$ が，2より大きい異なる2つの実数解をもつとき，定数 a の値の範囲を求めよ。

$f(x)=x^2-4ax+12a+16$ とおくと，

$f(x)=(x-2a)^2-4a^2+12a+16$

$y=f(x)$ が x 軸と異なる2点で交わり，共有点の x 座標が2つとも2より大きくなるのは，右の図のようになるときである。

$x=2$　$x=2a$　$y=f(x)$　y　$f(2)$　O　x　$f(x)=0$ の解

よって，求める条件は，

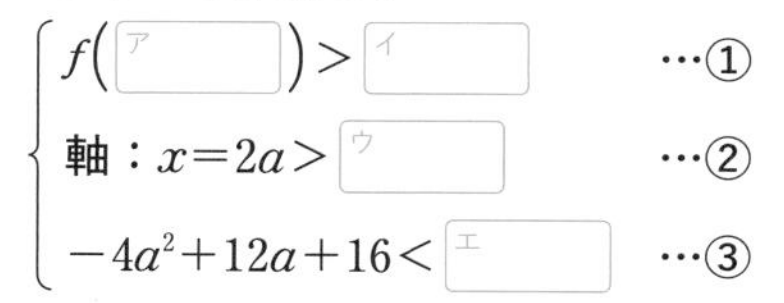

$f($ア$)>$イ　…①

軸：$x=2a>$ウ　…②

$-4a^2+12a+16<$エ　…③

①より，

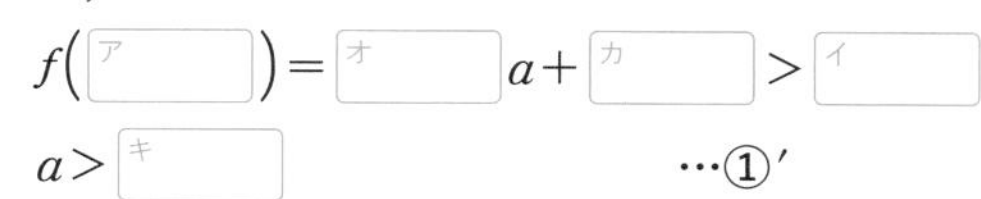

$f($ア$)=$オ$a+$カ$>$イ

$a>$キ　…①′

②より，

$a>$ク　…②′

③より，

a^2-ケ$a-$コ>0

$(a+$サ$)(a-$シ$)>0$

$a<$ス，セ$<a$　…③′

①′，②′，③′より，

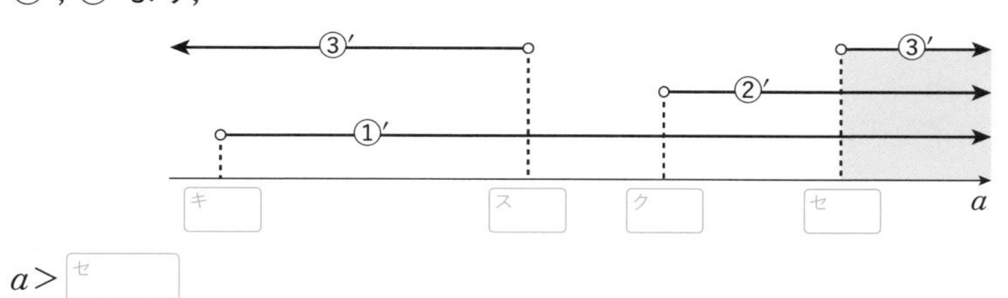

$a>$セ

CHECK 40講で学んだこと

□ $f(x)=0$ の実数解は $y=f(x)$ と $y=0$（x 軸）の共有点の x 座標である。

□ $f(\square)$ の符号，軸，頂点の y 座標に着目する。

41講　$\cos\theta$は単位円上のx座標，$\sin\theta$は単位円上のy座標！

単位円による定義

▶ ここからつなげる 原点を中心とする半径が1の円を「単位円」といいます。今回は，「単位円による三角比の定義」について学習します。単位円を使って三角比を定義すると，$\sin 120°$などの$90°$以上の三角比を考えることができるようになります。

$\cos\theta$は単位円上のx座標，$\sin\theta$は単位円上のy座標

三角比は三角形の大きさによらないので，右の図のような斜辺を1とする直角三角形において

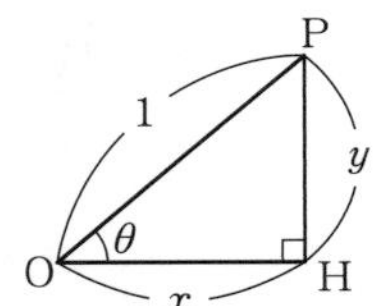

$$\cos\theta=\frac{x}{1}=x\ (\text{よこ}),\ \sin\theta=\frac{y}{1}=y\ (\text{たて})$$

となりますね。90°以上の角でも三角比を考えられるように中心がO，半径がOP(＝1)の円を考えて，次のように$\sin\theta$，$\cos\theta$を定義します。

定義

単位円による$\sin\theta$，$\cos\theta$の定義

右の図のように，単位円上に点Pをx軸の正の向きから反時計回りにθまわったところにとったとき，

$$\begin{cases}\cos\theta=(\text{P の } x \text{ 座標})\\ \sin\theta=(\text{P の } y \text{ 座標})\end{cases}$$

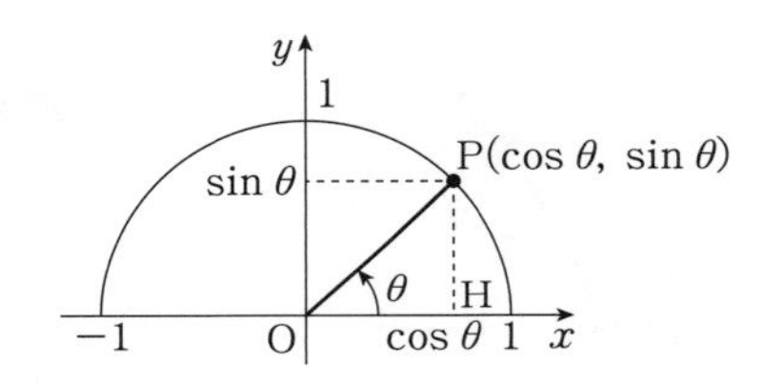

考えてみよう

$\sin 60°$，$\cos 60°$を単位円による定義により求めよ。

手順1 単位円上に60°に対応する点Pをとり，Pからx軸に下ろした垂線の足をHとする。

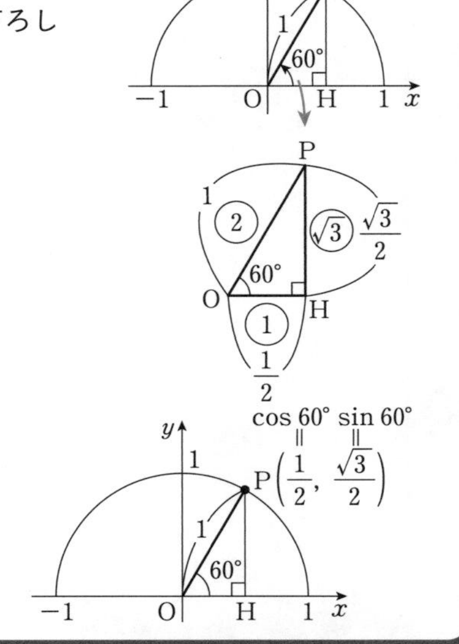

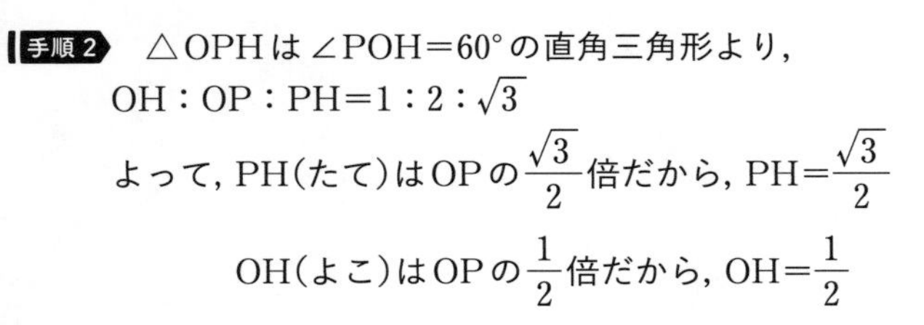

手順2 △OPHは∠POH＝60°の直角三角形より，

OH：OP：PH＝1：2：$\sqrt{3}$

よって，PH(たて)はOPの$\frac{\sqrt{3}}{2}$倍だから，PH＝$\frac{\sqrt{3}}{2}$

OH(よこ)はOPの$\frac{1}{2}$倍だから，OH＝$\frac{1}{2}$

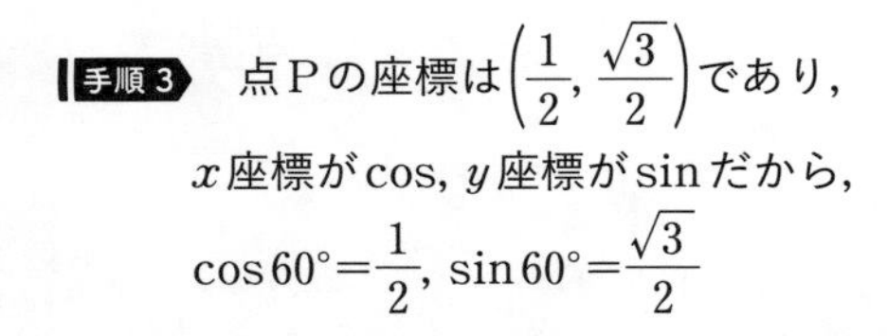

手順3 点Pの座標は$\left(\frac{1}{2}, \frac{\sqrt{3}}{2}\right)$であり，

x座標がcos，y座標がsinだから，

$\cos 60°=\frac{1}{2}$，$\sin 60°=\frac{\sqrt{3}}{2}$

演習の解答 ➡ 別冊P.42

1 $\sin 30^\circ$, $\cos 30^\circ$ を単位円による定義により求めよ。

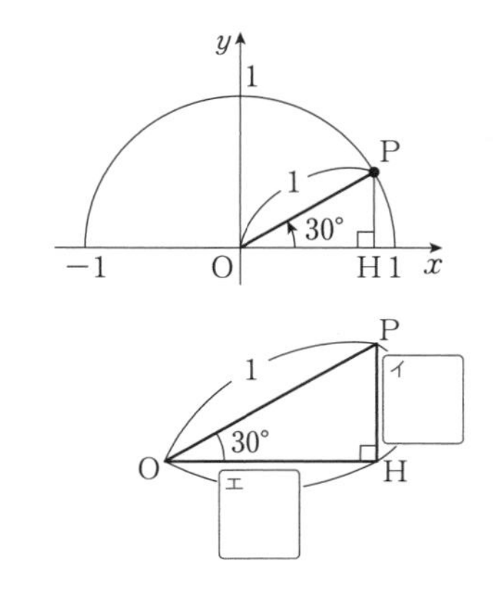

単位円上に 30° に対応する点 P をとり，
P から x 軸に下ろした垂線の足を H とする。

△OPH は ∠POH＝30° の直角三角形より，

$$\text{PH} : \text{OP} : \text{OH} = 1 : 2 : \sqrt{3}$$

よって，

PH(たて)は OP の [ア] 倍だから，

PH＝[イ]

OH(よこ)は OP の [ウ] 倍だから，

OP＝[エ]

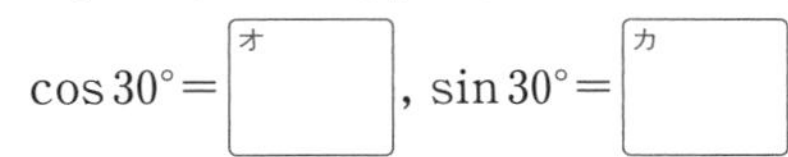

したがって，点 P の座標は ([オ], [カ]) で，x 座標が cos，y 座標が sin だから，

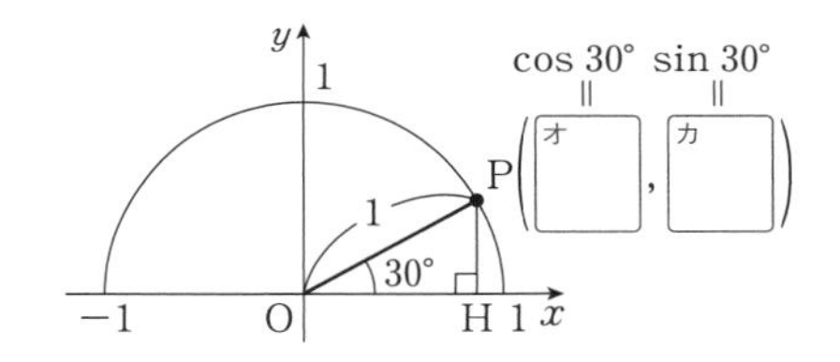

$\cos 30^\circ$＝[オ]，$\sin 30^\circ$＝[カ]

2 $\sin 45^\circ$, $\cos 45^\circ$ を単位円による定義により求めよ。

□ 単位円上に点 P を x 軸の正の向きから反時計回りに θ まわったところにとったとき，

$\cos\theta$＝(P の x 座標)

$\sin\theta$＝(P の y 座標)

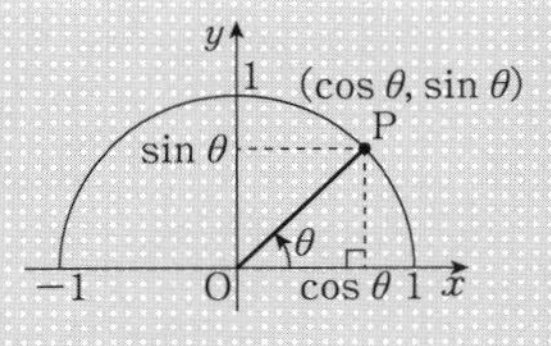

42講　$\tan\theta$は直線の傾き！

傾きとタンジェント

▶ここからつなげる 今回は「傾きとタンジェント」について学習します。前講では，$\sin\theta$と$\cos\theta$を単位円を用いて定義しました。同じように$\tan\theta$を直線の傾きを用いて定義することで，鈍角などのtanを求めることができるようになります。

POINT　$\tan\theta$は直線の傾き

右の図のような斜辺が1の直角三角形を考えると，$\tan\theta=\dfrac{y}{x}$となります。

直角三角形を座標平面上にのせて，その意味を考えてみます。$\dfrac{y}{x}=\dfrac{y-0}{x-0}$とみると，これは**直線OPの傾き**になります。

よって，傾きを用いて$\tan\theta$を定義します。

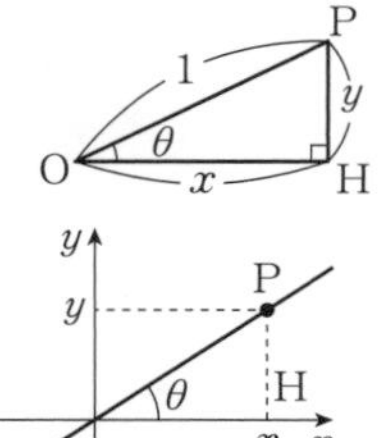

定義　**$\tan\theta$の定義**

右の図のように，単位円上に点Pをx軸の正の向きから反時計回りにθまわったところにとったとき，

$\tan\theta=$直線OPの傾き

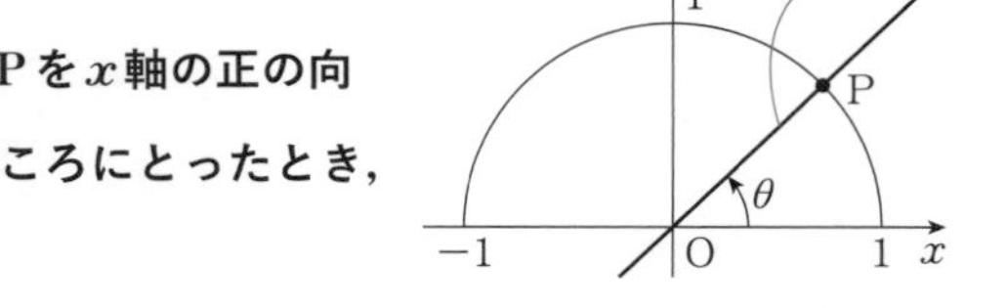

直線lとx軸の正の方向とのなす角をθとすると，次のようになります。

(直線lの傾き)$=\tan\theta$

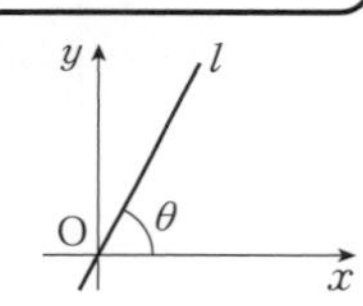

例　$\tan 60°$を上の定義により求めよ。

手順1　単位円上に60°に対応する点Pをとり，Pからx軸に下ろした垂線の足をHとする。

手順2　△OPHは∠POH＝60°の直角三角形より，OH：PH＝1：$\sqrt{3}$

手順3　(直線OPの傾き)$=\dfrac{\sqrt{3}}{1}=\sqrt{3}$より，

$\tan 60°=\sqrt{3}$

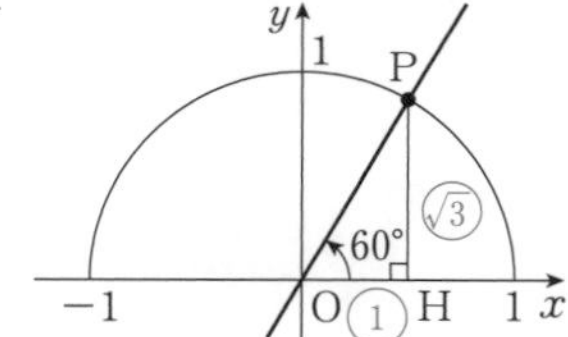

例題

(1)　$y=2x$とx軸とのなす角をθ ($0°\leqq\theta\leqq 90°$) としたとき，$\tan\theta$の値を求めよ。

(2)　$\tan 45°$の値を傾きによる定義により求めよ。

---

(1)

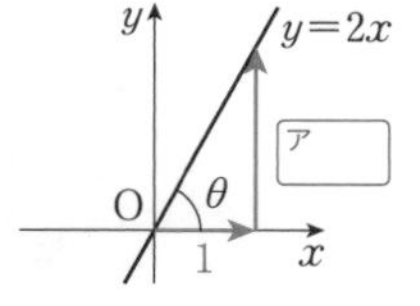

$y=2x$の傾きは［ア］より，

$\tan\theta=$［イ］

(2)　右の図のように点P, Hをとると，

OH：PH

$=$［ウ］：［エ］

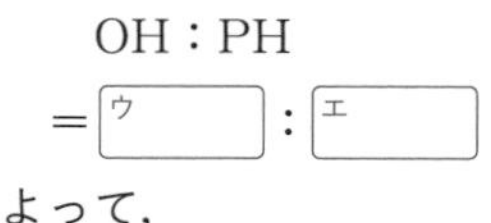

よって，

$\tan 45°=$［オ］

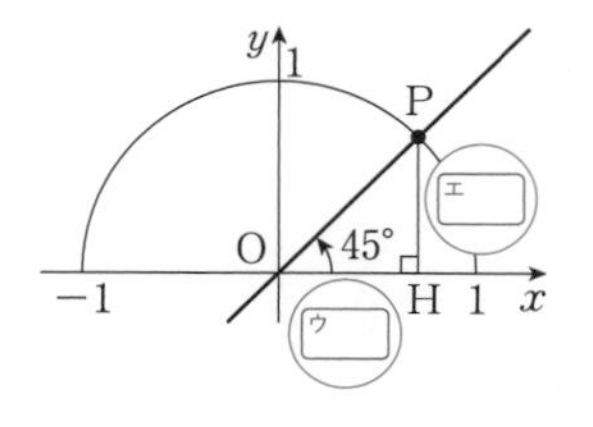

　例題の解答　ア2　イ2　ウ1　エ1　オ1

演習の解答 ➡ 別冊P.43

1 次の直線とx軸のなす角をθ（$0° \leqq \theta \leqq 90°$）としたとき，$\tan\theta$を求めよ。

(1) $y=\sqrt{2}x$　　(2) $y=(\sqrt{3}-1)x$　　(3) $x-3y=0$

2 $\tan 30°$ の値を傾きによる定義により求めよ。

CHALLENGE 2直線$y=x$と$y=\sqrt{3}x$のなす角θ（$0° \leqq \theta \leqq 90°$）を求めよ。

HINT $y=x$, $y=\sqrt{3}x$とx軸とのなす角をそれぞれ求めてみよう！

✔ CHECK 42講で学んだこと

□ $\tan\theta$＝(直線の傾き)

43講　鈍角の有名な三角比は単位円を利用して求める！

120°, 135°, 150° の三角比

▶ここからつなげる　今回は,「鈍角の有名角の三角比」について学習します。単位円と直線の傾きを利用して,鈍角の三角比も求めることができます。これにより,鈍角三角形についても,三角形の辺の長さや角度,面積を求めることができるようになります。

POINT 1　鈍角の有名角の $\sin\theta$, $\cos\theta$ の値は単位円を利用して求める！

例　$\sin 120°$ と $\cos 120°$ の値を求めよ。

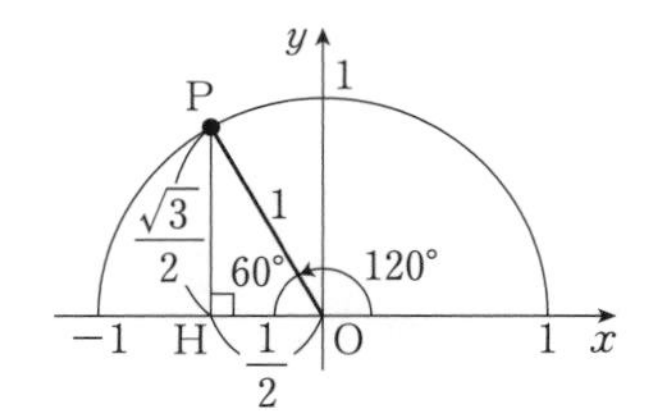

手順1　単位円上に 120° に対応する点Pをとり, x 軸に下ろした垂線の足をHとする。

手順2　OH：OP：PH＝1：2：$\sqrt{3}$ より,

$\mathrm{OH}=\dfrac{1}{2}$, $\mathrm{PH}=\dfrac{\sqrt{3}}{2}$

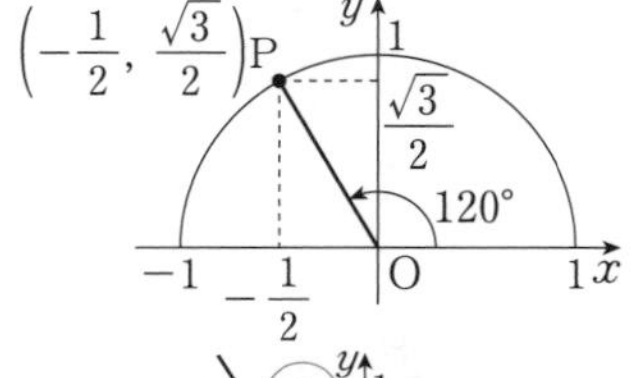

手順3　点Pの座標は $\left(-\dfrac{1}{2}, \dfrac{\sqrt{3}}{2}\right)$ だから,

$\sin 120°=\dfrac{\sqrt{3}}{2}$, $\cos 120°=-\dfrac{1}{2}$

POINT 2　鈍角の有名角の $\tan\theta$ は傾きに着目！

例　$\tan 120°$ の値を求めよ。

手順1　右の図のように点P, Hをとる。

手順2　△OPHは∠POH＝60°の直角三角形より, OH：PH＝1：$\sqrt{3}$

手順3　(直線OPの傾き)＝$\dfrac{-\sqrt{3}}{1}=-\sqrt{3}$ より, $\tan 120°=-\sqrt{3}$

例題

(1)　$\sin 135°$, $\cos 135°$ の値を求めよ。　(2)　$\tan 135°$ の値を求めよ。

(1)　次の図のように点P, Hをとる。

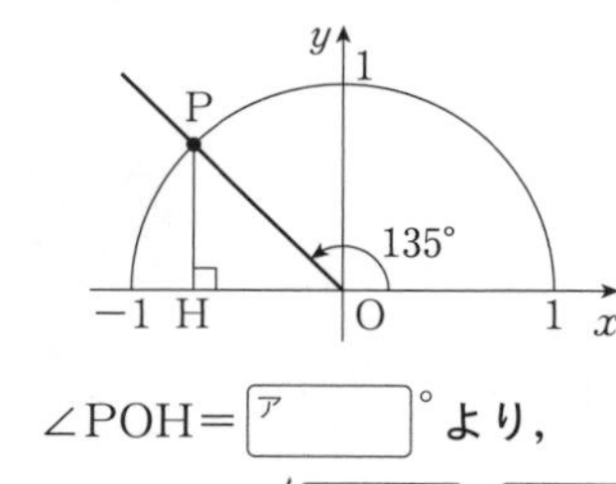

∠POH＝ア□°より,

点Pの座標は(イ□, ウ□)

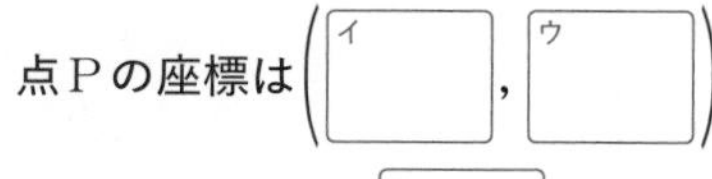

よって $\sin 135°=$ エ□, $\cos 135°=$ オ□

(2)　次の図のように点P, Hをとる。

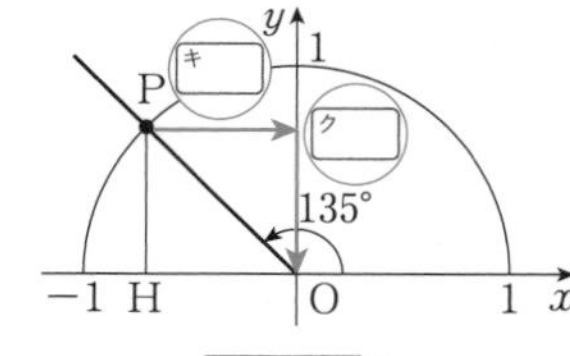

∠POH＝カ□°より,

OH：PH＝キ□：ク□

(直線OPの傾き)＝ケ□より,

$\tan 135°=$ ケ□

例題の解答　ア 45　イ $-\dfrac{1}{\sqrt{2}}$　ウ $\dfrac{1}{\sqrt{2}}$　エ $\dfrac{1}{\sqrt{2}}$　オ $-\dfrac{1}{\sqrt{2}}$　カ 45　キ 1　ク 1　ケ −1

1 $\sin 150°$, $\cos 150°$ の値を求めよ。

2 $\tan 150°$ の値を求めよ。

CHECK
43講で学んだこと

- □ 120°, 135°, 150° の sin は，sin が単位円上の y 座標であることに着目して求める。
- □ 120°, 135°, 150° の cos は，cos が単位円上の x 座標であることに着目して求める。
- □ 120°, 135°, 150° の tan は，tan が直線の傾きであることに着目して求める。

44講　0°, 90°, 180°の三角比も単位円を利用して求める！

0°, 90°, 180°の三角比

▶ここからつなげる 今回は,「0°, 90°, 180°の三角比」について学習します。これらの角度の三角比も単位円を利用して求めることができます。0°, 30°, 45°, 60°, 90°, 120°, 135°, 150°, 180°の三角比を表にまとめています。

POINT 1　0°, 90°, 180°の三角比は単位円を利用して考えよう！

単位円上の点Pの座標とOPの傾きから0°, 90°, 180°の三角比を求めてみましょう！

注意　90°のとき直線OPの傾きは存在しないので, **tan 90°の値は存在しません。**

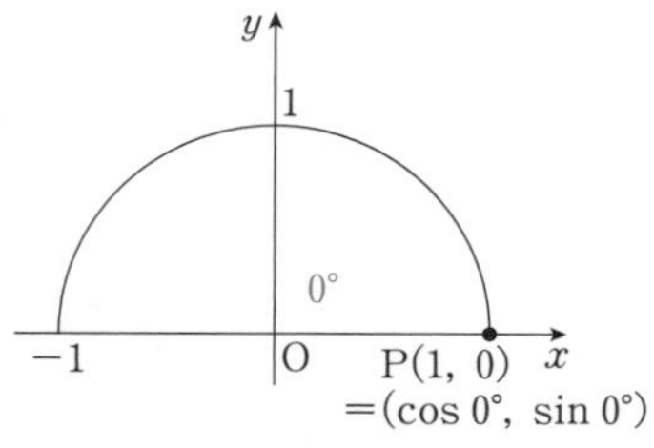

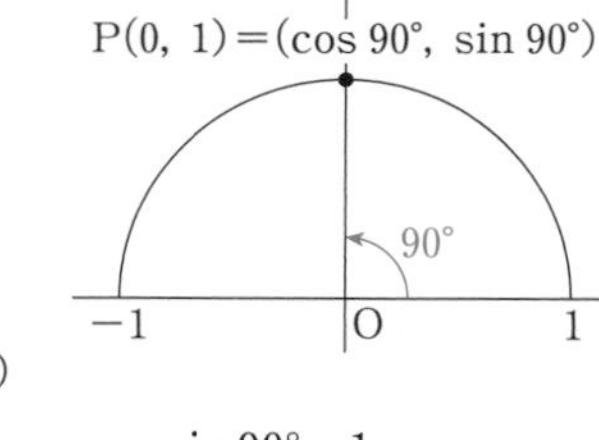

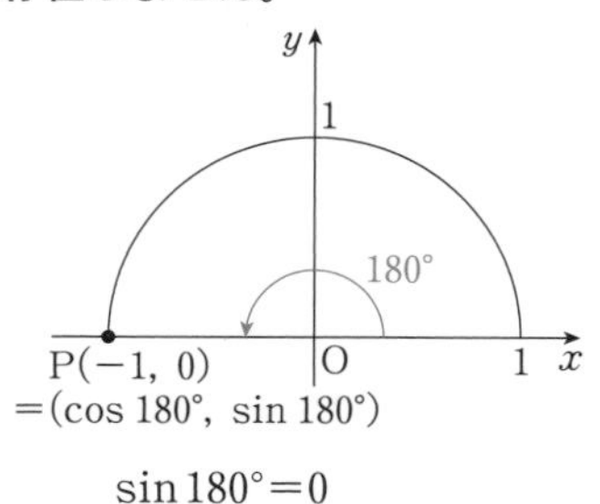

	0°	90°	180°
点Pのy座標：	$\sin 0°=0$	$\sin 90°=1$	$\sin 180°=0$
点Pのx座標：	$\cos 0°=1$	$\cos 90°=0$	$\cos 180°=-1$
直線OPの傾き：	$\tan 0°=0$	$\tan 90°$は存在しない	$\tan 180°=0$

POINT 2　三角比の表は自分で作成できるようにしておこう！

ここまでで学習した有名角の三角比の値は, 次の表のようになります。

θ	0°	30°	45°	60°	90°	120°	135°	150°	180°
$\sin\theta$	0	$\frac{1}{2}$	$\frac{1}{\sqrt{2}}$	$\frac{\sqrt{3}}{2}$	1	$\frac{\sqrt{3}}{2}$	$\frac{1}{\sqrt{2}}$	$\frac{1}{2}$	0
$\cos\theta$	1	$\frac{\sqrt{3}}{2}$	$\frac{1}{\sqrt{2}}$	$\frac{1}{2}$	0	$-\frac{1}{2}$	$-\frac{1}{\sqrt{2}}$	$-\frac{\sqrt{3}}{2}$	-1
$\tan\theta$	0	$\frac{1}{\sqrt{3}}$	1	$\sqrt{3}$	×	$-\sqrt{3}$	-1	$-\frac{1}{\sqrt{3}}$	0

例題

次の値を求めよ。

(1)　$\cos 0°+\sin 90°+\tan 180°$　　(2)　$\cos 120°\cos 30°+\sin 120°\sin 30°$

---

(1)　$\cos 0°+\sin 90°+\tan 180°$

$=$ ア $+$ イ $+$ ウ

$=$ エ

(2)　$\cos 120°\cos 30°+\sin 120°\sin 30°$

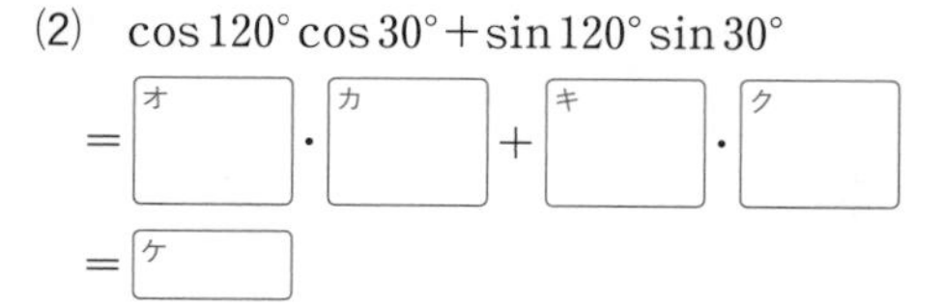

$=$ オ $\cdot$ カ $+$ キ $\cdot$ ク

$=$ ケ

　例題の解答　ア1　イ1　ウ0　エ2　オ$-\frac{1}{2}$　カ$\frac{\sqrt{3}}{2}$　キ$\frac{\sqrt{3}}{2}$　ク$\frac{1}{2}$　ケ0

演習の解答 ➡ 別冊P.45

1 次の式の値を求めよ。

(1) $\sin 0° \cos 90° + \cos 0° \sin 90°$

(2) $\dfrac{1}{\cos^2 180°} - \tan^2 180°$

2 次の式の値を求めよ。

(1) $\dfrac{\tan 45° + \tan 135°}{1 - \tan 45° \tan 135°}$

(2) $\cos 120° \sin 150° + \sin 120° \cos 150°$

CHALLENGE 次の式をみたすようなθ（$0° \leqq \theta \leqq 180°$）の値をそれぞれ求めよ。

(1) $\cos\theta = -1$

(2) $\sin\theta = 1$

HINT (1) $\cos\theta$は単位円上のx座標なので，単位円上でx座標が-1の角を考えよう！
(2) $\sin\theta$は単位円上のy座標なので，単位円上でy座標が1の角を考えよう。

CHECK 44講で学んだこと

- □ $\sin 0° = 0$, $\cos 0° = 1$, $\tan 0° = 0$
- □ $\sin 90° = 1$, $\cos 90° = 0$, $\tan 90°$ は存在しない
- □ $\sin 180° = 0$, $\cos 180° = -1$, $\tan 180° = 0$

45講　サインの２乗とコサインの２乗をたすと１！

三角比の相互関係

▶ ここからつなげる　今回は，「三角比の相互関係」について学習します。90°以上の三角比についても相互関係が成り立つことを確認します。相互関係を使って他の三角比を求めるとき，$90°<\theta<180°$ のときは $\cos\theta<0$，$\tan\theta<0$ であることに注意しましょう！

POINT 1　$\sin^2\theta+\cos^2\theta=1$, $\tan\theta=\dfrac{\sin\theta}{\cos\theta}$

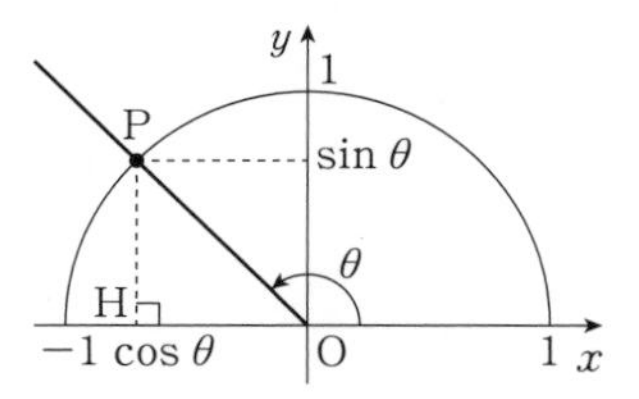

長さは絶対値を使って表現できるので，△OPHにおいて

$PH=|\sin\theta|$, $OH=|\cos\theta|$ と表せます。

△OPHは直角三角形だから，三平方の定理より，

$|\sin\theta|^2+|\cos\theta|^2=1^2$

$\sin^2\theta+\cos^2\theta=1$

（絶対値の２乗）＝（中身の２乗）
$|x|^2=x^2$ （$|-5|^2=(-5)^2$）

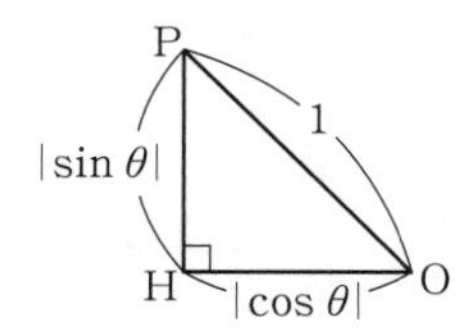

次に，$\tan\theta$＝（直線OPの傾き）であり，O(0, 0)，P($\cos\theta$, $\sin\theta$)であるから，

$$\tan\theta=\frac{\sin\theta-0}{\cos\theta-0}=\frac{\sin\theta}{\cos\theta}$$

POINT 2　$1+\tan^2\theta=\dfrac{1}{\cos^2\theta}$

$\theta\fallingdotseq 90°$ のとき，$\cos^2\theta+\sin^2\theta=1$ の両辺を $\cos^2\theta$ でわると，

$$\frac{\cos^2\theta}{\cos^2\theta}+\frac{\sin^2\theta}{\cos^2\theta}=\frac{1}{\cos^2\theta},\ \text{すなわち，}\ 1+\left(\frac{\sin\theta}{\cos\theta}\right)^2=\frac{1}{\cos^2\theta}$$

$\tan\theta=\dfrac{\sin\theta}{\cos\theta}$ より，

$$1+\tan^2\theta=\frac{1}{\cos^2\theta}$$

㊞　$\sin\theta=\dfrac{3}{5}$ $(90°<\theta<180°)$ のとき，次の値を求めよ。

(1)　$\cos\theta$　　　　(2)　$\tan\theta$

(1)　$\sin^2\theta+\cos^2\theta=1$ より，

$$\cos^2\theta=1-\sin^2\theta=1-\left(\frac{3}{5}\right)^2=\frac{16}{25}$$

$90°<\theta<180°$ より，$\cos\theta<0$ であるから，

$$\cos\theta=-\frac{4}{5}$$

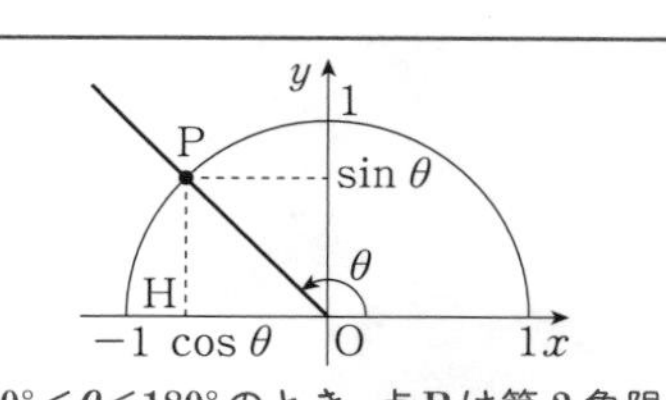

$90°<\theta<180°$ のとき，点Pは第２象限にあるから，Pの x 座標は負。

(2)　$\tan\theta=\dfrac{\sin\theta}{\cos\theta}=\sin\theta\div\cos\theta$ より，

$$\tan\theta=\frac{3}{5}\div\left(-\frac{4}{5}\right)=\frac{3}{5}\times\left(-\frac{5}{4}\right)=-\frac{3}{4}$$

演習の解答 ➡ 別冊P.46

1 $\cos\theta=-\frac{5}{13}$ $(0°<\theta<180°)$ のとき，次の値を求めよ。

(1) $\sin\theta$

$\sin^2\theta+\cos^2\theta=1$ より，

$\sin^2\theta=1-\cos^2\theta=1-\left(-\frac{5}{13}\right)^2=$ ア

$0°<\theta<180°$ より，$\sin\theta$ イ 0

であるから，

$\sin\theta=$ ウ

(2) $\tan\theta$

$\tan\theta=\frac{\sin\theta}{\cos\theta}=\sin\theta\div\cos\theta$ より，

$\tan\theta=$ ウ $\div\left(-\frac{5}{13}\right)$

$=$ エ

2 $\tan\theta=-2$ $(0°<\theta<180°)$ のとき，次の値を求めよ。

(1) $\cos\theta$

(2) $\sin\theta$

CHALLENGE $0°<\theta<180°$ で，$\sin\theta+\cos\theta=\frac{1}{2}$ のとき，次の値を求めよ。

(1) $\sin\theta\cos\theta$

(2) $\tan\theta+\frac{1}{\tan\theta}$

HINT $\sin\theta+\cos\theta=\frac{1}{2}$ の両辺を 2 乗してみよう。

CHECK 45講で学んだこと

- □ $\sin^2\theta+\cos^2\theta=1$
- □ $\tan\theta=\frac{\sin\theta}{\cos\theta}$
- □ $1+\tan^2\theta=\frac{1}{\cos^2\theta}$

46講　鈍角の三角比は鋭角の三角比で表せる！

180°$-\theta$の三角比

▶ここからつなげる　今回は,「180°$-\theta$の三角比」について学習しましょう。これを学習すると, 鈍角の三角比を鋭角の三角比で表すことができます。また,「円に内接する四角形の問題」や「鈍角の三角比の値を三角比表を利用して求める問題」で活躍します。

POINT 1　$\sin(180°-\theta)=\sin\theta$, $\cos(180°-\theta)=-\cos\theta$

P$(\cos(180°-\theta), \sin(180°-\theta))$, P$'(\cos\theta, \sin\theta)$とします。

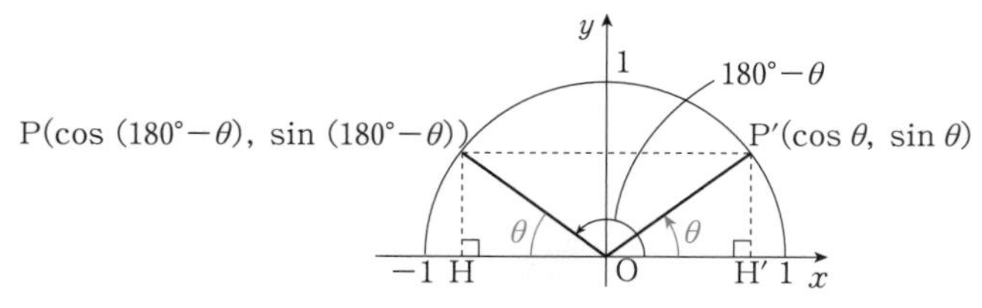

P, P′からx軸に下ろした垂線の足をH, H′とすると, ∠POH＝∠P′OH′＝θだから, PH＝P′H′, OH＝OH′となります。

PH＝P′H′より,（Pのy座標）＝（P′のy座標）だから, $\sin(180°-\theta)=\sin\theta$

OH＝OH′より,（Pのx座標）＝−（P′のx座標）だから, $\cos(180°-\theta)=-\cos\theta$

POINT 2　$\tan(180°-\theta)=-\tan\theta$

tanについては$\tan\theta=\dfrac{\sin\theta}{\cos\theta}$とsin, cosの180°$-\theta$の三角比を利用します。

$$\tan(180°-\theta)=\frac{\sin(180°-\theta)}{\cos(180°-\theta)}=\frac{\sin\theta}{-\cos\theta}=-\tan\theta$$

よって, $\tan(180°-\theta)=-\tan\theta$

90°$-\theta$の三角比と合わせて, 三角比の性質をまとめると次のようになります。

性質　三角比の性質

90°$-\theta$型
$$\begin{cases}\sin(90°-\theta)=\cos\theta\\ \cos(90°-\theta)=\sin\theta\\ \tan(90°-\theta)=\dfrac{1}{\tan\theta}\end{cases}$$

180°$-\theta$型
$$\begin{cases}\sin(180°-\theta)=\sin\theta\\ \cos(180°-\theta)=-\cos\theta\\ \tan(180°-\theta)=-\tan\theta\end{cases}$$

例1　$\cos(180°-\theta)\sin\theta+\sin(180°-\theta)\cos\theta$の値を求めよ。

$$\begin{aligned}\cos(180°-\theta)\sin\theta+\sin(180°-\theta)\cos\theta&=-\cos\theta\sin\theta+\sin\theta\cos\theta\\&=0\end{aligned}$$

例2　$\tan 158°$を鋭角の三角比で表せ。

$$\begin{aligned}\tan 158°&=\tan(180°-22°)\\&=-\tan 22°\end{aligned}$$

1 次の式の値を求めよ。

(1) $\cos(180°-\theta)\cos\theta-\sin(180°-\theta)\sin\theta$

$$\cos(180°-\theta)\cos\theta-\sin(180°-\theta)\sin\theta=\boxed{ア}\cos\theta-\boxed{イ}\sin\theta$$
$$=-(\boxed{ウ})$$
$$=\boxed{エ}$$

(2) $(\sin 170°+\cos 170°)^2+2\sin 10°\cos 10°$

$$\sin 170°=\sin(180°-10°)=\boxed{オ},\ \cos 170°=\cos(180°-10°)=\boxed{カ}$$

より,

$$(\sin 170°+\cos 170°)^2+2\sin10°\cos 10°$$
$$=(\boxed{キ}-\boxed{ク})^2+2\sin 10°\cos 10°$$
$$=\boxed{ケ}-2\boxed{キ}\boxed{ク}+\cos^2 10°+2\sin 10°\cos 10°$$
$$=\boxed{コ}$$

2 次の式の値を求めよ。ただし, $\tan 15°=0.2679$ とする。

(1) $1-\tan 165°+\tan 15°$

(2) $\sin(90°-\theta)\cos(180°-\theta)-\cos(90°-\theta)\sin(180°-\theta)$

CHALLENGE $\sin 80°+\cos 110°+\sin 160°+\cos 170°$ の値を求めよ。

HINT 三角比の性質を利用してすべて 45° 以下の三角比で表してみよう。

CHECK 46講で学んだこと

□ $\sin(180°-\theta)=\sin\theta$, $\cos(180°-\theta)=-\cos\theta$, $\tan(180°-\theta)=-\tan\theta$

47講 sin θ, cos θ を含む方程式は単位円を利用して解く！

三角比を含む方程式(1)

▶ここからつなげる「三角比を含む方程式」について学習していきます。$\sin 150^\circ$ の値が $\frac{1}{2}$ になることは学習しました。今回は $0^\circ \leqq \theta \leqq 180^\circ$ のとき，$\sin\theta=\frac{1}{2}$ となる θ を求めることを考えていきます。

POINT sin θ, cos θ を含む方程式は単位円を利用して解く！

例　$0^\circ \leqq \theta \leqq 180^\circ$ のとき，$\sin\theta=\frac{1}{2}$ をみたす θ の値を求めよ。

$\sin\theta$ は単位円上の点の y 座標より，単位円上の y 座標が $\frac{1}{2}$ になる角 θ を求めます。

直線 $y=\frac{1}{2}$ と単位円との交点をP, P′とし，P, P′から x 軸に下ろした垂線の足をH, H′とする。

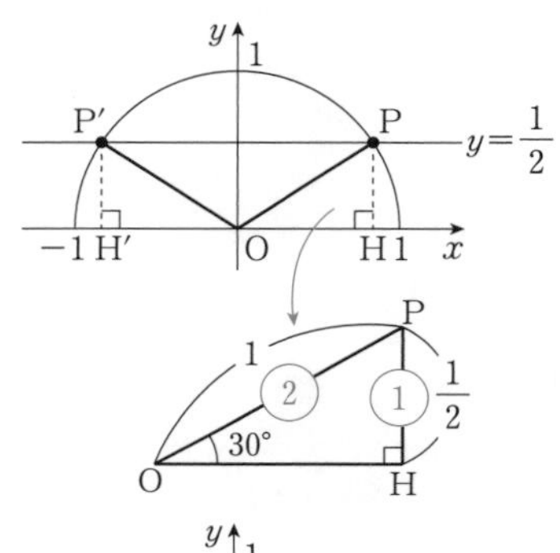

手順 2　△POH, △P′OH′の辺の比に着目して∠POH, ∠P′OH′を求める。

$$\mathrm{OP}:\mathrm{PH}=1:\frac{1}{2}=2:1 \text{（＝（斜辺）：（たて））}$$

$$\mathrm{OP'}:\mathrm{P'H'}=1:\frac{1}{2}=2:1 \text{（＝（斜辺）：（たて））}$$

よって，

$$\angle\mathrm{POH}=\angle\mathrm{P'OH'}=30^\circ$$

手順 3　x 軸の正の向きからの回転角 θ を求める。

$\theta=30^\circ,\ 150^\circ$ ← $180^\circ-30^\circ=150^\circ$

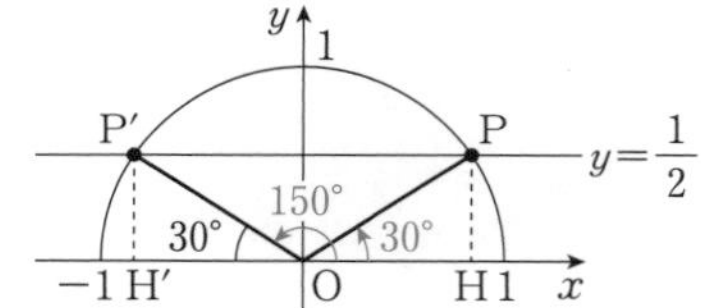

例題

$0^\circ \leqq \theta \leqq 180^\circ$ のとき，$\cos\theta=-\frac{\sqrt{3}}{2}$ をみたす θ の値を求めよ。

$\cos\theta$ は単位円上の x 座標より，直線 $x=$ [ア] を引く。

$x=$ [ア] と単位円との交点をP，Pから x 軸に下ろした垂線の足をHとし，△OPHに着目すると，

PO＝[イ]，OH＝[ウ]

よって，PO：OH＝[エ]：[オ]

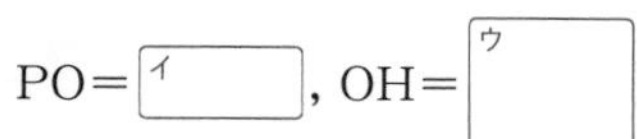

したがって，∠POH＝[カ]°

よって，求める θ は x 軸の正の向きからの回転角だから，$\theta=$ [キ]°

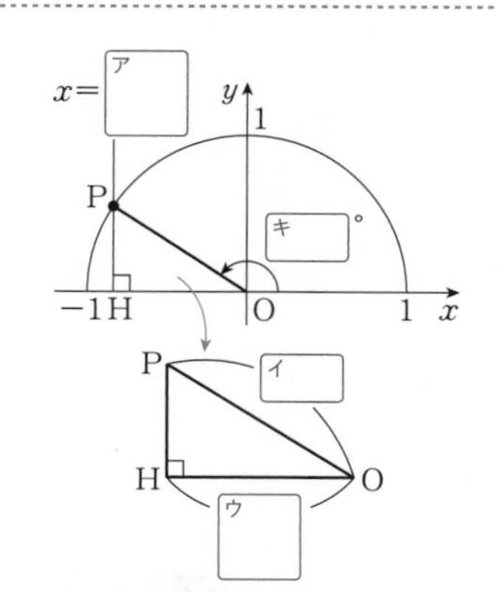

 例題の解答　ア $-\frac{\sqrt{3}}{2}$　イ 1　ウ $\frac{\sqrt{3}}{2}$　エ 2　オ $\sqrt{3}$　カ 30　キ 150

演習の解答 ➡ 別冊P.48

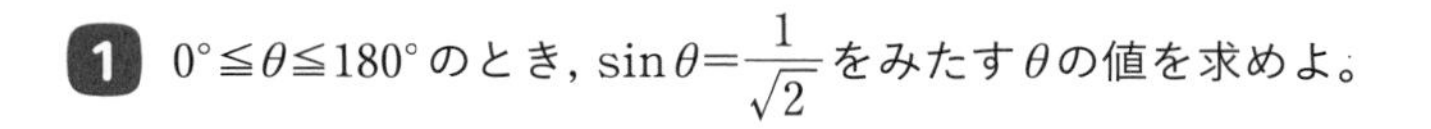

1 $0^\circ \leqq \theta \leqq 180^\circ$ のとき，$\sin\theta = \dfrac{1}{\sqrt{2}}$ をみたす θ の値を求めよ。

2 $0^\circ \leqq \theta \leqq 180^\circ$ のとき，$\cos\theta = \dfrac{1}{2}$ をみたす θ の値を求めよ。

CHALLENGE $0^\circ \leqq \theta \leqq 180^\circ$ のとき，$\sin\theta = \sin 30^\circ$ をみたす θ の値を求めよ。

HINT $\sin\theta$ は単位円の y 座標だから，単位円をかいて考えてみよう。

- □ $\sin\theta = a$ の方程式は単位円に直線 $y = a$ を引いて考える。
- □ $\cos\theta = a$ の方程式は単位円に直線 $x = a$ を引いて考える。

48講 tanθを含む方程式は直線の傾きに着目！

三角比を含む方程式(2)

▶ここからつなげる 今回も,「三角比を含む方程式」について学習していきます。ここではtanθについての方程式と$\sin^2\theta$と$\cos^2\theta$を含む形の方程式を考えます。少し応用になりますが，ベストを尽くしていきましょう。

POINT 1 tanθを含む方程式は直線の傾きに着目！

例 $0°\leqq\theta\leqq180°$のとき，$\tan\theta=-1$をみたすθの値を求めよ。

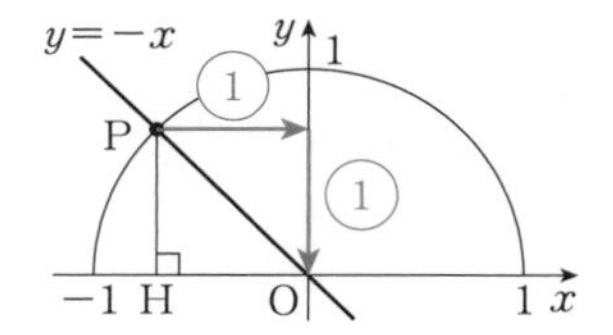

手順1 **$\tan\theta$は直線OPの傾き**より，原点Oを通る傾き-1の**直線$y=-x$**を引き，単位円との交点をPとする。

手順2 Pからx軸に下ろした垂線の足をHとして，傾きの定義から△POHの辺の比に注目して∠POHを求める。

傾き-1は**x軸方向に1進んだらy軸方向に-1進む**ことであり，PH：OH＝1：1だから∠POH＝45°

手順3 x軸の正の向きからの回転角θを求める。

$\theta=180°-45°=135°$

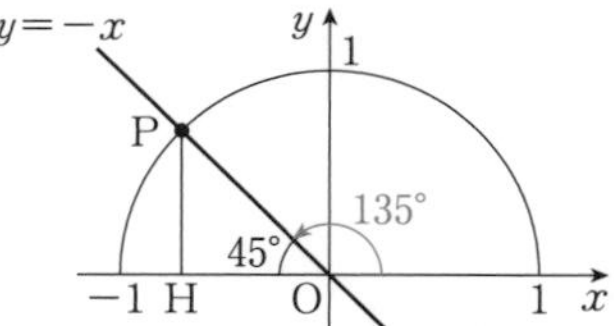

POINT 2 $\sin^2\theta$などを含む方程式はカタマリをおきかえて簡単な方程式へ！

例 $2\sin^2\theta-3\sin\theta+1=0$をみたす$\theta$の値を求めよ。

$\sin\theta=t$とおくと，方程式は

$2t^2-3t+1=0$，すなわち，$(2t-1)(t-1)=0$

よって，

$t=\frac{1}{2}, 1$，すなわち，$\sin\theta=\frac{1}{2}, 1$

$\sin\theta=\frac{1}{2}$のとき，$\theta=30°, 150°$　　$\sin\theta=1$のとき$\theta=90°$

以上より，$\theta=30°, 90°, 150°$

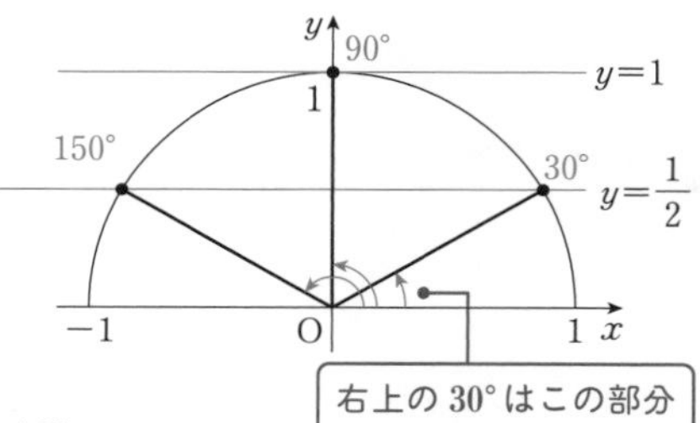

$0°\leqq\theta\leqq180°$のとき，$\tan\theta=\sqrt{3}$をみたすθの値を求めよ。

直線$y=$［ア］xと単位円との交点をP，Pからx軸に下ろした垂線の足をHとする。

傾きが［ア］より，OH：PH＝1：［イ］だから，∠POH＝［ウ］°である。

よって，　$\theta=$［エ］°

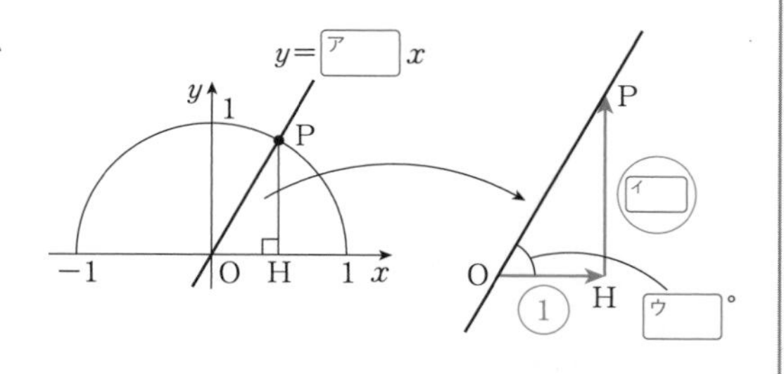

 例題の解答 ア $\sqrt{3}$ イ $\sqrt{3}$ ウ 60 エ 60

演習の解答 ➡ 別冊P.49

1 $0° \leqq \theta \leqq 180°$ のとき，$\tan\theta = -\sqrt{3}$ をみたす θ の値を求めよ。

2 $0° \leqq \theta \leqq 180°$ のとき，$2\cos^2\theta + 3\cos\theta + 1 = 0$ をみたす θ の値を求めよ。

CHALLENGE $0° \leqq \theta \leqq 180°$ のとき，$2\sin^2\theta + \cos\theta - 2 = 0$ をみたす θ の値を求めよ。

HINT $\sin^2\theta + \cos^2\theta = 1$ を利用して，$\cos\theta$ だけの方程式にしよう。

- □ $\tan\theta = a$ の方程式は原点を通る傾き a の直線を考える。
- □ $\sin\theta$ $(\cos\theta)$ の2次方程式は $\sin\theta$ $(\cos\theta)$ を t とおいて考える。

49講　$\sin\theta$, $\cos\theta$を含む不等式は単位円を利用して解く！

三角比を含む不等式(1)

▶ここからつなげる　今回は,「三角比を含む不等式」について学習していきます。ここでは, $\sin\theta$と$\cos\theta$を含む不等式を考えます。不等式でも, 方程式と同じく単位円を利用して解きます。

POINT　$\sin\theta$, $\cos\theta$を含む不等式は単位円を利用して解く！

例　$0^\circ \leqq \theta \leqq 180^\circ$のとき, $\sin\theta \leqq \frac{1}{2}$をみたす$\theta$の範囲を求めよ。

単位円上の点のy座標が$\frac{1}{2}$以下になるθの範囲を求めます。

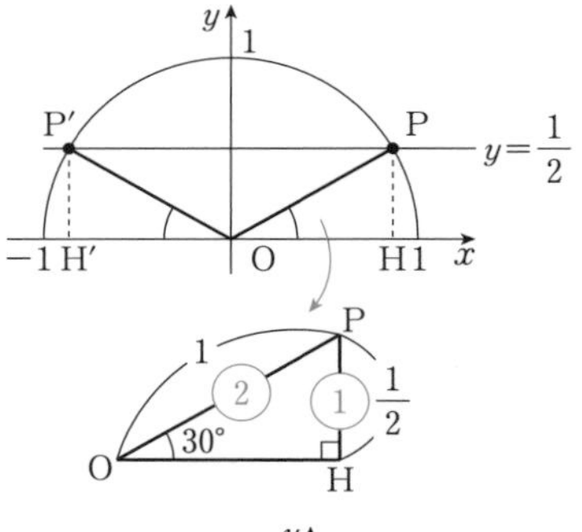

手順1　直線$y=\frac{1}{2}$と単位円との交点をP, P′とし, P, P′からx軸に下ろした垂線の足をH, H′とする。

手順2　∠POH, ∠P′OH′を求める。

PO：PH＝1：$\frac{1}{2}$＝2：1より,

∠POH＝∠P′OH′＝30°

手順3　$y \leqq \frac{1}{2}$となるθの範囲を求める。

単位円で$y=\frac{1}{2}$以下になるθの範囲が求める範囲より,

$0^\circ \leqq \theta \leqq 30^\circ$, $150^\circ \leqq \theta \leqq 180^\circ$

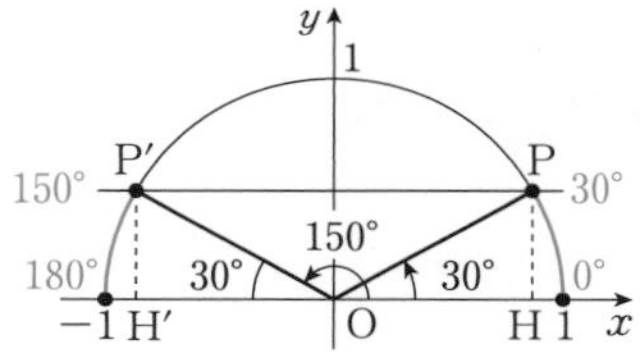

0°≦θ≦180°のとき, $\cos\theta \geqq -\frac{1}{2}$をみたす$\theta$の範囲を求めよ。

直線$x=$［ア］と単位円との交点をPとし,

Pからx軸に下ろした垂線の足をHとする。

OP：OH＝［イ］：［ウ］より,

∠POH＝［エ］°

よって, x軸の正の向きからOPへの回転角は,

［オ］°

$x \geqq$［カ］となるθの範囲が求める範囲より,

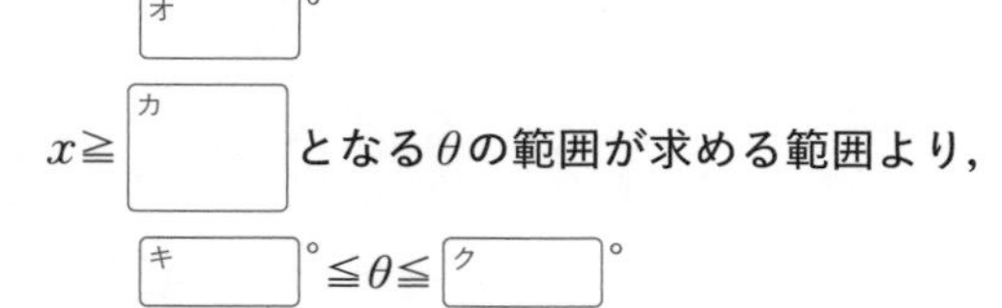

［キ］°≦θ≦［ク］°

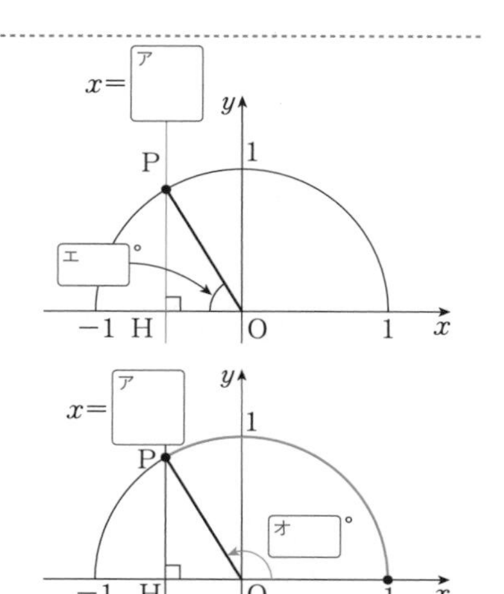

 例題の解答　ア $-\frac{1}{2}$　イ 2　ウ 1　エ 60　オ 120　カ $-\frac{1}{2}$　キ 0　ク 120

演習の解答 ➡ 別冊P.50

1 $0^\circ \leqq \theta \leqq 180^\circ$ のとき，$\sin\theta \leqq \dfrac{1}{\sqrt{2}}$ をみたす θ の範囲を求めよ。

2 $0^\circ \leqq \theta \leqq 180^\circ$ のとき，$\cos\theta \leqq \dfrac{\sqrt{3}}{2}$ をみたす θ の範囲を求めよ。

CHALLENGE $0^\circ \leqq \theta \leqq 180^\circ$ のとき，$-\dfrac{\sqrt{3}}{2} \leqq \cos\theta \leqq \dfrac{1}{2}$ をみたす θ の範囲を求めよ。

HINT 単位円の x 座標が $-\dfrac{\sqrt{3}}{2}$ 以上 $\dfrac{1}{2}$ 以下になる θ の範囲を求めよう。

CHECK 49講で学んだこと

- □ $\sin\theta$ を含む不等式は単位円の y 座標に注目して範囲を求める。
- □ $\cos\theta$ を含む不等式は単位円の x 座標に注目して範囲を求める。

50講　$\tan\theta$を含む不等式は直線の傾きを利用して解く！

三角比を含む不等式(2)

▶ここからつなげる 今回も「三角比を含む不等式」について学習していきます。ここでは，$\tan\theta$, $\sin^2\theta$, $\cos^2\theta$を含む不等式について学びます。$\tan\theta$を含む不等式では直線の傾きを利用して，$\sin^2\theta$, $\cos^2\theta$を含む不等式では２次不等式を利用して解きます。

POINT 1　$\tan\theta$を含む不等式は直線の傾きに着目！

例　$0°\leqq\theta\leqq180°$のとき，$\tan\theta\geqq1$をみたすθの範囲を求めよ。

$\tan\theta$は直線の傾きだから，**傾きが１以上になるθの範囲**を求めます。

手順１　原点を通る傾き１の直線$y=x$と単位円との交点をP，Pからx軸に下ろした垂線の足をHとする。

手順２　$\angle$POHを求める。
OPの傾きが１より，OH：PH＝1：1だから
$\angle\text{POH}=45°$

手順３　直線の傾きが１以上となるθの範囲を求める。
右の図より
$45°\leqq\theta<90°$

注意　90°では$\tan$は定義されない。

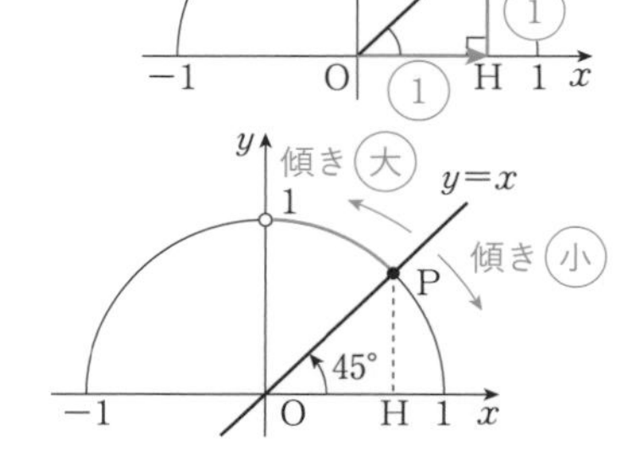

POINT 2　$\cos^2\theta$などを含む不等式はカタマリをおきかえて簡単な不等式へ！

例　$2\cos^2\theta-\cos\theta\leqq0$をみたす$\theta$の値の範囲を求めよ。

$\cos\theta=t$とおくと，与えられた不等式は，
$2t^2-t\leqq0$，すなわち，$t(2t-1)\leqq0$
これを解くと，$0\leqq t\leqq\dfrac{1}{2}$　　つまり，$0\leqq\cos\theta\leqq\dfrac{1}{2}$
$0\leqq x\leqq\dfrac{1}{2}$となる$\theta$の範囲が求める範囲より，
$60°\leqq\theta\leqq90°$

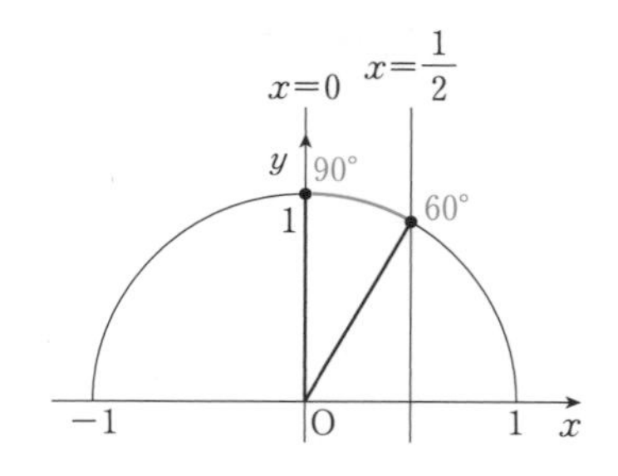

例題

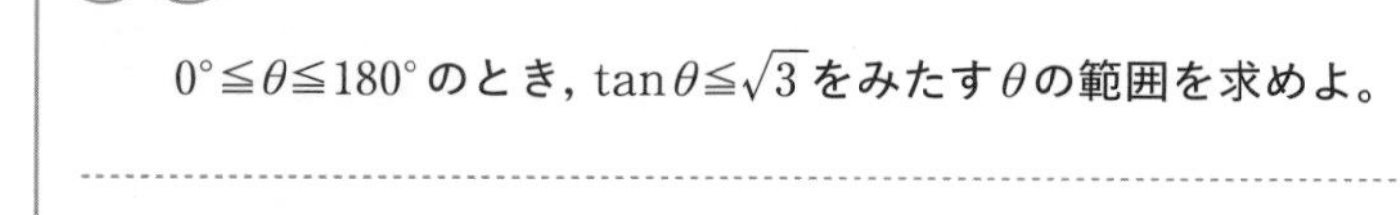

$0°\leqq\theta\leqq180°$のとき，$\tan\theta\leqq\sqrt{3}$をみたすθの範囲を求めよ。

原点を通る傾き$\sqrt{3}$の直線$y=$［ア］xと単位円との交点をP，Pからx軸に下ろした垂線の足をHとすると，
OH：PH＝［イ］：［ウ］だから，$\angle$POH＝［エ］°
直線の傾きが$\sqrt{3}$以下となるθの範囲を求めると，
［オ］$°\leqq\theta\leqq$［カ］°，［キ］$°<\theta\leqq$［ク］°

$90°<\theta\leqq180°$の直線の傾きは0以下だから，$\sqrt{3}$以下をみたす。

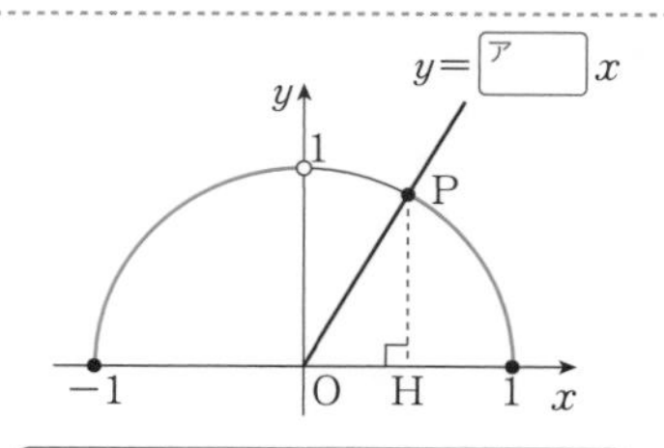

　例題の解答　ア $\sqrt{3}$　イ 1　ウ $\sqrt{3}$　エ 60　オ 0　カ 60　キ 90　ク 180

1 $0° \leqq \theta \leqq 180°$ のとき，$\tan\theta \geqq \dfrac{1}{\sqrt{3}}$ をみたす θ の範囲を求めよ。

2 $0° \leqq \theta \leqq 180°$ のとき，$4\cos^2\theta - 1 \leqq 0$ をみたす θ の範囲を求めよ。

CHALLENGE $0° \leqq \theta \leqq 180°$ のとき，$2\cos^2\theta + 3\sin\theta - 3 > 0$ をみたす θ の範囲を求めよ。

HINT $\sin^2\theta + \cos^2\theta = 1$ を利用して，$\sin\theta$ だけの不等式にしよう。

CHECK 50講で学んだこと

- □ $\tan\theta$ を含む不等式は直線の傾きに着目する。
- □ $\sin^2\theta$ ($\cos^2\theta$) を含む2次不等式では $\sin\theta$ ($\cos\theta$) を t とおいて考える。

51講　三角比を含む関数の最大・最小はおきかえて知っている関数へ！

三角比を含む関数の最大・最小

▶ここからつなげる　今回は，「三角比を含む関数の最大・最小」について学習します。三角比を含む関数は $\sin\theta$ や $\cos\theta$ を文字でおくことにより，今まで学習した1次関数や2次関数の最大・最小の問題と同じように解くことができます。

POINT 1　$0° \leqq \theta \leqq 180°$ のとき $0 \leqq \sin\theta \leqq 1$，$-1 \leqq \cos\theta \leqq 1$

$\sin\theta$ は単位円上の点の y 座標，
$\cos\theta$ は単位円上の点の x 座標だから，
$0° \leqq \theta \leqq 180°$ において，

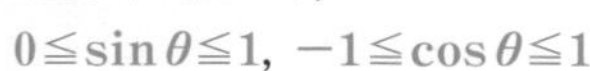

$0 \leqq \sin\theta \leqq 1$，$-1 \leqq \cos\theta \leqq 1$

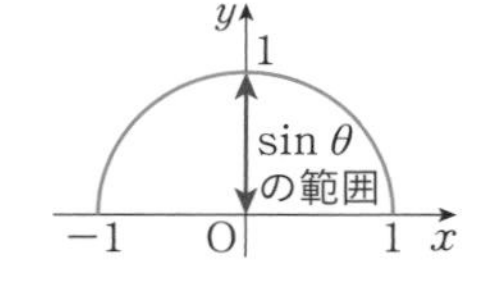

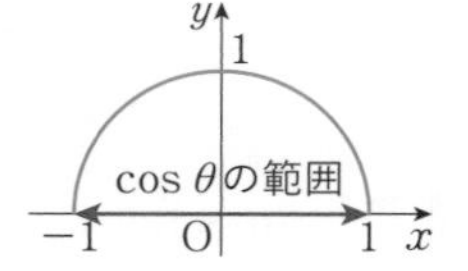

POINT 2　三角比を含む最大・最小の問題はおきかえて2次関数の問題へ！

例　$0° \leqq \theta \leqq 180°$ のとき，$y=\cos^2\theta-\cos\theta+1$ の最大値と最小値を求めよ。また，そのときの θ の値を求めよ。

$\cos\theta=t$ とおくと，$0° \leqq \theta \leqq 180°$ より $-1 \leqq t \leqq 1$ であり，

$$y=t^2-t+1=\left(t-\frac{1}{2}\right)^2+\frac{3}{4}$$

$t=-1$ のとき最大値 3，$t=\frac{1}{2}$ のとき最小値 $\frac{3}{4}$ をとる。

また，$t=-1$ のとき，$\cos\theta=-1$ より，$\theta=180°$

$t=\frac{1}{2}$ のとき，$\cos\theta=\frac{1}{2}$ より，$\theta=60°$

よって，$\theta=180°$ のとき最大値 3，$\theta=60°$ のとき最小値 $\frac{3}{4}$

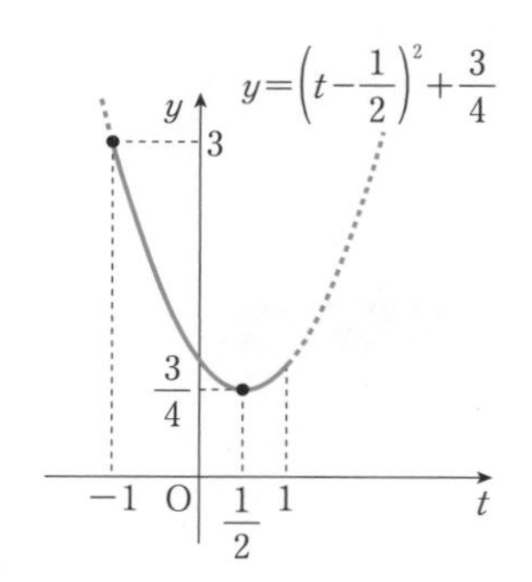

例題

$0° \leqq \theta \leqq 180°$ のとき，$y=-\sin^2\theta-\sin\theta$ の最大値と最小値を求めよ。また，そのときの θ の値を求めよ。

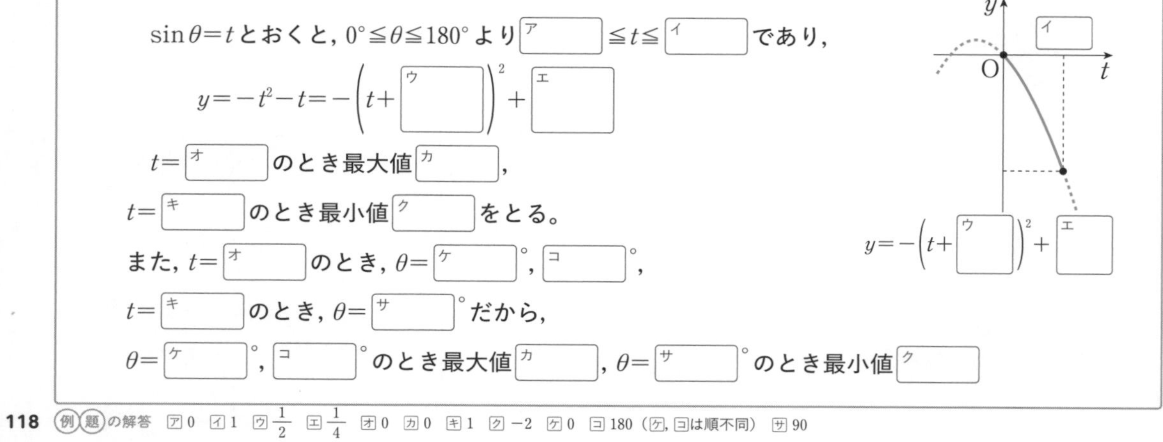

$\sin\theta=t$ とおくと，$0° \leqq \theta \leqq 180°$ より [ア] $\leqq t \leqq$ [イ] であり，

$$y=-t^2-t=-\left(t+[ウ]\right)^2+[エ]$$

$t=$[オ] のとき最大値 [カ]，

$t=$[キ] のとき最小値 [ク] をとる。

また，$t=$[オ] のとき，$\theta=$[ケ]°，[コ]°，

$t=$[キ] のとき，$\theta=$[サ]° だから，

$\theta=$[ケ]°，[コ]° のとき最大値 [カ]，$\theta=$[サ]° のとき最小値 [ク]

例題の解答　ア 0　イ 1　ウ $\frac{1}{2}$　エ $\frac{1}{4}$　オ 0　カ 0　キ 1　ク −2　ケ 0　コ 180（ケ，コは順不同）　サ 90

1 $0° \leqq \theta \leqq 180°$ のとき，次の関数の最大値と最小値を求めよ(そのときの θ の値は求めなくてよい)。

(1) $y=2\sin\theta+1$

(2) $y=3\cos\theta-1$

2 $0° \leqq \theta \leqq 180°$ のとき，$y=2\cos^2\theta+2\sqrt{3}\cos\theta$ の最大値と最小値を求めよ。また，そのときの θ の値を求めよ。

CHALLENGE $0° \leqq \theta \leqq 180°$ のとき，$y=\cos^2\theta+\sin\theta$ の最大値と最小値を求めよ。また，そのときの θ の値を求めよ。

HINT $\sin^2\theta+\cos^2\theta=1$ を利用して $\sin\theta$ だけの関数にしよう。

CHECK 51講で学んだこと

- □ $0° \leqq \theta \leqq 180°$ のとき，$0 \leqq \sin\theta \leqq 1$，$-1 \leqq \cos\theta \leqq 1$
- □ $\sin\theta$ ($\cos\theta$) 片方だけの関数のときは $\sin\theta$ ($\cos\theta$) $=t$ とおいて t の関数で考える。

52講　鈍角三角形についても正弦定理を利用できる！

正弦定理

▶ここからつなげる　今回は「正弦定理」について学習します。90°以上の三角比を扱うことができるようになったので，鈍角三角形でも正弦定理を利用できるようになります！いろいろな三角形の辺の長さや角度を求められるようになります。

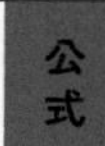

正弦定理

公式

正弦定理

△ABCの外接円の半径をRとすると，

$$\frac{a}{\sin A}=\frac{b}{\sin B}=\frac{c}{\sin C}=2R$$

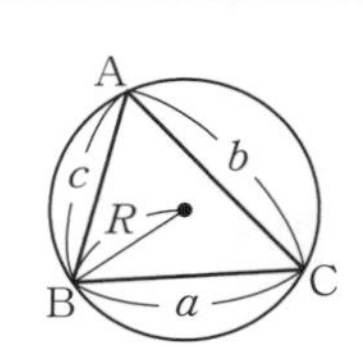

$\dfrac{a}{\sin A}=2R$を示します(他も同様に示すことができます)。

(i)　Aが鋭角のとき，A′Bが直径になるように点A′を円上にとると，
$\angle A=\angle A'$，$\angle \mathrm{BCA'}=90°$より，

$\sin A=\sin A'=\dfrac{a}{2R}$，すなわち，$\dfrac{a}{\sin A}=2R$

(ii)　$A=90°$のとき，$\mathrm{BC}=a$は外接円の直径になるから，
$a=2R$

$A=90°$より，$\sin A=1$だから，$\dfrac{a}{\sin A}=2R$

(iii)　Aが鈍角のとき，A′Bが直径になるように点A′を円上にとると△A′BCにおいて，$\sin\angle \mathrm{BA'C}=\dfrac{a}{2R}$

また，$\sin\angle \mathrm{BA'C}=\sin(180°-A)=\sin A$

よって，$\sin A=\dfrac{a}{2R}$，すなわち，$\dfrac{a}{\sin A}=2R$

(i)〜(iii)より，$\dfrac{a}{\sin A}=2R$

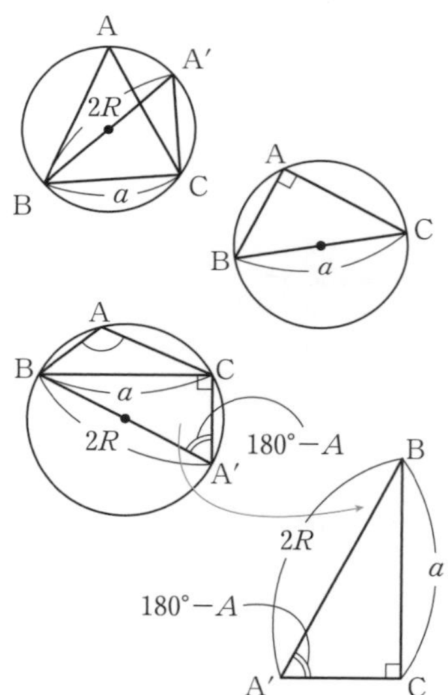

例題

△ABCにおいて，$a=2$，$A=135°$，$B=30°$のとき，次の値を求めよ。

(1)　b　　　　(2)　外接円の半径R

---

(1)　正弦定理より，

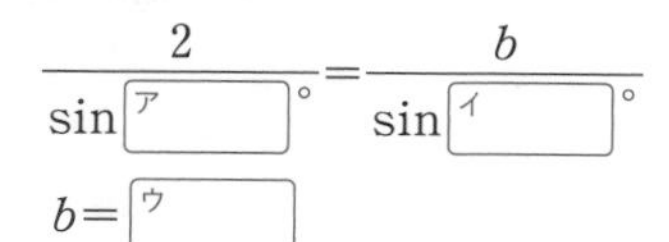

$\dfrac{2}{\sin\boxed{ア}°}=\dfrac{b}{\sin\boxed{イ}°}$

$b=\boxed{ウ}$

(2)　正弦定理より，

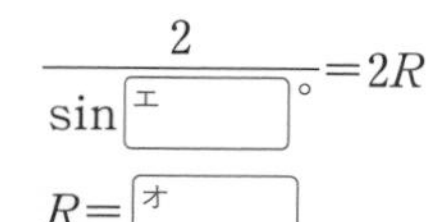

$\dfrac{2}{\sin\boxed{エ}°}=2R$

$R=\boxed{オ}$

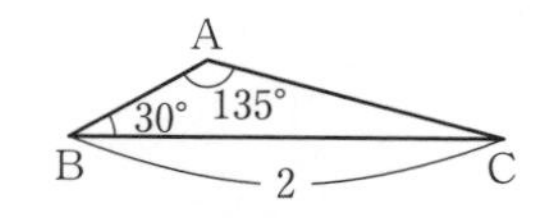

演習の解答 ➡ 別冊P.53

1 △ABCにおいて，次の値を求めよ。ただし，Rは△ABCの外接円の半径とする。

(1) $b=2$, $A=120°$, $B=45°$ のとき，a, R

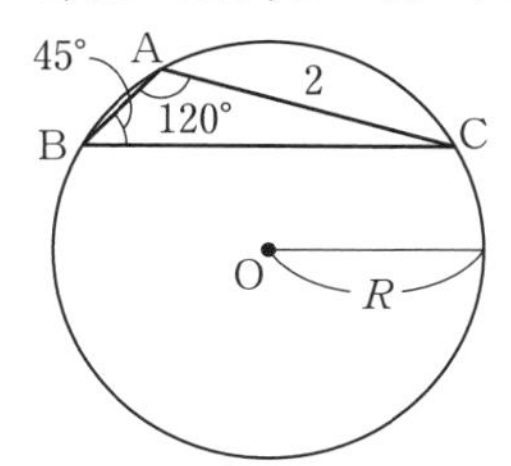

(2) $A=150°$, $R=6$ のとき，a

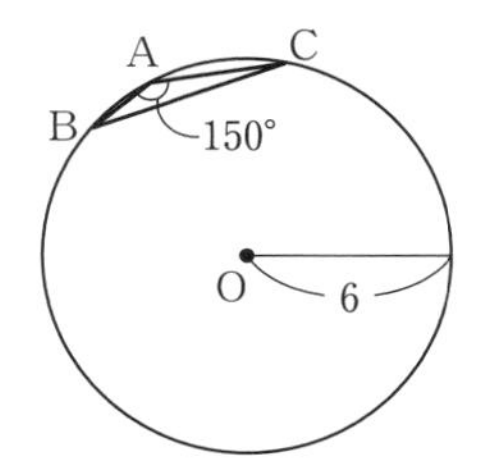

CHALLENGE △ABCにおいて，次の値を求めよ。ただし，Rは△ABCの外接円の半径とする。

(1) $a=3$, $b=3\sqrt{3}$, $A=30°$ のとき，B, C

(2) $b=3$, $c=\sqrt{3}$, $B=120°$ のとき，A, C

HINT △ABCの内角の和が180°であることに気をつけよう。

CHECK 52講で学んだこと

□ 円に内接する四角形の対角の和は180°

□ $\dfrac{a}{\sin A}=\dfrac{b}{\sin B}=\dfrac{c}{\sin C}=2R$（正弦定理）

53講　鈍角三角形についても余弦定理を利用できる！

余弦定理

▶ここからつなげる　今回は「余弦定理」について学習します。正弦定理と同じく鈍角の三角形についても余弦定理が成り立ちます。ここでは鈍角三角形の場合における余弦定理の証明を学んで，実際に余弦定理で辺の長さなどを求めていきましょう。

余弦定理

公式

余弦定理

△ABCにおいて，

$a^2=b^2+c^2-2bc\cos A$

$b^2=c^2+a^2-2ca\cos B$

$c^2=a^2+b^2-2ab\cos C$

$\cos A=\dfrac{b^2+c^2-a^2}{2bc}$

$\cos B=\dfrac{c^2+a^2-b^2}{2ca}$

$\cos C=\dfrac{a^2+b^2-c^2}{2ab}$

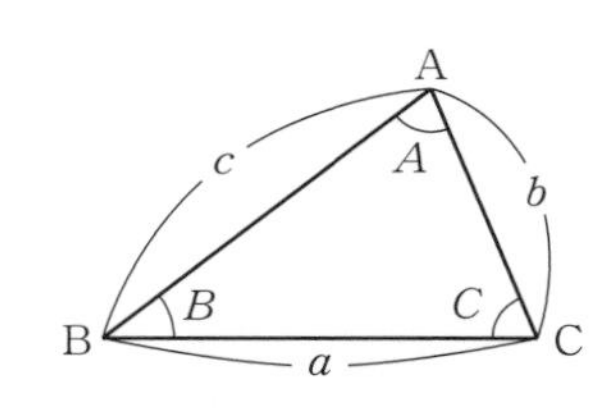

証明をしていきましょう！　A, Bが鋭角のとき，右下の図のように△AHCに注目すると，

$\mathrm{CH}=b\sin A$, $\mathrm{AH}=b\cos A$, $\mathrm{BH}=c-b\cos A$

これらを△CHBにおける三平方の定理$\mathrm{BC}^2=\mathrm{BH}^2+\mathrm{CH}^2$に代入することで，$a^2=b^2+c^2-2bc\cos A$が示せます。

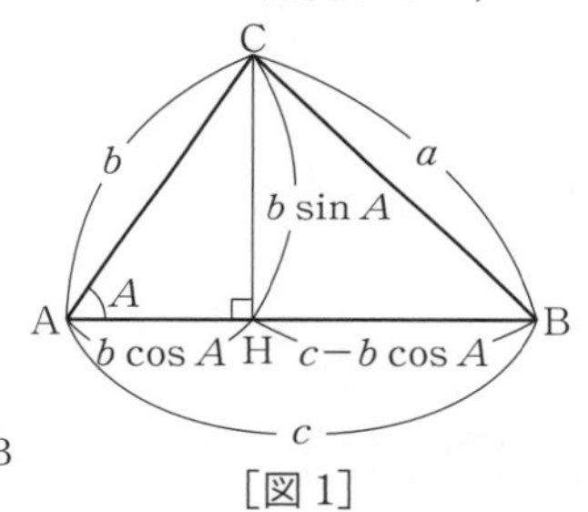

[図 1]

[Aが鈍角のとき]

$\mathrm{CH}=b\sin(180°-A)=b\sin A$

$\mathrm{AH}=b\cos(180°-A)=-b\cos A$

$\mathrm{BH}=\mathrm{AB}+\mathrm{AH}=c-b\cos A$

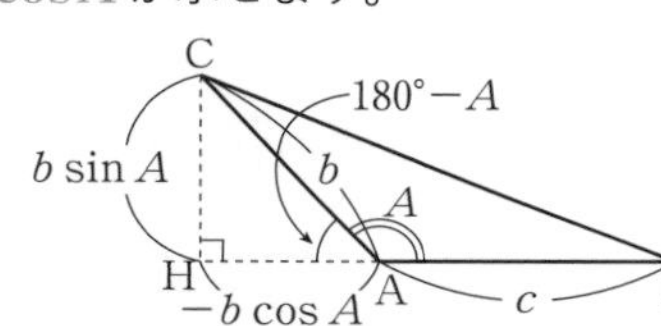

$\mathrm{CH}^2=(b\sin A)^2$, $\mathrm{BH}^2=(c-b\cos A)^2$となるから，[図 1]のときと同様に△CHBにおける三平方の定理$\mathrm{BC}^2=\mathrm{BH}^2+\mathrm{CH}^2$に代入し計算すると，$a^2=b^2+c^2-2bc\cos A$が成り立つことがわかります。$B$が鈍角の場合は自分で示してみましょう！

例題

△ABCにおいて，次の値を求めよ。

(1)　$a=3$, $b=5$, $C=120°$のとき，c　　(2)　$a=7$, $b=8$, $c=13$のとき，C

(1)　余弦定理より，

$c^2=3^2+\boxed{ア}^2-2\cdot3\cdot\boxed{イ}\cos\boxed{ウ}°=\boxed{エ}$

$c>0$より，$c=\boxed{オ}$

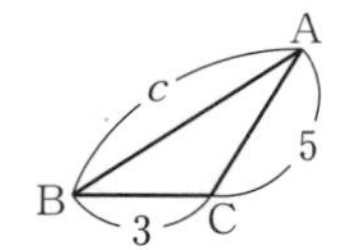

(2)　余弦定理より，

$\cos C=\dfrac{7^2+\boxed{カ}^2-\boxed{キ}^2}{2\cdot7\cdot\boxed{ク}}=\boxed{ケ}$

$0°<C<180°$より，$C=\boxed{コ}°$

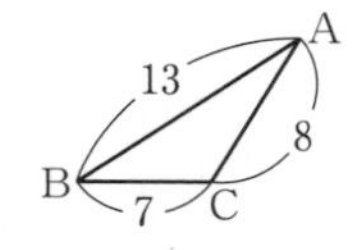

　例題の解答　ア 5　イ 5　ウ 120　エ 49　オ 7　カ 8　キ 13　ク 8　ケ $-\dfrac{1}{2}$　コ 120

演習の解答 ➡ 別冊P.54

1 △ABCにおいて, $b=2\sqrt{3}$, $c=1$, $A=150°$ のとき, a の値を求めよ。

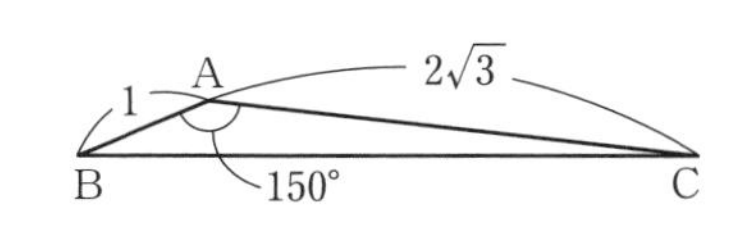

2 △ABCにおいて, $a=\sqrt{3}-1$, $b=\sqrt{2}$, $c=2$ のとき, C の値を求めよ。

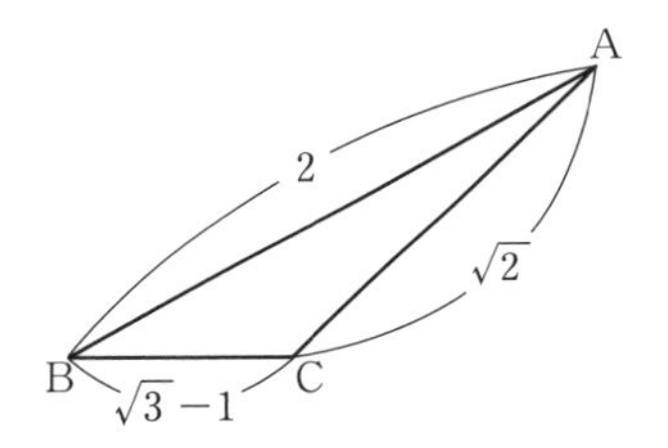

CHALLENGE △ABCにおいて, AC=5, BC=7, ∠BAC=120° のとき, ABの長さを求めよ。

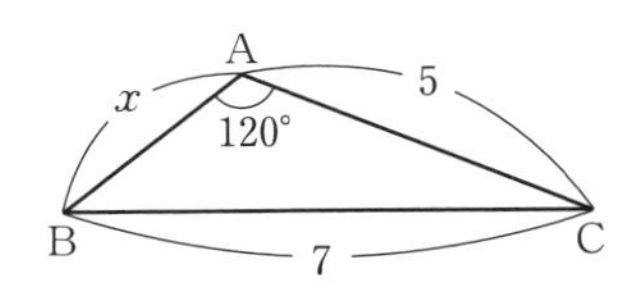

HINT AB=xとおいて, 余弦定理を使ってxについての方程式を立ててみよう。

CHECK 53講で学んだこと

□ $a^2=b^2+c^2-2bc\cos A$, $b^2=c^2+a^2-2ca\cos B$, $c^2=a^2+b^2-2ab\cos C$

□ $\cos A=\dfrac{b^2+c^2-a^2}{2bc}$, $\cos B=\dfrac{c^2+a^2-b^2}{2ca}$, $\cos C=\dfrac{a^2+b^2-c^2}{2ab}$

54講　三角形の角が大きいと，向かい合う辺の長さも大きい！

辺と角の関係

▶ここからつなげる 今回は「辺と角の関係」，つまり三角形の辺の長さと向かい合う角の大小関係について学びます。さらに，余弦定理を利用すると，辺の長さから三角形の角が鋭角，鈍角，直角かを判断できます。

 最大辺の向かい合う角が最大角

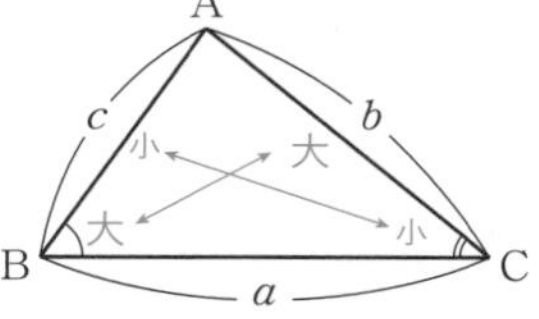

△ABCにおいて，

$b>c \iff B>C$

が成り立ちます。つまり，**2辺の大小関係と向かい合う角の大小関係は一致**します。よって，**最大辺の向かい合う角が最大角**になります。

三角形が鋭角三角形，鈍角三角形かを見分ける条件は次のようになります。

公式　**鋭角三角形，鈍角三角形の判断**

- **鋭角三角形である条件…最大辺の向かい合う角（最大角）が鋭角。**
- **鈍角三角形である条件…最大辺の向かい合う角（最大角）が鈍角。**

最大角が鋭角であれば，他の角も鋭角。

 Aが鈍角である条件は$b^2+c^2<a^2$

△ABCのAについて，Aが鈍角のときの3辺の長さがみたす条件を考えます。

Aが鈍角のとき，$90°<A<180°$だから，$\cos A<0$です。このとき，余弦定理より，

$$\cos A=\frac{b^2+c^2-a^2}{2bc}<0$$

$2bc>0$を両辺にかけると$b^2+c^2-a^2<0$，すなわち，$b^2+c^2<a^2$が成り立ちます。

よって，Aが鈍角である条件は，$b^2+c^2<a^2$

Aが鋭角，直角のときも同様に考えると，次のようにまとめられます。

公式　**鈍角，鋭角，直角の判断**

△ABCのAについて，

Aが鈍角$\iff b^2+c^2<a^2$，Aが鋭角$\iff b^2+c^2>a^2$，Aが直角$\iff b^2+c^2=a^2$

三平方の定理

考えてみよう

△ABCにおいて，$a=6$，$b=3$，$c=4$のとき，△ABCは鈍角三角形，鋭角三角形，直角三角形のいずれであるか調べよ。

辺の長さは$a>c>b$よりA，B，Cのうち最大角となるのはAである。

ここで，$a^2=36$，$b^2+c^2=9+16=25$であるから，

$a^2>b^2+c^2$

よって，△ABCは鈍角三角形である。

$\cos A=\frac{b^2+c^2-a^2}{2bc}<0$ より，Aは鈍角。

演習の解答 ➡ 別冊P.55

1 △ABCにおいて，$a=12$，$b=14$，$c=5$のとき，△ABCは鈍角三角形，鋭角三角形，直角三角形のいずれであるか調べよ。

CHALLENGE 次の表のように，3辺の長さが与えられた三角形ABCのうち，鈍角三角形は何個あるか。また，最大角が最も大きい三角形はどれか求めよ。

	a	b	c
①	5	4	3
②	4	4	3
③	6	4	3
④	8	5	4

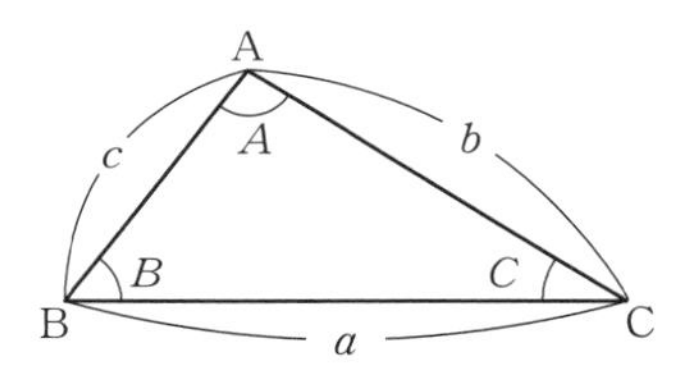

HINT 鈍角三角形が選べたら余弦定理でcosを求めてみよう。cosの値が−1に近いほど180°に近くなり，最大角になるよ。

CHECK 54講で学んだこと

□ 三角形の辺の大小関係と向かい合う角の大小関係は一致する。
□ 最大角が鈍角 ⟺ 鈍角三角形，最大角が鋭角 ⟺ 鋭角三角形
□ Aが鈍角 $\Longleftrightarrow b^2+c^2<a^2$，$A$が鋭角 $\Longleftrightarrow b^2+c^2>a^2$，$A$が直角 $\Longleftrightarrow b^2+c^2=a^2$

55講　正弦定理・余弦定理を使えば三角形の辺や角度を決定できる！

三角形の決定

▶ ここからつなげる　今回は，「三角形の決定」について学習します。三角形の６要素（３辺の長さ，３つの角の大きさ）のうち，３要素（少なくとも１つは辺の長さ）がわかると，残りの３要素を求めることができます。正弦・余弦定理を上手に利用しましょう。

POINT 向かい合う辺と角の２組は正弦定理，３辺と１つの角は余弦定理

ここでは，正弦定理，余弦定理の使い分けを学んでいきます。

(1)　正弦定理を使う場面

(i)　知りたいものとわかっているものが

「向かい合う辺と角の２組の関係」

$\Longrightarrow\ \dfrac{a}{\sin A}=\dfrac{b}{\sin B}$ を利用する。

(ii)　外接円の半径が関係するとき

$\Longrightarrow\ \dfrac{a}{\sin A}=2R$ を利用する。

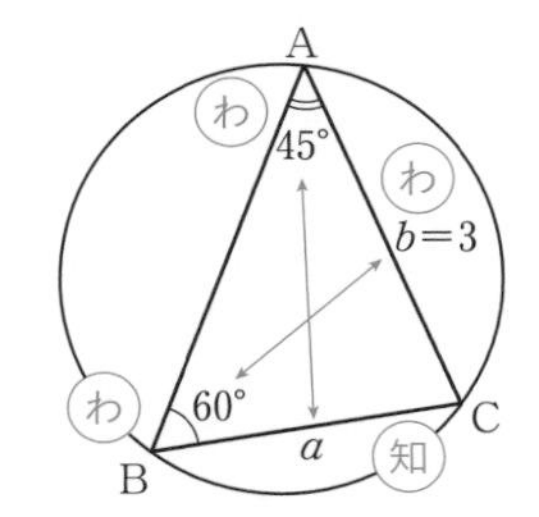

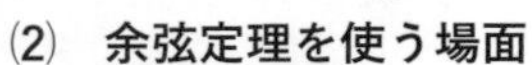

(2)　余弦定理を使う場面

知りたいものとわかっているものが

「３辺と１つの角の関係」

であり，

(i)　辺の長さが知りたい

$\Longrightarrow\ a^2=b^2+c^2-2bc\cos A$ を利用する。

(ii)　角の大きさが知りたい

$\Longrightarrow\ \cos A=\dfrac{b^2+c^2-a^2}{2bc}$ を利用する。

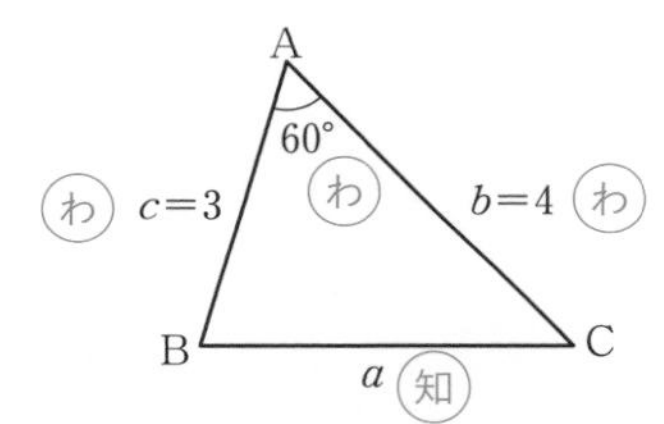

例題

△ABCにおいて，$a=3-\sqrt{3}$，$c=\sqrt{6}$，$B=135^\circ$ のとき，次の値を求めよ。

(1)　b　　(2)　C　　(3)　A

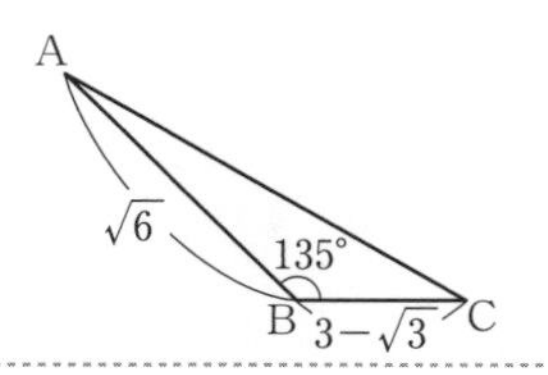

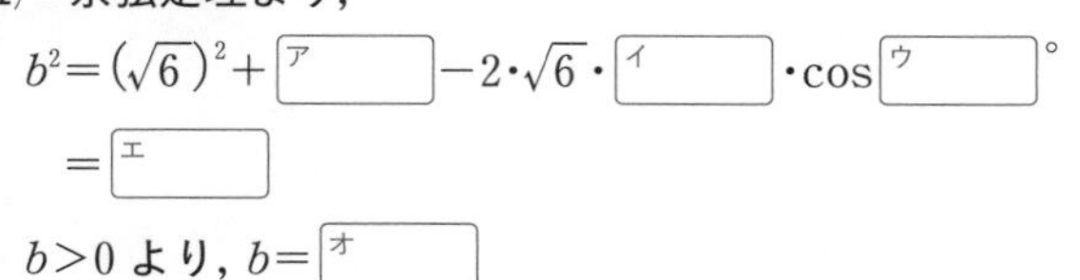

(1)　余弦定理より，

$b^2=(\sqrt{6})^2+$ ア $-2\cdot\sqrt{6}\cdot$ イ $\cdot\cos$ ウ °

$=$ エ

$b>0$ より，$b=$ オ

(2)　正弦定理より，$\dfrac{\text{カ}}{\sin 135^\circ}=\dfrac{\text{キ}}{\sin C}$

$\sin C=$ ク

$B=135^\circ$ より，C は鋭角であり，

$C=$ ケ °

(3)　$A+B+C=$ コ ° より，

$A=$ サ °

例題の解答　ア $(3-\sqrt{3})^2$　イ $(3-\sqrt{3})$　ウ 135　エ 12　オ $2\sqrt{3}$　カ $2\sqrt{3}$　キ $\sqrt{6}$　ク $\dfrac{1}{2}$　ケ 30　コ 180　サ 15

演習の解答 ➡ 別冊P.56

1 △ABCにおいて, $a=2\sqrt{2}$, $b=2$, $c=\sqrt{6}-\sqrt{2}$ のとき, 次の値を求めよ。

(1) A　　(2) B　　(3) C

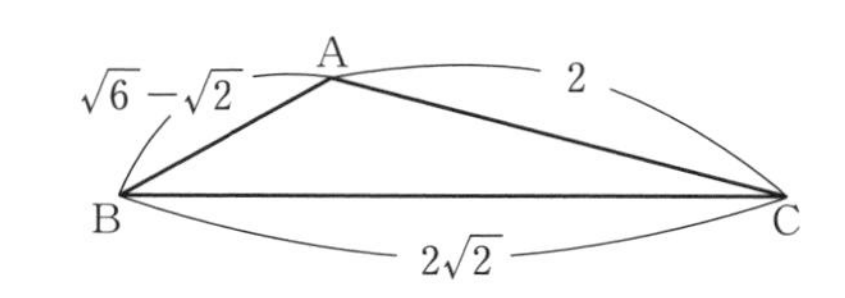

CHALLENGE △ABCにおいて, $a=2$, $A=45°$, $B=75°$ のとき, 次の値を求めよ。

(1) C, c　　(2) b

HINT (2) 自分で図をかいてみよう。75°の三角比はすぐに求められないので, 三角比の値がわかるところで余弦定理を利用してみよう。

✔ CHECK 55講で学んだこと

- □ 向かい合う辺と角の2組のうちどれか1つがわからない, 外接円が関係 →正弦定理
- □ 3辺と1つの角のうちどれか1つがわからない→余弦定理

56講　三角形の3辺の長さがわかれば，面積がわかる！

三角形の面積

▶ここからつなげる　今回は「三角形の面積」について学習しましょう。三角形の面積は2辺とその間の鋭角のsinで求めることができました。鈍角についても同じです。さらに，ヘロンの公式という3辺の長さから直接面積を出す公式も学習しましょう。

POINT 1　三角形の面積は $\frac{1}{2}\times$(2辺とその間の角のsin)

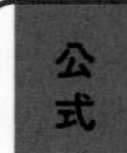

公式　三角形の面積公式

△ABCの面積をSとすると，

$$S=\frac{1}{2}ab\sin C=\frac{1}{2}bc\sin A=\frac{1}{2}ca\sin B$$

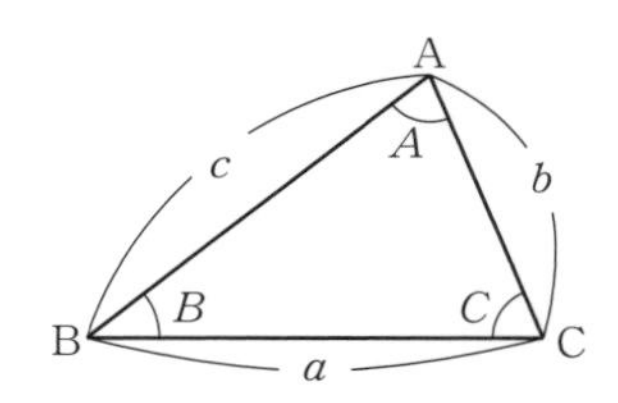

△ABCにおいて，Aから直線BCに下ろした垂線の足をHとします。△AHBに注目すると，

Bが鋭角のとき，AH$=c\sin B$

Bが鈍角のとき，AH$=c\sin(180°-B)=c\sin B$　［$\sin(180°-\theta)=\sin\theta$］

よって，

$$S=\frac{1}{2}\times \underset{底辺}{a}\times \underset{高さ}{c\sin B}=\frac{1}{2}ac\sin B$$

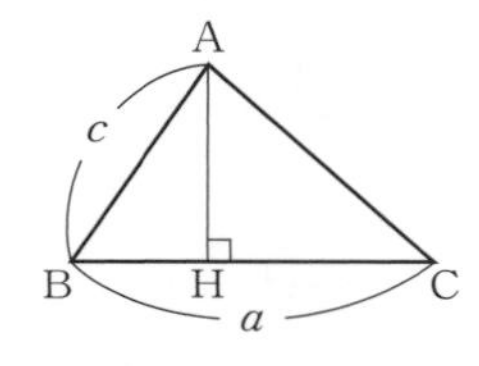

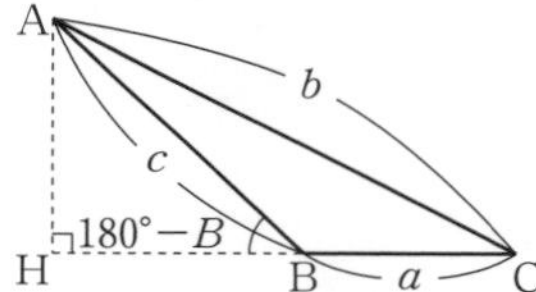

POINT 2　ヘロンの公式

3辺の長さから直接三角形の面積を求める**ヘロンの公式**という公式があります。三角形の面積をS，$p=\frac{a+b+c}{2}$（pは周の長さの半分）とすると，

$$S=\sqrt{p(p-a)(p-b)(p-c)}$$

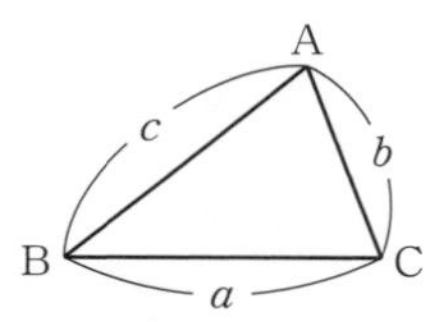

例題

次の△ABCの面積Sを求めよ。

(1)　$a=6$, $b=2\sqrt{3}$　$C=120°$　　(2)　$a=7$, $b=5$, $c=6$

---

(1)　$S=\frac{1}{2}\times 6\times$［ア］$\times\sin$［イ］°
　　$=$［ウ］

(2)　$p=\frac{a+b+c}{2}=$［エ］であり，ヘロンの公式より，
　　$S=\sqrt{p(p-［オ］)(p-［カ］)(p-［キ］)}$
　　$=$［ク］

　例題の解答　ア $2\sqrt{3}$　イ 120　ウ 9　エ 9　オ 7　カ 5　キ 6　ク $6\sqrt{6}$

1 次の△ABCの面積Sを求めよ。

(1) $b=4,\ c=5,\ A=135°$　　(2) $a=4\sqrt{3},\ c=\sqrt{5},\ \cos B=\dfrac{1}{4}$

2 次の△ABCの面積Sを求めよ。

(1) $a=7,\ b=8,\ c=9$　　(2) $a=4,\ b=3+\sqrt{2},\ c=3-\sqrt{2}$

CHALLENGE 半径2の円Oに内接する正六角形の面積を求めよ。

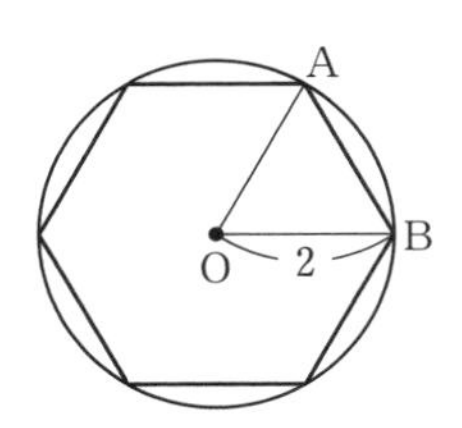

HINT 右の図の△AOBの面積を求めてみよう。そして，正六角形の面積は△AOBの何個分か考えよう。

✔ CHECK 56講で学んだこと

□ △ABCの面積$=\dfrac{1}{2}ab\sin C=\dfrac{1}{2}bc\sin A=\dfrac{1}{2}ca\sin B$$\left(\dfrac{1}{2}\times 2\text{辺とその間の}\sin\right)$

□ $p=\dfrac{a+b+c}{2}$とすると，$S=\sqrt{p(p-a)(p-b)(p-c)}$（ヘロンの公式）

57講　三角形の３辺の長さと面積がわかれば，内接円の半径を求められる！

内接円の半径

▶ここからつなげる 今回は「内接円の半径」について学習しましょう。三角形のすべての辺に接する円のことを内接円といいます。内接円の半径は，三角形の３辺の長さと面積がわかれば，求めることができます。

POINT 内接円の半径は３辺の長さと面積がわかれば求まる！

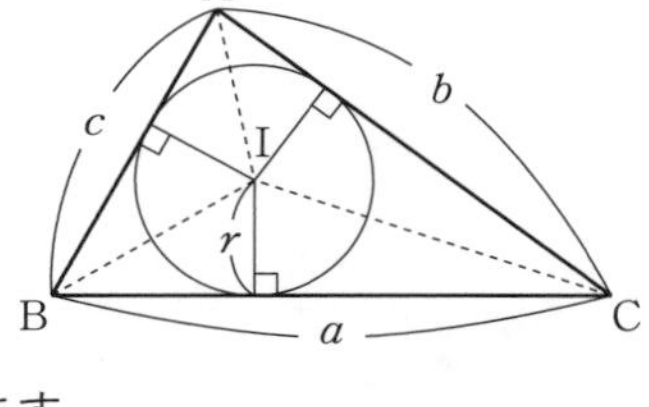

三角形の**３辺に接する円**のことを**内接円**といいます。

内接円の中心をI，内接円の半径をrとします。Iと三角形の各頂点を結び，△ABCを３つの三角形△IBC，△ICA，△IABに分割します。

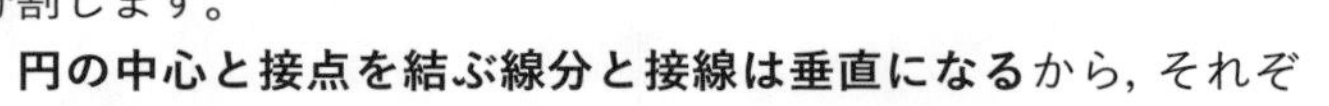

円の中心と接点を結ぶ線分と接線は垂直になるから，それぞ

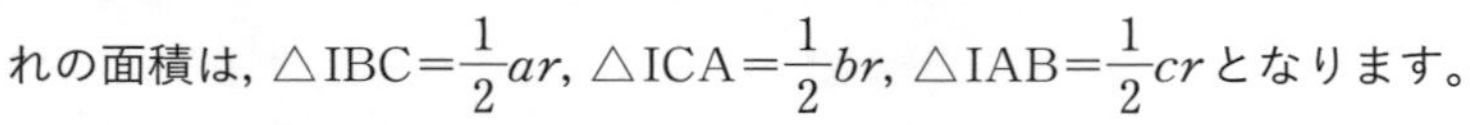

れの面積は，$\triangle\mathrm{IBC}=\frac{1}{2}ar$，$\triangle\mathrm{ICA}=\frac{1}{2}br$，$\triangle\mathrm{IAB}=\frac{1}{2}cr$となります。

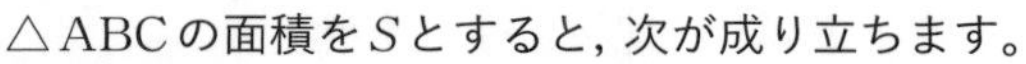

△ABCの面積をSとすると，次が成り立ちます。

$$S=\triangle\mathrm{IBC}+\triangle\mathrm{ICA}+\triangle\mathrm{IAB}$$
$$=\frac{1}{2}ar+\frac{1}{2}br+\frac{1}{2}cr=\frac{1}{2}r(a+b+c)$$

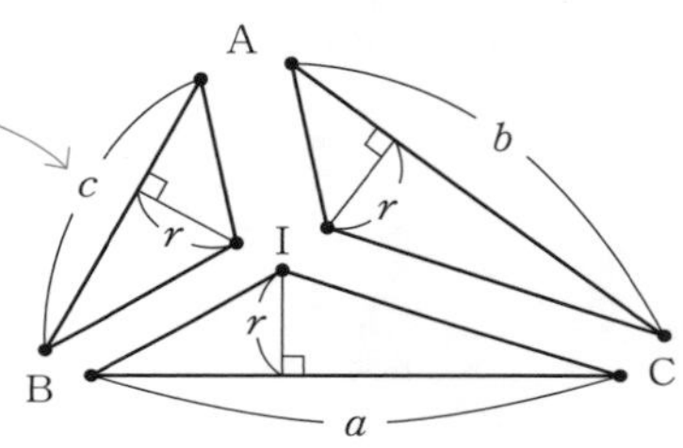

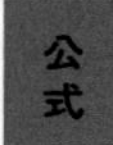

公式 内接円の半径と面積

△ABCの面積S，内接円の半径rとすると

$$S=\frac{1}{2}r(a+b+c)$$

三角形の３辺の長さと面積がわかれば，公式から内接円の半径を求めることができます。

例題

△ABCにおいて，$a=7$，$b=5$，$c=8$のとき，次の値を求めよ。

(1)　$\cos A$　　(2)　$\sin A$
(3)　面積S　　(4)　内接円の半径r

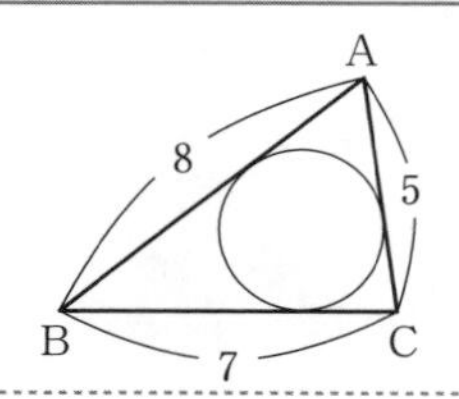

(1)　余弦定理より，

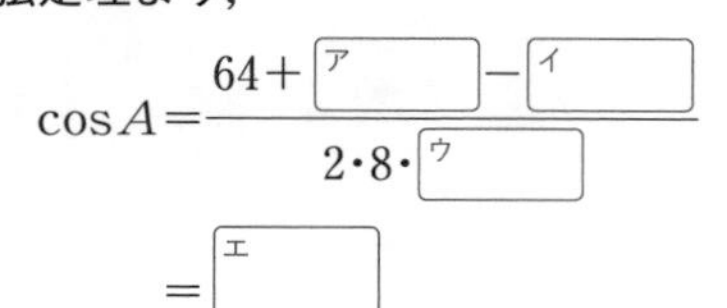

$$\cos A=\frac{64+\boxed{ア}-\boxed{イ}}{2\cdot 8\cdot\boxed{ウ}}$$
$$=\boxed{エ}$$

(2)　$\sin^2 A+\cos^2 A=1$より，

$\sin^2 A=\boxed{オ}$

$\sin A>0$より，$\sin A=\boxed{カ}$

(3)　$S=\frac{1}{2}\cdot 8\cdot\boxed{キ}\cdot\boxed{ク}$

$=\boxed{ケ}$

(4)　$S=\frac{1}{2}r(a+b+c)$より，

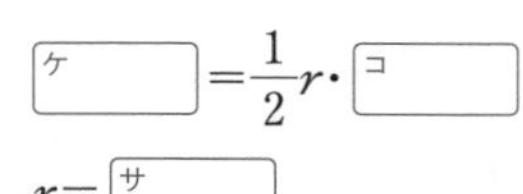

$\boxed{ケ}=\frac{1}{2}r\cdot\boxed{コ}$

$r=\boxed{サ}$

 例題の解答　ア 25　イ 49　ウ 5　エ $\frac{1}{2}$　オ $\frac{3}{4}$　カ $\frac{\sqrt{3}}{2}$　キ 5　ク $\frac{\sqrt{3}}{2}$　ケ $10\sqrt{3}$　コ 20　サ $\sqrt{3}$

1 △ABCにおいて，$a=3$，$b=8$，$C=60°$ のとき，次の値を求めよ。

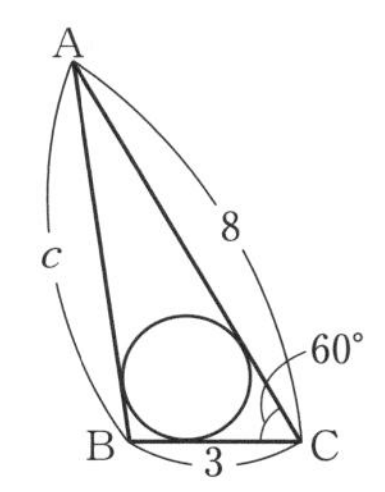

(1) c　　(2) 面積 S　　(3) 内接円の半径 r

CHALLENGE △ABCにおいて，$a=9$，$b=7$，$c=4$ のとき，内接円の半径を求めよ。

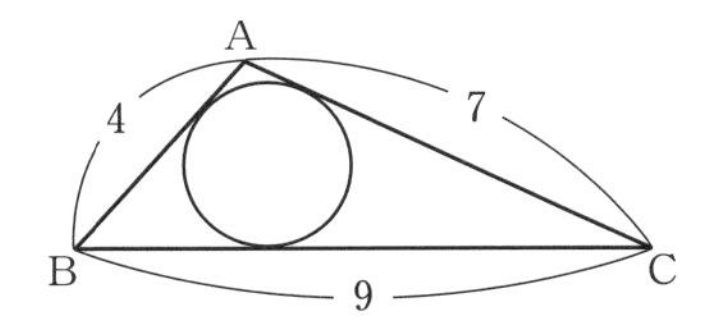

HINT 余弦定理より，$\cos A$ の値を求めて，$\sin^2 A+\cos^2 A=1$ を利用し，$\sin A$ の値を求めよう。

✔ CHECK 57講で学んだこと

- □ 三角形の3辺に接する円を内接円という。
- □ △ABCの面積を S，内接円の半径を r とすると，$S=\frac{1}{2}r(a+b+c)$

58講　円に内接する四角形の向かい合う角の和は 180°！

円に内接する四角形

▶ここからつなげる　今回は,「円に内接する四角形」について学習します。円に内接する四角形は非常によく出題される内容です。今まで学んだ,三角比の知識を利用して,四角形の対角線の長さや面積を求められるようになりましょう。

POINT　円に内接する四角形は向かい合う角の和が 180° に着目しよう！

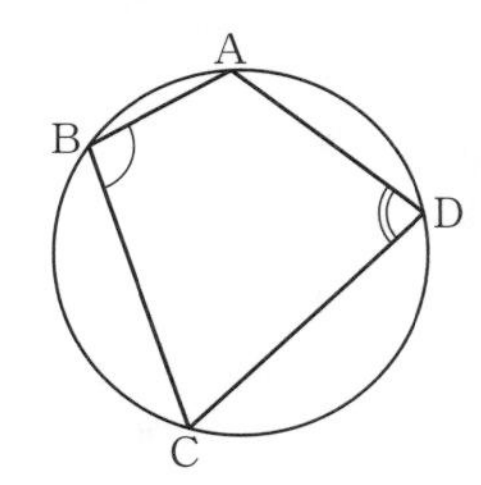

円に内接する四角形の,**向かい合う角の和は 180°** より,

$B+D=180°$, すなわち, $D=180°-B$

よって, $\cos D=\cos(180°-B)=-\cos B$

$\sin D=\sin(180°-B)=\sin B$

となります。これを利用して四角形の対角線の長さや面積を求めましょう。

対角線の長さを求めるポイントは,**2つの三角形に対して余弦定理を使って,対角線の長さを2通りで表す**ことです。

考えてみよう

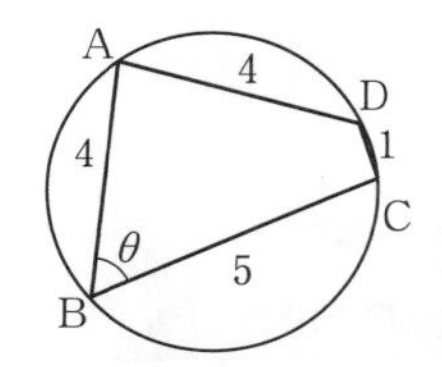

円に内接する四角形ABCDにおいて,

AB=4, BC=5, CD=1, DA=4, ∠ABC=θ

のとき,次の値を求めよ。

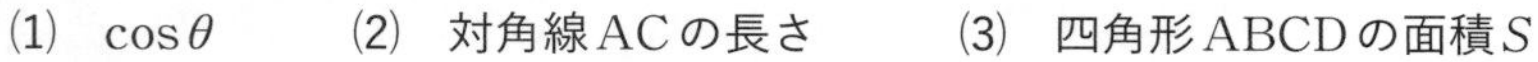

(1)　$\cos\theta$　　(2)　対角線ACの長さ　　(3)　四角形ABCDの面積 S

(1)　円に内接する四角形の向かい合う角の和は 180° より,

$D=180°-\theta$

△ABCについて余弦定理より

$AC^2=4^2+5^2-2\cdot4\cdot5\cos\theta=41-40\cos\theta$　…①

△ACDについて余弦定理より

$AC^2=4^2+1^2-2\cdot4\cdot1\cos(180°-\theta)=17+8\cos\theta$　…②

①,②より,

$41-40\cos\theta=17+8\cos\theta$

よって, $\cos\theta=\dfrac{1}{2}$

(2)　$\cos\theta=\dfrac{1}{2}$ を①に代入して, $AC^2=41-40\cdot\dfrac{1}{2}=21$

AC>0 より, $AC=\sqrt{21}$

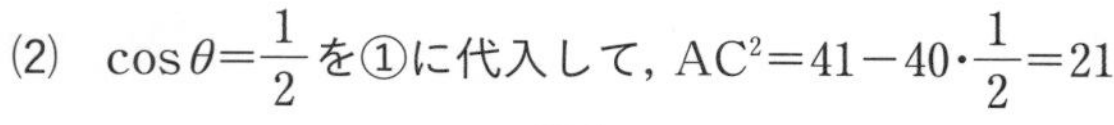

(3)　$\sin\theta>0$ より, $\sin\theta=\sqrt{1-\cos^2\theta}=\dfrac{\sqrt{3}}{2}$

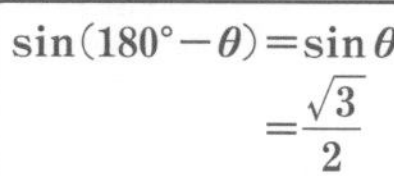
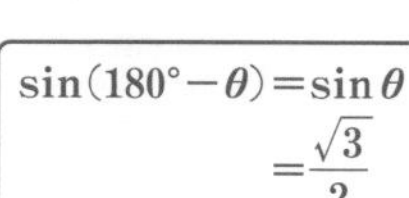

$\sin(180°-\theta)=\sin\theta=\dfrac{\sqrt{3}}{2}$

$S=\triangle ABC+\triangle ADC$

$=\dfrac{1}{2}\cdot4\cdot5\cdot\sin\theta+\dfrac{1}{2}\cdot1\cdot4\cdot\underline{\sin(180°-\theta)}$

$=10\cdot\dfrac{\sqrt{3}}{2}+2\cdot\dfrac{\sqrt{3}}{2}=6\sqrt{3}$

演習の解答 ➡ 別冊P.59

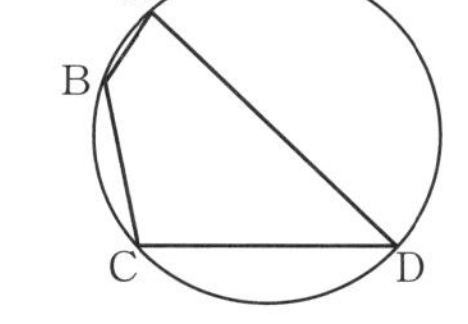

1 円に内接する四角形ABCDにおいて

$AB=1,\ BC=2,\ CD=3,\ DA=4,\ \angle ABC=\theta$

のとき，次の値を求めよ。

(1) $\cos\theta$

(2) 対角線ACの長さ

(3) 四角形ABCDの面積S

(1) 円に内接する四角形の向かい合う角の和は180°より，

$$D=180^\circ-\boxed{\text{ア}}$$

△ABCについて余弦定理より，

$$AC^2=1^2+\boxed{\text{イ}}^2-2\cdot1\cdot\boxed{\text{イ}}\cos\theta$$

$$=\boxed{\text{ウ}}-\boxed{\text{エ}}\cos\theta \quad \cdots ①$$

△ACDについて余弦定理より，

$$AC^2=4^2+\boxed{\text{オ}}^2-2\cdot4\cdot\boxed{\text{オ}}\cos\left(180^\circ-\boxed{\text{ア}}\right)$$

$$=\boxed{\text{カ}}+\boxed{\text{キ}}\cos\theta \quad \cdots ②$$

①，②より

$$\boxed{\text{ウ}}-\boxed{\text{エ}}\cos\theta=\boxed{\text{カ}}+\boxed{\text{キ}}\cos\theta$$

$$\cos\theta=\boxed{\text{ク}}$$

(2) $\cos\theta=\boxed{\text{ク}}$ を①に代入して，

$$AC^2=\boxed{\text{ウ}}+\boxed{\text{ケ}}=\boxed{\text{コ}}$$

$AC>0$ より，

$$AC=\sqrt{\boxed{\text{コ}}}=\frac{\sqrt{\boxed{\text{サ}}}}{7}$$

(3) $\sin^2\theta+\cos^2\theta=1,\ \sin\theta>0$ より，

$$\sin\theta=\sqrt{1-\cos^2\theta}=\frac{2\sqrt{\boxed{\text{シ}}}}{7}$$

四角形の面積Sは，

$$S=\triangle ABC+\triangle ADC$$

$$=\frac{1}{2}\cdot1\cdot2\sin\theta+\frac{1}{2}\cdot3\cdot4\sin(180^\circ-\theta)$$

$$=\frac{2\sqrt{\boxed{\text{シ}}}}{7}+6\cdot\frac{2\sqrt{\boxed{\text{シ}}}}{7}$$

$$=\boxed{\text{ス}}$$

✔ CHECK 58講で学んだこと

☐ 円に内接する四角形の向かい合う角の和は180°

☐ 2つの三角形に対して余弦定理を使って，対角線の長さを2通りで表す。

59講　空間図形の計量は求めたいものを含む平面に着目する！

空間図形の計量

▶ここからつなげる　今回は「空間図形の計量」について学習しましょう。これまで，平面図形について三角比を利用して，長さや面積を求めてきました。空間図形でも同様に三角比を利用することで，長さや面積，体積を求めることができるようになります。

POINT 空間図形の計量は求めたいものを含む面に注目しよう！

空間図形に三角比を利用するポイントは，**図をかくこと**と，**求めたいものを含む面に着目して三角比を利用すること**です。

考えてみよう

右の図のような直方体ABCD−EFGHにおいて，$AB=\sqrt{6}$，$AD=\sqrt{3}$，$AE=1$，$\angle FAC=\theta$のとき，次の値を求めよ。

(1)　$\cos\theta$

(2)　△AFCの面積S

(3)　Bから平面CAFに下ろした垂線の長さh

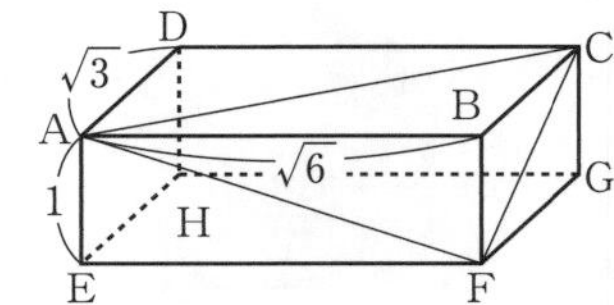

(1)　△AFCの各辺の長さは，三平方の定理より，

$AF=\sqrt{1^2+(\sqrt{6})^2}=\sqrt{7}$，

$AC=\sqrt{(\sqrt{3})^2+(\sqrt{6})^2}=3$，

$CF=\sqrt{1^2+(\sqrt{3})^2}=2$

△AFCで余弦定理より，

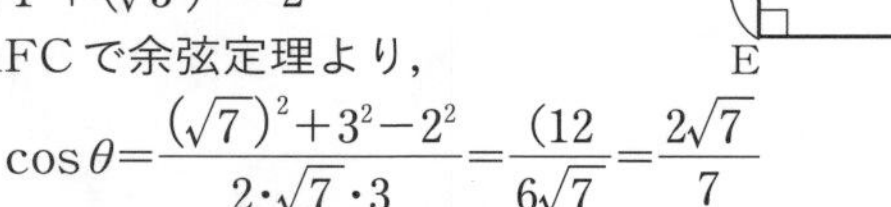

$$\cos\theta=\frac{(\sqrt{7})^2+3^2-2^2}{2\cdot\sqrt{7}\cdot3}=\frac{(12}{6\sqrt{7}}=\frac{2\sqrt{7}}{7}$$

(2)　$\cos^2\theta+\sin^2\theta=1$，$\sin\theta>0$より，

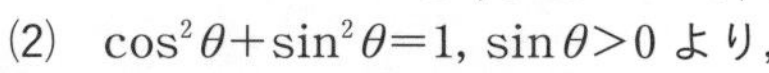

$$\sin\theta=\sqrt{1-\cos^2\theta}=\sqrt{1-\left(\frac{2\sqrt{7}}{7}\right)^2}=\frac{\sqrt{21}}{7}$$

よって，△AFCの面積Sは，

$$S=\frac{1}{2}\cdot\sqrt{7}\cdot3\cdot\sin\theta=\frac{3\sqrt{7}}{2}\cdot\frac{\sqrt{21}}{7}=\frac{3\sqrt{3}}{2}$$

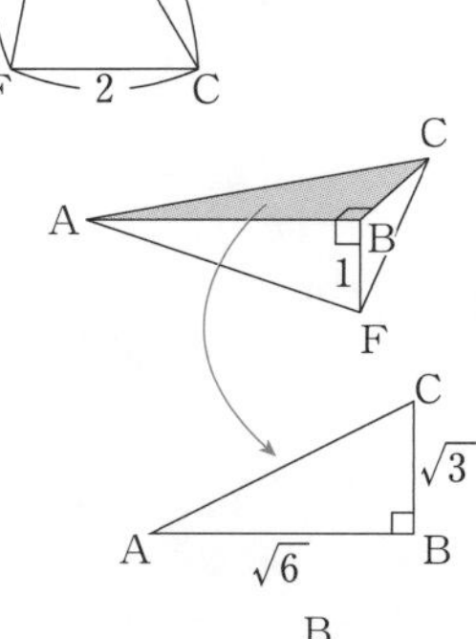

(3)　四面体ABCFの体積Vは，底面を△ABCとみると，高さはBFだから，

$$V=\frac{1}{3}\cdot\triangle ABC\cdot BF=\frac{1}{3}\cdot\left(\frac{1}{2}\cdot\sqrt{6}\cdot\sqrt{3}\right)\cdot1=\frac{\sqrt{2}}{2}$$

また，体積Vは底面を△AFCとみると，高さはhだから，

$$V=\frac{1}{3}\cdot\triangle AFC\cdot h=\frac{1}{3}\cdot\frac{3\sqrt{3}}{2}\cdot h=\frac{\sqrt{3}}{2}h$$

よって，$\frac{\sqrt{3}}{2}h=\frac{\sqrt{2}}{2}$より，

$$h=\frac{\sqrt{2}}{\sqrt{3}}=\frac{\sqrt{6}}{3}$$

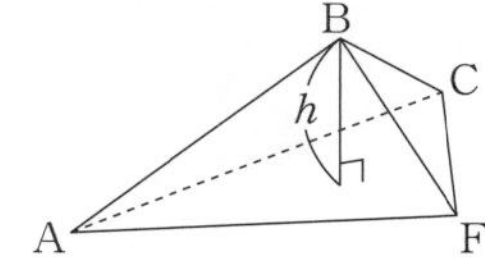

1 右の図のような，1辺の長さがaの立方体ABCD−EFGHにおいて，次の値をaを用いて表せ。

(1) ∠BDEの大きさ

(2) △BDEの面積S

(3) Aから平面BDEに下ろした垂線の長さh

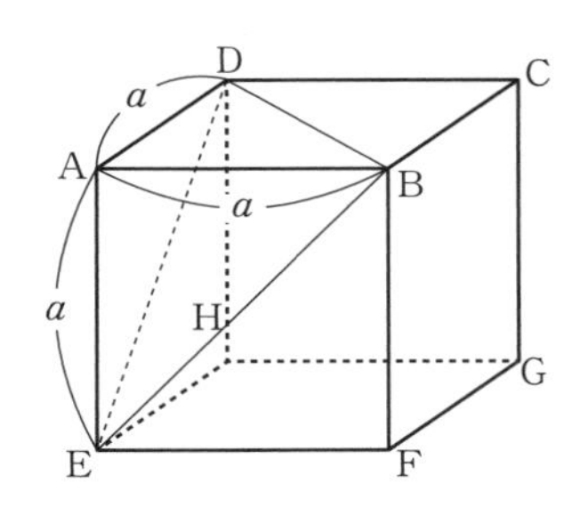

(1) **△ABEはAB=AEの直角二等辺三角形だから，**

BE=[ア]a

同様にして，BD=DE=[ア]a

よって，△BDEは正三角形だから，

∠BDE=[イ]°

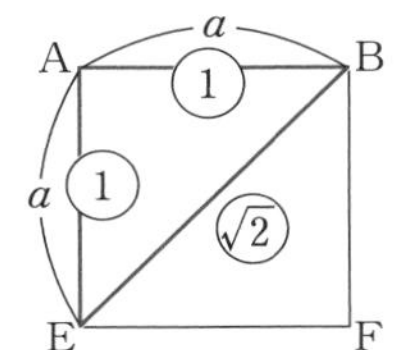

(2)

$S=\frac{1}{2}$・DE・BD・sin[イ]°

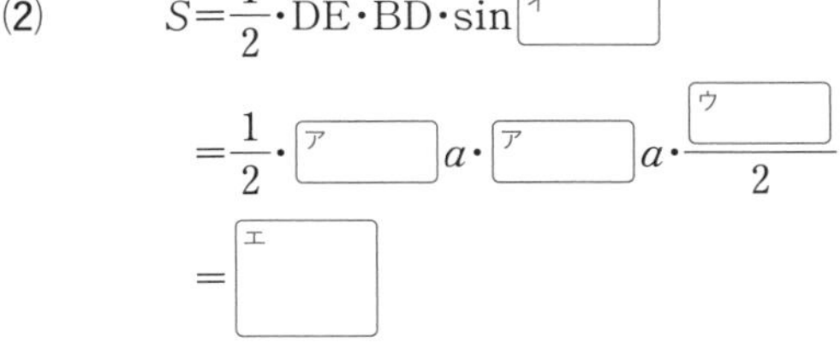

$=\frac{1}{2}$・[ア]a・[ア]a・$\frac{[ウ]}{2}$

=[エ]

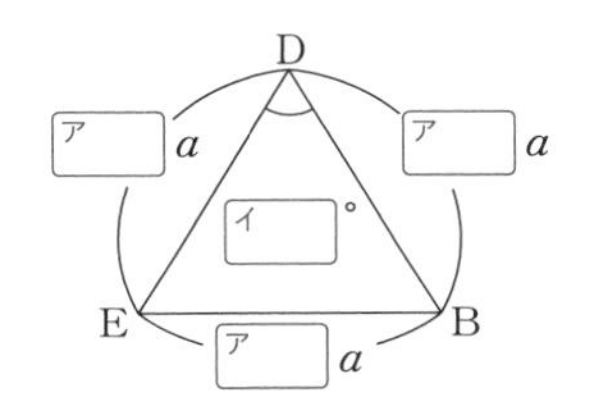

(3) **四面体ABDEの体積Vは，△ABDを底面とみると，高さはAEより，**

$V=\frac{1}{3}$・△ABD・AE

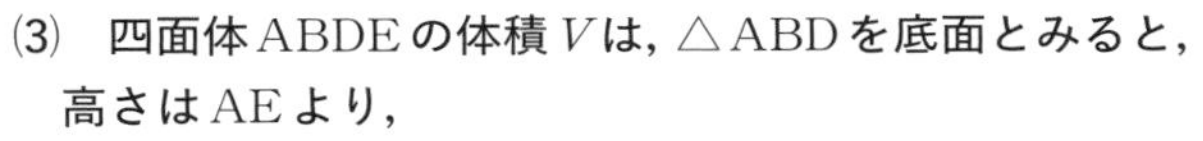

$=\frac{1}{3}\left(\frac{1}{2}[オ]・[カ]\right)$・[キ]

$=\frac{1}{6}$[ク]

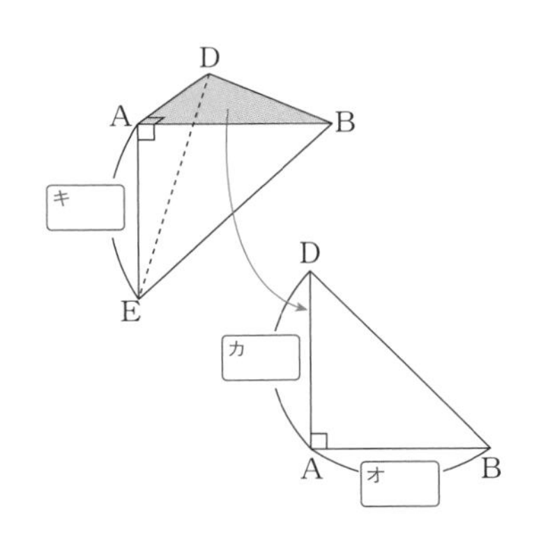

体積Vは底面を△BDEとみると，高さはhだから，

$V=\frac{1}{3}$・△BDE・h=[ケ]h

よって，

[ケ]$h=\frac{1}{6}$[ク]

h=[コ]

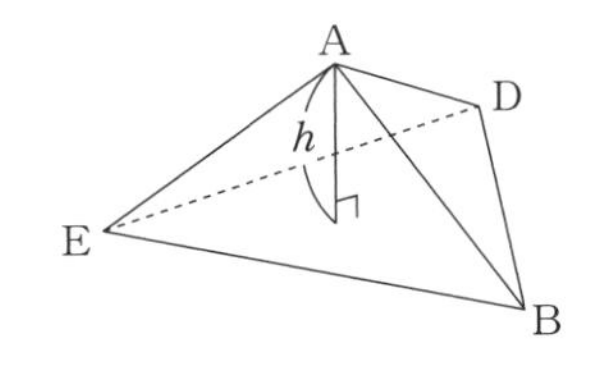

✔ CHECK
59講で学んだこと

□ 図をかいて考える。

□ 求めたいものを含む面に着目して考える。

60講　仮平均を利用すると平均値の計算が簡単になる！

仮平均

▶ここからつなげる 平均値を求めるときに，「計算が大変だな」と感じたことはありませんか？　特に，値が大きくなると，計算が大変になってきますよね。今回は，平均値を求める計算が楽になる方法を紹介します。

(平均値)＝(仮平均)＋(ずれ平均)

次のデータは，ある地点での 1 年間の気圧(hPa)を月ごとに計測したものである。

月	1 月	2 月	3 月	4 月	5 月	6 月	7 月	8 月	9 月	10 月	11 月	12 月
気圧	1008	1014	1008	1012	1004	1003	1002	1004	1004	1010	1014	1013

気圧の平均値は，

$$\frac{1008+1014+1008+1012+1004+1003+1002+1004+1004+1010+1014+1013}{12}$$

を計算することで求められます。これは 1000 を基準として次のように計算できます。

$$\frac{(1000+8)+(1000+14)+(1000+8)+(1000+12)+\cdots+(1000+14)+(1000+13)}{12}$$

$$=\frac{1000\times12}{12}+\frac{8+14+8+12+4+3+2+4+4+10+14+13}{12}$$

$$=1000+\underbrace{\frac{8+14+8+12+4+3+2+4+4+10+14+13}{12}}_{1000\text{との差の平均}}$$

$$=1000+8=1008$$

本書では，差の平均を「ずれ平均」とよぶことにする。

この 1000 のような基準値のことを**仮平均**といって，自分の好きな値を設定することができます。つまり，平均値は，

(平均値)＝(仮平均)＋(ずれ平均)

で求めることができます。今回はきりがよい 1000 を仮平均にしましたが，最頻値(さいひんち)である 1004 を仮平均とすると，平均値は，

$$1004+\frac{4+10+4+8+0+(-1)+(-2)+0+0+6+10+9}{12}=1008$$

と求めることができます。最頻値を仮平均にすると，0 が増えるので計算が楽になることがあります。他にも，中央値や最小値を仮平均にするとよい場合もあります。

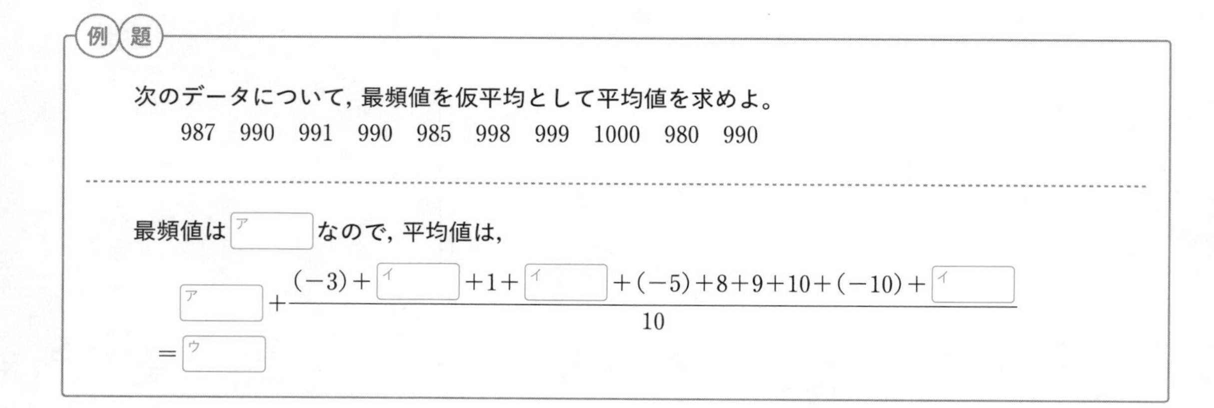

例題

次のデータについて，最頻値を仮平均として平均値を求めよ。

987　990　991　990　985　998　999　1000　980　990

最頻値は [ア] なので，平均値は，

$$[ア]+\frac{(-3)+[イ]+1+[イ]+(-5)+8+9+10+(-10)+[イ]}{10}$$

＝ [ウ]

例題の解答　ア 990　イ 0　ウ 991

演習の解答 ➡ 別冊P.61

演習

1 次のデータの平均値を，(1)〜(3)を仮平均として求めよ。

98　104　98　103　90　98　102　98　111　108

(1)　90

(2)　98

(3)　100

CHALLENGE 次のデータAについて，次の問いに答えよ。

98　104　98　103　90　98　102　98　111　108

(1)　分散を求めよ。

(2)　次のデータは，上のデータの仮平均を100として，仮平均との差を考えたものである。このデータの分散を求めよ。

-2　4　-2　3　-10　-2　2　-2　11　8

□ (平均値)＝(仮平均)＋(ずれ平均)

61講　最大値・最小値には外れ値を考慮しない！

外れ値

▶ここからつなげる データの中には，他の値と比べて，極端に大きい値や極端に小さい値が含まれることがあり，そのような値を「外れ値」といいます。そのような値があるデータを分析するときに気をつけることを学んでいきましょう！

POINT 外れ値は「$Q_1-1.5(Q_3-Q_1)$ 以下」の値と「$Q_3+1.5(Q_3-Q_1)$ 以上」の値

データの値において極端に大きい値や極端に小さい値を**外れ値**といい，次の２つの条件のいずれかに該当する値を外れ値とすることが多いです。

（第１四分位数）$-1.5\times$（四分位範囲）以下の値
（第３四分位数）$+1.5\times$（四分位範囲）以上の値

（四分位範囲）＝（第３四分位数）－（第１四分位数）

第１四分位数を Q_1，第３四分位数を Q_3 として，これを箱ひげ図で表すと，網かけ部分の外側に該当する値になります。

この網かけ部分が $1.5(Q_3-Q_1)$（※箱の長さ Q_3-Q_1 の 1.5 倍）

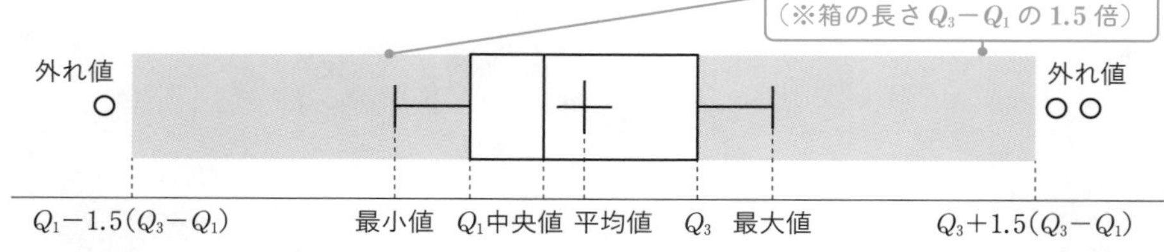

上の図のように，外れ値は「○」で表します。また，注意してほしいのは，左右のひげの端の値の**最小値，最大値は外れ値を除いたデータで考えます**が，**四分位数は外れ値も含んだデータで考えます**。そのため，箱ひげ図をかく手順は次のようになります。

① 四分位数を求めて，箱をかく。
② 外れ値がないか調べる。
③ 外れ値を除いたデータで最小値，最大値を求めて，ひげをかく。
④ 外れ値を表す「○」をかく。

外れ値がなければ，そのままのデータで最小値，最大値を求めて，ひげをかいて終わり！

外れ値が現れる原因は「記録ミスや入力ミスによるもの」だけではなく，「本当に並外れたデータが存在するもの」もあるので，注意してデータを分析しましょう。

例題

データ「3　17　5　10　16　39　8」について，外れ値があるかどうかを調べ，外れ値がある場合はそれがいくつであるか答えよ。ただし，外れ値は上の基準とする。

データを値が小さい順に並べると，

3　5　8　10　16　17　39

このデータの第１四分位数，第３四分位数はそれぞれ［ア］，［イ］なので，四分位範囲は［ウ］となり，［エ］以下または［オ］以上の数が外れ値となる。

よって，外れ値は［カ］

 例題の解答　ア 5　イ 17　ウ 12　エ −13　オ 35　カ 39

演習

外れ値は以下の 2 つの条件のいずれかに該当する値とする。

(第 1 四分位数)$-1.5\times$(四分位範囲)以下の値

(第 3 四分位数)$+1.5\times$(四分位範囲)以上の値

1 次のデータについて，外れ値があるかどうかを調べ，外れ値があればそれを求めよ。

(1)　-5　16　-15　-19　7　41　-2

(2)　7　16　9　8　46　12　23

2 データ「3　17　4　25　16　53　8　6　23」について次の問いに答えよ。

(1)　最小値，第 1 四分位数，第 2 四分位数，第 3 四分位数，最大値を求めよ。ただし，最大値，最小値は外れ値を除いたデータで考えよ。

(2)　箱ひげ図を外れ値を考慮してかけ。

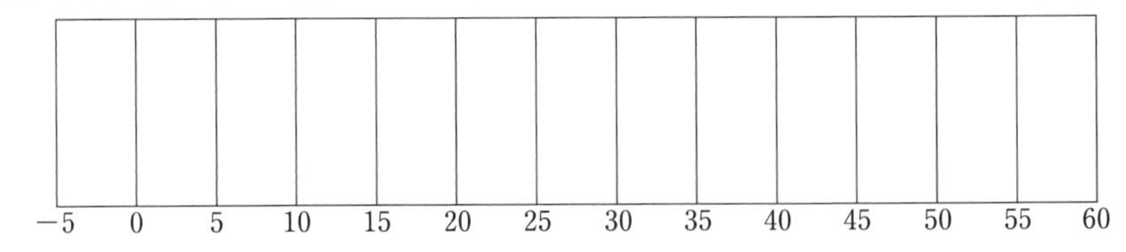

✔ CHECK 61講で学んだこと

□ 他のデータの値と比べて，極端に大きい値や小さい値のことを「外れ値」という。

□ 外れ値を考慮して箱ひげ図をかくとき，最大値と最小値は外れ値を含まずに考える。

62講　分散は，(2 乗の平均値)－(平均値の 2 乗)で求められる！

分散を求めるもう1つの方法

▶ここからつなげる　もともとのデータが整数値でも，平均値が整数にならないときは偏差が整数にならず，分散(偏差の 2 乗の平均値)を求めるのが非常に大変です。今回はそれが解決できる分散の求め方を紹介します。

POINT　分散は(2 乗の平均値)－(平均値の 2 乗)で求められる

変量xについてのデータの値をx_1, x_2, x_3, x_4, 平均値を$\overline{x}$とすると，変量xの分散$s_x^{\ 2}$は，偏差の 2 乗の平均値で求められるので，

$$s_x^{\ 2}=\frac{(x_1-\overline{x})^2+(x_2-\overline{x})^2+(x_3-\overline{x})^2+(x_4-\overline{x})^2}{4}$$

$$=\frac{\{x_1^{\ 2}-2x_1\overline{x}+(\overline{x})^2\}+\{x_2^{\ 2}-2x_2\overline{x}+(\overline{x})^2\}+\{x_3^{\ 2}-2x_3\overline{x}+(\overline{x})^2\}+\{x_4^{\ 2}-2x_4\overline{x}+(\overline{x})^2\}}{4}$$

$$=\frac{x_1^{\ 2}+x_2^{\ 2}+x_3^{\ 2}+x_4^{\ 2}}{4}-2\cdot\frac{x_1+x_2+x_3+x_4}{4}\cdot\overline{x}+\frac{4(\overline{x})^2}{4}$$

$$=\frac{x_1^{\ 2}+x_2^{\ 2}+x_3^{\ 2}+x_4^{\ 2}}{4}-2\cdot\overline{x}\cdot\overline{x}+(\overline{x})^2$$

$$=\overline{x^2}-(\overline{x})^2$$

$\frac{x_1^{\ 2}+x_2^{\ 2}+x_3^{\ 2}+x_4^{\ 2}}{4}$ はデータの値を 2 乗したものの平均値なので，$\overline{x^2}$ とかける！

つまり，

(分散)＝(2 乗の平均値)－(平均値の 2 乗)

が成り立ちます。今回はデータの値が 4 個のときを例にして計算しましたが，これはデータの値が何個であっても成り立ちます。

例　データ「1　6　6　1　4　9」の分散s^2を求めよ。

$$s^2=\frac{1^2+6^2+6^2+1^2+4^2+9^2}{6}-\left(\frac{1+6+6+1+4+9}{6}\right)^2$$

$$=\frac{171}{6}-\left(\frac{27}{6}\right)^2$$

$$=8.25$$

このデータの平均値が 4.5 なので，分散を定義で求めると
$\frac{(-3.5)^2+1.5^2+1.5^2+(-3.5)^2+(-0.5)^2+4.5^2}{6}$
となり，計算が大変…。

例題

データ「-3　5　-1　2　3」の分散s^2を求めよ。

このデータの値の 2 乗の平均値は$\frac{(-3)^2+5^2+(-1)^2+2^2+3^2}{5}=\frac{\boxed{ア}}{5}$，このデータの平均値は$\frac{(-3)+5+(-1)+2+3}{5}=\frac{\boxed{イ}}{5}$なので，このデータの分散$s^2$は，

$$s^2=\frac{\boxed{ア}}{5}-\left(\frac{\boxed{イ}}{5}\right)^2=\boxed{ウ}$$

　例題の解答　ア 48　イ 6　ウ 8.16

演習

1 データ「2　5　1　8　4　8　7　1」の分散を次の2通りの方法で求めよ。

① 偏差の2乗の平均値　　② (2乗の平均値)－(平均値の2乗)

2 あるデータAのすべての値を2乗して新たなデータBをつくる。Aの分散が9, Bの平均値が25であるとき，Aの平均値を求めよ。

データAの変量をxとすると，データAの平均値は$\overline{x}$と表せる。また，データBの平均値は$\overline{x^2}$と表せる。すなわち，$\overline{x^2}=$ [ア] であり，Aの分散が9なので，

$9=$ [ア] $-(\overline{x})^2$, すなわち，$(\overline{x})^2=$ [イ]

よって，$\overline{x}=$ [ウ] または$\overline{x}=$ [エ]

CHALLENGE あるデータAをデータBとデータCに分ける。データBの個数は4, 平均値は4, 分散は3.5であり，データCの個数は6, 平均値は5, 分散は10である。

(1) データAの平均値を求めよ。　　(2) データAの分散を求めよ。

HINT
(1) $(\text{平均値})=\dfrac{(\text{データの値の和})}{(\text{データの個数})}$ より，(データの値の和)＝(平均値)×(データの個数)
(2) (分散)＝(2乗の平均値)－(平均値の2乗)より，(2乗の平均値)＝(分散)＋(平均値の2乗)

CHECK 62講で学んだこと

□ 分散は(2乗の平均値)－(平均値の2乗)でも求められる。データの値が整数で偏差が整数でないときなどに便利である。

63講　共分散は，(積の平均値)−(平均値の積)で求められる！

共分散を求めるもう１つの方法

▶ここからつなげる　共分散を求めるときに，２つの変量の平均値が整数値にならないと計算が大変ですね。共分散も分散同様，そのような場合に使えるよい方法があります！　今回はその方法を紹介していきます！

POINT

共分散は(積の平均値)−(平均値の積)で求めることもできる

変量x,yについてのデータの値をそれぞれ「$x_1,\ x_2,\ x_3,\ x_4$」,「$y_1,\ y_2,\ y_3,\ y_4$」とすると，変量x,yの共分散s_{xy}は，偏差の積の平均値で求められるので，

$$s_{xy}=\frac{1}{4}\{(x_1-\overline{x})(y_1-\overline{y})+(x_2-\overline{x})(y_2-\overline{y})+(x_3-\overline{x})(y_3-\overline{y})+(x_4-\overline{x})(y_4-\overline{y})\}$$

$$=\frac{1}{4}\{(x_1y_1-x_1\overline{y}-y_1\overline{x}+\overline{x}\cdot\overline{y})+(x_2y_2-x_2\overline{y}-y_2\overline{x}+\overline{x}\cdot\overline{y})$$

$$+(x_3y_3-x_3\overline{y}-y_3\overline{x}+\overline{x}\cdot\overline{y})+(x_4y_4-x_4\overline{y}-y_4\overline{x}+\overline{x}\cdot\overline{y})\}$$

$$=\frac{x_1y_1+x_2y_2+x_3y_3+x_4y_4}{4}-\frac{x_1+x_2+x_3+x_4}{4}\cdot\overline{y}-\frac{y_1+y_2+y_3+y_4}{4}\cdot\overline{x}+\frac{4\overline{x}\cdot\overline{y}}{4}$$

$$=\frac{x_1y_1+x_2y_2+x_3y_3+x_4y_4}{4}-\overline{x}\cdot\overline{y}-\overline{y}\cdot\overline{x}+\overline{x}\cdot\overline{y}$$

$$=\overline{xy}-\overline{x}\cdot\overline{y}$$

$\dfrac{x_1y_1+x_2y_2+x_3y_3+x_4y_4}{4}$ はデータの値の積の平均値なので，$\overline{xy}$とかける。

つまり，

(共分散)＝(積の平均値)−(平均値の積)

が成り立ちます。分散のとき同様，これはデータの値が何個であっても成り立ちます。

この変量yをxに変えてみると，$\overline{xy}-\overline{x}\cdot\overline{y}=\overline{x^2}-(\overline{x})^2$ となって，前講の「分散を求めるもう１つの方法」で出てきた分散の求め方と一致しますね。

例題

変量xとyのデータの値は次の表のようになっている。xとyの共分散s_{xy}を求めよ。

x	6	5	2	3	7	3	2	1	3	3
y	7	2	0	4	1	2	0	1	6	2

$\overline{x}=\dfrac{35}{10}=$ [ア]

$\overline{y}=\dfrac{25}{10}=$ [イ]

xyの値は右表のようになるので，

$\overline{xy}=\dfrac{102}{10}=$ [ウ]

よって，xとyの共分散s_{xy}は，

$s_{xy}=$ [ウ] − [ア]・[イ]

＝ [エ]

											計
x	6	5	2	3	7	3	2	1	3	3	35
y	7	2	0	4	1	2	0	1	6	2	25
xy	42	10	0	12	7	6	0	1	18	6	102

　例題の解答　ア 3.5　イ 2.5　ウ 10.2　エ 1.45

演習の解答 ➡ 別冊P.64

1 変量xとyのデータの値は右の表のようになっている。xとyの共分散s_{xy}を求めよ。

x	9	2	7	5	5	6	7	6
y	0	2	2	6	4	0	9	1

2 2つの変量x,yについて，yはxの逆数であるとする。xの平均値が8，xとyの共分散が33であるとき，yの平均値を求めよ。

yはxの逆数より，$xy=x\cdot\frac{1}{x}=$ [ア] なので，$\overline{xy}=$ [イ] である。

xとyの共分散s_{xy}は33，xの平均値は8より，

$33=$ [イ] $-8\cdot\overline{y}$

（共分散）＝（積の平均値）－（平均値の積）
$=\overline{xy}-\overline{x}\cdot\overline{y}$

$\overline{y}=$ [ウ]

CHALLENGE 変量xとyのデータの値は右の表のようになっている。xとyの相関係数を求めよ。

x	8	2	6	3	8	1	6	9	4	9
y	1	4	8	8	2	6	4	4	1	4

HINT （相関係数）＝$\dfrac{(x\text{と}y\text{の共分散})}{(x\text{の標準偏差})\times(y\text{の標準偏差})}$

✔ CHECK 63講で学んだこと

□ 分散と同様，共分散も（積の平均値）－（平均値の積）で求めることができる。

64講　データの値を変化させたときは，平均値などの値も変化する！

変量の変換

▶ここからつなげる　データの各値に一斉に同じ数をかけたり，たしたりしたとき，平均値，分散，標準偏差がどのように変化するかを考えましょう。変量xに対して，a，bを定数として，式$y=ax+b$で新たな変量yをつくることを「変量の変換」といいます。

POINT　$y=ax+b$のとき，$\overline{y}=a\overline{x}+b$，$s_y{}^2=a^2s_x{}^2$，$s_y=|a|s_x$

変量xについてのデータの値を

「$x_1,\ x_2,\ x_3,\ x_4$」

とし，a，bを定数として，式$y=ax+b$で新たな変量yをつくると，変量yのデータの値は，

「$ax_1+b,\ ax_2+b,\ ax_3+b,\ ax_4+b$」

となります。

$$\overline{x}=\frac{x_1+x_2+x_3+x_4}{4},\quad s_x{}^2=\frac{(x_1-\overline{x})^2+(x_2-\overline{x})^2+(x_3-\overline{x})^2+(x_4-\overline{x})^2}{4}$$

より，yの平均値$\overline{y}$は，

$$\overline{y}=\frac{(ax_1+b)+(ax_2+b)+(ax_3+b)+(ax_4+b)}{4}=a\cdot\frac{x_1+x_2+x_3+x_4}{4}+\frac{4b}{4}$$

$$=a\overline{x}+b$$

$\overline{y}=a\overline{x}+b$より，

$$y_1-\overline{y}=(ax_1+b)-(a\overline{x}+b)=a(x_1-\overline{x})$$

となります。同様に，

$$y_2-\overline{y}=a(x_2-\overline{x}),\ y_3-\overline{y}=a(x_3-\overline{x}),\ y_4-\overline{y}=a(x_4-\overline{x})$$

よって，yの分散$s_y{}^2$は，

$$s_y{}^2=\frac{(y_1-\overline{y})^2+(y_2-\overline{y})^2+(y_3-\overline{y})^2+(y_4-\overline{y})^2}{4}$$

$$=\frac{\{a(x_1-\overline{x})\}^2+\{a(x_2-\overline{x})\}^2+\{a(x_3-\overline{x})\}^2+\{a(x_4-\overline{x})\}^2}{4}$$

$$=\frac{a^2(x_1-\overline{x})^2+a^2(x_2-\overline{x})^2+a^2(x_3-\overline{x})^2+a^2(x_4-\overline{x})^2}{4}$$

$$=a^2\cdot\frac{(x_1-\overline{x})^2+(x_2-\overline{x})^2+(x_3-\overline{x})^2+(x_4-\overline{x})^2}{4}$$

$$=a^2s_x{}^2$$

よって，yの標準偏差は，$s_y=\sqrt{a^2s_x{}^2}=|a|s_x$

考えてみよう

15点満点の小テストを行った結果，平均値は10.24点，分散は4となった。これを100点満点にするために，6倍して10点加点した。100点満点にした後の平均値，分散，標準偏差を求めよ。

平均値は，$6\cdot10.24+10=71.44$（点）　元の平均値を6倍して，10加えたもの。

分散は，$6^2\cdot4=144$　元の分散を6^2倍したもの。

標準偏差は，$\sqrt{144}=12$（点）

1 変量xのデータが次のように与えられている。

5　9　3　9　8

$z=5x-4$として新たな変量zをつくるとき，変量zのデータの平均値$\overline{z}$と分散$s_z{}^2$を求めよ。

2 ある変量xについて，xの平均値を$\overline{x}$，標準偏差をs_xとする。$z=\dfrac{x-\overline{x}}{s_x}$として，新たな変量$z$をつくるとき，変量$z$の平均値$\overline{z}$と標準偏差$s_z$を求めよ。

$z=\dfrac{1}{\boxed{ア}}\cdot x-\dfrac{\overline{x}}{s_x}$，$s_x>0$ より，

$\overline{z}=\dfrac{1}{s_x}\cdot\boxed{イ}-\dfrac{\overline{x}}{s_x}=\dfrac{\boxed{イ}}{s_x}-\dfrac{\overline{x}}{s_x}=\boxed{ウ}$

$s_z=\dfrac{1}{\boxed{ア}}\cdot s_x=\boxed{エ}$

CHALLENGE 変量x，yについて，xとyの相関係数r_{xy}が0.78であるとする。$a>0$，$c>0$，$z=ax+b$，$w=cy+d$として，新たな変量z，wをつくるとき，zとwの共分散s_{zw}はxとyの共分散s_{xy}のac倍になることが知られている。zとwの相関係数r_{zw}を求めよ。

HINT　xの標準偏差をs_x，yの標準偏差をs_y，zの標準偏差をs_z，wの標準偏差をs_wとすると，$r_{zw}=\dfrac{s_{zw}}{s_zs_w}$，$r_{xy}=\dfrac{s_{xy}}{s_xs_y}$

CHECK　64講で学んだこと

□ 変量変換した後のデータの平均値や分散，標準偏差は，元のデータの平均値や分散，標準偏差を用いて表せることがある。

65講　主張したい仮説に反する仮定を行い，そのもとで考える！

仮説検定

▶ここからつなげる 得られたデータをもとに，ある事柄が正しいかどうか判断する方法を「仮説検定」といいます。主張したい仮説に反する仮定をし，起こった出来事がめったに起こらないことを示すことで，主張したい仮説が正しいことを示します。

POINT 主張したい仮説に反する仮定をし，起こった出来事がめったに起こらないことを示す

考えてみよう

A, B 2種類のキャットフードを30匹のねこに同時に与えたところ，22匹がAを食べた。このとき，ねこはキャットフードAを好むと判断してよいか。基準となる確率を0.05として考察せよ。ただし，公正なコインを30回投げて表の出た回数を記録する実験を200セット行ったところ，次の表のようになったとし，この結果を用いよ。

表が出た回数	7	8	9	10	11	12	13	14	15	16	17	18	19	20	21	22	23	24	25	計
度数	1	1	2	5	10	17	21	27	30	28	22	15	12	5	2	1	0	0	1	200

※ある出来事が起こる確率が基準となる確率よりも小さい場合，その出来事はめったに起こらないと判断する。

手順1 主張したい仮説を立てる。

「ねこはキャットフードAを好む」という仮説を立てる。

手順2 「主張したい仮説」に反するような仮定をする。

「ねこはAを好むわけではない」

「ねこがA, Bのどちらを食べるかは偶然で決まる」，つまり，

「A, Bのどちらを食べるかは確率$\frac{1}{2}$」と仮定する。

ねこがAを食べることを「コインを投げて表が出る」，

ねこがBを食べることを「コインを投げて裏が出る」ことに，それぞれおきかえて考える。

手順3 **手順2**の仮定のもとで，実際に起こった出来事が起こる確率を調べ，基準となる確率よりも小さいかどうかを調べる。

30匹中22匹以上のねこがAを食べる確率は，

$$\frac{1+0+0+1}{200}=0.01$$

コインを30回投げて表が22回以上出る確率と一緒！

であり，これは基準となる確率0.05よりも小さい。

手順4 実際に起こった出来事が起こる確率が基準となる確率よりも小さければ，実際に起こった出来事はめったに起こらない出来事である。よって，**手順2**の仮定は正しくなかったと判断でき，主張したい仮説が正しいと判断できる。

30匹中22匹以上のねこがAを食べることはめったに起こらないことであり，めったに起こらないことが起こったので，「ねこがA, Bのどちらを食べるかは偶然で決まる」という仮定は正しくなく，「ねこはAを好む」と考えてよい。

演習の解答 ➡ 別冊P.66

演習

1 ある企業が商品Aを知っているか，知らないかについて大規模なアンケートをとったところ，全体の$\frac{1}{6}$の人が知っていると答えた。商品Aについて1か月コマーシャルを流した後，商品Aについてアンケートをとったところ，回答者数200人中，43人が知っていると答えた。商品Aの知名度は上がったと判断してよいか。仮説検定の考え方を用い，基準となる確率を0.05として考察せよ。ただし，公正なさいころを200回投げて1の目が出る回数を記録する実験を300セット行ったときの結果(次の表)を用いよ。

1の目が出た回数	19	20	21	22	23	24	25	26	27	28	29	30	31	32	33	34	35	36	37	38	39	40	41	42	43	44	45	46	47	48	計
度数	1	1	1	2	4	6	7	8	10	13	15	19	20	25	27	26	21	18	15	13	10	10	9	7	4	3	1	2	1	1	300

手順1 主張したい仮説を立てる。

「商品Aの知名度は[ア　　]」という仮説を立てる。

手順2 「主張したい仮説」に反するような仮定をする。

「商品Aの地名度が[ア　　]わけではない」つまり「商品Aを知っている確率は[イ　　]」と仮定する。

ある人が商品Aを知っていることを「さいころを投げて[ウ　　]が出る」，

ある人が商品Aを知らないことを「さいころを投げて[ウ　　]以外が出る」

ことに，それぞれおきかえて考える。

手順3 **手順2**の仮定のもとで，実際に起こった出来事が起こる確率を調べ，基準となる確率よりも小さいかどうかを調べる。

200人中43人以上の人が知っていると答える確率は，

$$\frac{4+[エ]+1+[オ]+1+1}{300}=[カ]$$

さいころを200回投げて1の目が43回以上出る確率と一緒！

であり，これは基準となる確率0.05よりも[キ　　]。

手順4 実際に起こった出来事が起こる確率が基準となる確率よりも小さければ，実際に起こった出来事はめったに起こらない出来事であり，**手順2**の仮定は正しくなかったと判断でき，主張したい仮説が正しいと判断できる。

200人中43人以上の人が知っていることはめったに起こらないことであり，めったに起こらないことが起こったので，「商品Aの知名度が[ア　　]わけではない」という仮定は正しくなく，「商品Aの知名度は[ア　　]」と考えてよい。

✔ CHECK 65講で学んだこと

□ 主張したい仮説に反する仮定をし，起こった出来事がめったに起こらないことを示す。

NOTE

NOTE

NOTE

NOTE

著者 **小倉悠司**

小倉　悠司（おぐら　ゆうじ）
河合塾講師，N予備校・N高等学校・S高等学校数学担当

学生時代から授業を研究し，「どのように」だけではなく「なぜ」にもこだわった授業を展開。自力で問題を解く力がつくと絶大な支持を受ける。
また，数学を根本から理解でき「おもしろい！」と思ってもらえるよう工夫し，授業・教材作成を行っている。著書に「小倉悠司のゼロから始める数学Ⅰ・A」(KADOKAWA)，「試験時間と得点を稼ぐ最速計算 数学Ⅰ・A/数学Ⅱ・B」(旺文社)などがある。

小倉のここからつなげる数学Ⅰドリル

PRODUCTION STAFF

ブックデザイン	植草可純　前田歩来（APRON）
著者イラスト	芦野公平
本文イラスト	須澤彩夏
企画編集	髙橋龍之助（Gakken）
編集担当	小椋恵梨　荒木七海　三本木健浩（Gakken）
編集協力	株式会社 オルタナプロ
執筆協力	近藤帝嘉先生　田井智暁先生　中邨雪代先生　渡辺幸太郎先生
校正	森一郎　竹田直　城貴大
販売担当	永峰威世紀（Gakken）
データ作成	株式会社 四国写研
印刷	株式会社 リーブルテック

読者アンケートご協力のお願い

この度は弊社商品をお買い上げいただき、誠にありがとうございます。本書に関するアンケートにご協力ください。右のQRコードから、アンケートフォームにアクセスすることができます。ご協力いただいた方のなかから抽選でギフト券（500円分）をプレゼントさせていただきます。

アンケート番号：305609

※アンケートは予告なく終了する場合がございます。

小倉のここからつなげる数学Ⅰドリル

別冊

解答
……
解説

Answer and Explanation
A Workbook for Achieving Complete Mastery
Mathematics I by Yuji Ogura

Gakken

⬅軽くのりづけされているので、外して使いましょう。

小倉のここからつなげる数学Iドリル

別冊

解答解説

演習 …… 2

修了判定模試 …… 67

答え合わせのあと
必ず解説も読んで
理解を深めよう

MEMO

Chapter 1

01講 多項式の四則演算

演習の問題 ➡本冊P.19

1 次の式を展開せよ。

$(x^2-2x+5)(2x^2+3x+1)+(x-7)(2x+1)$

x^4 の係数：2

x^3 の係数：$3-4=-1$

x^2 の係数：$1-6+10+2=7$

x の係数：$-2+15+1-14=0$

定数項：$5-7=-2$

より，

$(x^2-2x+5)(2x^2+3x+1)+(x-7)(2x+1)=2x^4-x^3+7x^2-2$ 答

CHALLENGE 次の式を展開せよ。

$(x-b)(x-c)(b-c)+(x-c)(x-a)(c-a)+(x-a)(x-b)(a-b)$

$$
\begin{aligned}
(x-b)(x-c)(b-c)&=(b-c)\{x^2-(b+c)x+bc\}\\
&=(b-c)x^2-(b-c)(b+c)x+bc(b-c)\\
&=(b-c)x^2-(b^2-c^2)x+bc(b-c)
\end{aligned}
$$

同様に考えると，

$(x-c)(x-a)(c-a)=(c-a)x^2-(c^2-a^2)x+ca(c-a)$

$(x-a)(x-b)(a-b)=(a-b)x^2-(a^2-b^2)x+ab(a-b)$

よって，

x^2 の係数：$(b-c)+(c-a)+(a-b)=0$

x の係数：$-(b^2-c^2)-(c^2-a^2)-(a^2-b^2)=0$

定数項：$bc(b-c)+ca(c-a)+ab(a-b)=b^2c-bc^2+c^2a-ca^2+a^2b-ab^2$

であるから，

$(x-b)(x-c)(b-c)+(x-c)(x-a)(c-a)+(x-a)(x-b)(a-b)=b^2c-bc^2+c^2a-ca^2+a^2b-ab^2$ 答

▶ 参考

$(x-\alpha)(x-\beta)(x-\gamma)$ を展開したらどうなるでしょうか？

展開は，1つの(　)から1つの項を取り出してかけ合わせたものの和であり，今回の場合，x を何個取り出すかで $x^{\square}$ の項かが決まりますね。

例えば，x を1個取り出してかけ合わせる場合は，

$(\boxed{x}-\alpha)(x\,\underline{-\beta})(x\,\underline{-\gamma}) \rightarrow x\times(-\beta)\times(-\gamma)=\beta\gamma x$

$(x\,\underline{-\alpha})(\boxed{x}-\beta)(x\,\underline{-\gamma}) \rightarrow -\alpha\times x\times(-\gamma)=\gamma\alpha x$

$(x\,\underline{-\alpha})(x\,\underline{-\beta})(\boxed{x}-\gamma) \rightarrow -\alpha\times(-\beta)\times x=\alpha\beta x$

より，x の係数は，

$\beta\gamma+\gamma\alpha+\alpha\beta=\alpha\beta+\beta\gamma+\gamma\alpha$

x^3 の係数，x^2 の係数，定数項を同様に考えると，

$(x-\alpha)(x-\beta)(x-\gamma)=x^3-(\alpha+\beta+\gamma)x^2+(\alpha\beta+\beta\gamma+\gamma\alpha)x-\alpha\beta\gamma$

Chapter 1 02講

降べきの順，昇べきの順

演習の問題 ➡本冊P.21

1 多項式$A=x^3+3xy^2-5x^2+3xy-7x+4y-2$について，次の問いに答えよ。

(1) xに着目したとき，何次式か。また，yに着目したとき，何次式か。

xに着目すると，x^3が最高次の項より，3次式 答

yに着目すると，$3xy^2$が最高次の項より，2次式 答

(2) xについて降べきの順に整理し，定数項を答えよ。

$A=x^3-5x^2+(3y^2+3y-7)x+(4y-2)$ 答

xについて次数が高い順に並べている。

定数項：$4y-2$ 答

(3) yについて降べきの順に整理し，定数項を答えよ。

$A=3xy^2+(3x+4)y+(x^3-5x^2-7x-2)$ 答

yについて次数が高い順に並べている。

定数項：x^3-5x^2-7x-2 答

CHALLENGE 次の多項式をxとyについて降べきの順に整理し，その次数と定数項を答えよ。

$x^3-5ax^2y^2+6xy-5xy-2by+y^2-3xy-4by+5a$

xとyについて，

xとyだけを文字と考える。

4次の項：$-5ax^2y^2$

3次の項：x^3

2次の項：$6xy-5xy+y^2-3xy=-2xy+y^2$
(同次の場合はアルファベット順が先のxが優先され，xの次数が高いxy, y^2の順に項を並べる。)

1次の項：$-2by-4by=-6by$

定数項：$5a$

であるから，xとyについて降べきの順に整理した式は，

$-5ax^2y^2+x^3-2xy+y^2-6by+5a$ 答

また，

次数は4，定数項は$5a$ 答

アドバイス

一般に「整理する」というと，「降べきの順に並べる」ことを意味します。

Chapter 1

03講 展開の工夫

演習の問題 ➡本冊P.23

1 次の式を展開せよ。

$$(x+2y-z)(x-2y+z)=\{x+(2y-z)\}\{x-(2y-z)\}$$

$2y-z=A$ とおくと，

$$\begin{aligned}(x+2y-z)(x-2y+z)&=(x+A)(x-A)\\&=x^2-A^2\\&=x^2-(2y-z)^2\\&=x^2-(4y^2-4yz+z^2)\\&=x^2-4y^2+4yz-z^2\end{aligned}$$ 答

▶ **参考**

$(x+2y-z)(x-2y+z)$ のように符号を気にしなければ登場する項が同じときは，**カタマリとみることがオススメ**です。どれをカタマリとみるかをみつける有効な方法が「○×作戦」です。次のように，

符号が同じものを○，符号が異なるものを×

としてください。

$$(\overset{\circ}{x}+\overset{\times}{2y}-\overset{\times}{z})(\overset{\circ}{x}-\overset{\times}{2y}+\overset{\times}{z})$$

○どうし，×どうしをカタマリとみます。

$$(x+2y-z)(x-2y+z)=\{\overset{\circ}{x}+\overset{\times}{(2y-z)}\}\{\overset{\circ}{x}-\overset{\times}{(2y-z)}\}$$

より，$2y-z=A$ とおいて展開するとよいでしょう！

2 次の式を展開せよ。

$$\begin{aligned}(x+y)^2(x-y)^2&=\{(x+y)(x-y)\}^2\\&=(x^2-y^2)^2\\&=(x^2)^2-2x^2y^2+(y^2)^2\\&=x^4-2x^2y^2+y^4\end{aligned}$$ 答

CHALLENGE 次の式を展開せよ。

$$\begin{aligned}(x+2)(x+4)(x-1)(x-3)&=(x+2)(x-1)\times(x+4)(x-3)\\&=(x^2+x-2)\times(x^2+x-12)\end{aligned}$$

$x^2+x=X$ とおくと，

$$\begin{aligned}(x+2)(x+4)(x-1)(x-3)&=(X-2)(X-12)\\&=X^2-14X+24\\&=(x^2+x)^2-14(x^2+x)+24\\&=(x^2)^2+2x^2\cdot x+x^2-14x^2-14x+24\\&=x^4+2x^3+x^2-14x^2-14x+24\\&=x^4+2x^3-13x^2-14x+24\end{aligned}$$ 答

Chapter 1 04講

おきかえの因数分解

演習の問題 ➡本冊P.25

1 次の式を因数分解せよ。

(1) $(x+4y)^2-4(x+4y)+3$

$x+4y=X$ とおくと,

$$(x+4y)^2-4(x+4y)+3=X^2-4X+3$$
$$=(X-1)(X-3)$$
$$=(x+4y-1)(x+4y-3)$$ 答

(2) $(x^2+2x)(x^2+2x-7)-8$

$x^2+2x=X$ とおくと,

$$(x^2+2x)(x^2+2x-7)-8=X(X-7)-8=X^2-7X-8$$
$$=(X+1)(X-8)$$
$$=(x^2+2x+1)(x^2+2x-8)$$
$$=(x+1)^2(x-2)(x+4)$$ 答

CHALLENGE 次の式を因数分解せよ。

$$(x+1)(x+2)(x+3)(x+4)-15=(x+1)(x+4)\times(x+2)(x+3)-15$$
$$=(x^2+5x+4)(x^2+5x+6)-15$$

$x^2+5x=X$ とおくと,

$$(x+1)(x+2)(x+3)(x+4)-15=(X+4)(X+6)-15=X^2+10X+24-15$$
$$=X^2+10X+9$$
$$=(X+1)(X+9)$$
$$=(x^2+5x+1)(x^2+5x+9)$$ 答

▶ 参考

$$(x+a)(x+b)=x^2+\underbrace{(a+b)}_{\text{和}}x+\underbrace{ab}_{\text{積}}$$

より, 和か積が同じになればカタマリをつくることができます。今回は, a や b の部分が「1, 2, 3, 4」のいずれかなので, これらから和か積が同じになるペアを探します。積が同じになるペアはありませんが,

「1 と 4」, 「2 と 3」

は和が「5」で同じになりますね！　だから,

$(x+1)$ と $(x+4)$　　$(x+2)$ と $(x+3)$

を先に計算してカタマリをつくります。

例えば, $(x+1)(x+2)(x+3)(x+6)-35x^2$ の因数分解であれば

「1 と 6」, 「2 と 3」

は積が 6 で同じになるので,

$(x+1)$ と $(x+6)$　　$(x+2)$ と $(x+3)$

を先にかけてカタマリをつくります。

$$(x+1)(x+2)(x+3)(x+6)-35x^2=(x+1)(x+6)\times(x+2)(x+3)-35x^2$$
$$=(x^2+7x+6)(x^2+5x+6)-35x^2$$

$x^2+6=A$ とおくと,

$$(x+1)(x+2)(x+3)(x+6)-35x^2=(A+7x)(A+5x)-35x^2=A^2+12xA+35x^2-35x^2$$
$$=A(A+12x)=(x^2+6)(x^2+6+12x)$$
$$=(x^2+6)(x^2+12x+6)$$

Chapter 1
05講 次数が低い文字について整理

演習の問題 ➡本冊P.27

1 次の式を因数分解せよ。

(1) $a^2+5ab+6a+30b$

$=(5a+30)b+a^2+6a$

$=5(a+6)b+a(a+6)$

$=(a+6)(a+5b)$ 答

(2) $x^2+xy-y-1$

$=(x-1)y+(x^2-1)$

$=(x-1)y+(x+1)(x-1)$

$=(x-1)(x+y+1)$ 答

2 次の式を因数分解せよ。

(1) a^2+ac-b^2-bc

$=(a-b)c+(a^2-b^2)$

$=(a-b)c+(a+b)(a-b)$

$=(a-b)(a+b+c)$ 答

(2) $x^2+6yz+2zx+3xy$

$=(6y+2x)z+x^2+3xy$

$=2(x+3y)z+x(x+3y)$

$=(x+3y)(x+2z)$ 答

CHALLENGE $a^2(b-c)+b^2(c-a)+c^2(a-b)$を因数分解せよ。

$$
\begin{aligned}
a^2(b-c)+b^2(c-a)+c^2(a-b)&=(b-c)a^2+b^2c-ab^2+ac^2-bc^2\\
&=(b-c)a^2-(b^2-c^2)a+b^2c-bc^2\\
&=(b-c)a^2-(b+c)(b-c)a+bc(b-c)\\
&=(b-c)\{a^2-(b+c)a+bc\}\\
&=(b-c)(a-b)(a-c)
\end{aligned}
$$
答

解説

・$a^2-(b+c)a+bc=(a-b)(a-c)$について

これはaをxにおきかえるとわかりやすい。$a=x$とすると,

$x^2-(b+c)x+bc$

となる。xの係数は$-(b+c)$, 定数項はbcより,

たして$-(b+c)$, かけてbc …①

となる2数がわかればよい。①をみたす2数は,

$-b$と$-c$

だから,

$x^2-(b+c)x+bc=(x-b)(x-c)$

となり, xは本当はaなので,

$a^2-(b+c)a+bc=(a-b)(a-c)$

となる。

また, $a^2-(b+c)a+bc$を次数の低い文字bまたはcについて整理することで因数分解をすることもできる。今回はbについて整理してみる。

$$
\begin{aligned}
a^2-(b+c)a+bc&=a^2-ab-ca+bc\\
&=(-a+c)b+a^2-ca\\
&=-(a-c)b+a(a-c)\\
&=(a-c)(-b+a)\\
&=(a-b)(a-c)
\end{aligned}
$$

このように考えて因数分解してもよい。

Chapter 1

06講 係数に文字を含むたすきがけ

演習の問題 →本冊P.29

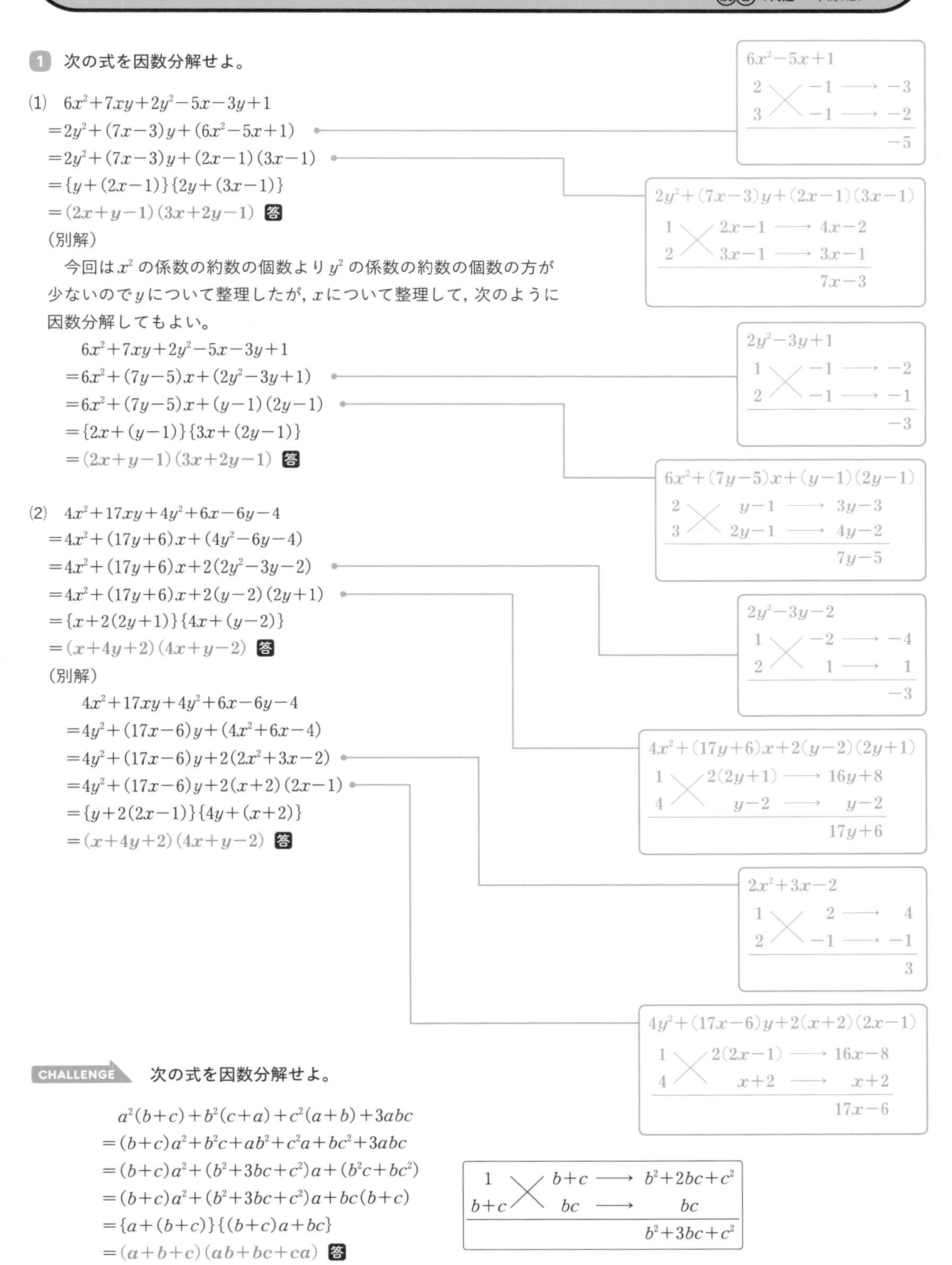

1 次の式を因数分解せよ。

(1) $6x^2+7xy+2y^2-5x-3y+1$

$=2y^2+(7x-3)y+(6x^2-5x+1)$

$=2y^2+(7x-3)y+(2x-1)(3x-1)$

$=\{y+(2x-1)\}\{2y+(3x-1)\}$

$=(2x+y-1)(3x+2y-1)$ 答

(別解)

今回は x^2 の係数の約数の個数より y^2 の係数の約数の個数の方が少ないので y について整理したが, x について整理して, 次のように因数分解してもよい。

$6x^2+7xy+2y^2-5x-3y+1$

$=6x^2+(7y-5)x+(2y^2-3y+1)$

$=6x^2+(7y-5)x+(y-1)(2y-1)$

$=\{2x+(y-1)\}\{3x+(2y-1)\}$

$=(2x+y-1)(3x+2y-1)$ 答

(2) $4x^2+17xy+4y^2+6x-6y-4$

$=4x^2+(17y+6)x+(4y^2-6y-4)$

$=4x^2+(17y+6)x+2(2y^2-3y-2)$

$=4x^2+(17y+6)x+2(y-2)(2y+1)$

$=\{x+2(2y+1)\}\{4x+(y-2)\}$

$=(x+4y+2)(4x+y-2)$ 答

(別解)

$4x^2+17xy+4y^2+6x-6y-4$

$=4y^2+(17x-6)y+(4x^2+6x-4)$

$=4y^2+(17x-6)y+2(2x^2+3x-2)$

$=4y^2+(17x-6)y+2(x+2)(2x-1)$

$=\{y+2(2x-1)\}\{4y+(x+2)\}$

$=(x+4y+2)(4x+y-2)$ 答

CHALLENGE 次の式を因数分解せよ。

$a^2(b+c)+b^2(c+a)+c^2(a+b)+3abc$

$=(b+c)a^2+b^2c+ab^2+c^2a+bc^2+3abc$

$=(b+c)a^2+(b^2+3bc+c^2)a+(b^2c+bc^2)$

$=(b+c)a^2+(b^2+3bc+c^2)a+bc(b+c)$

$=\{a+(b+c)\}\{(b+c)a+bc\}$

$=(a+b+c)(ab+bc+ca)$ 答

Chapter 1 07講

複２次式

演習の問題 ➡本冊P.31

1 次の式を$x^2=X$とおく方法で因数分解せよ。

(1) x^4+4x^2-5

$x^2=X$とおくと，

$$\begin{aligned}x^4+4x^2-5&=X^2+4X-5\\&=(X-1)(X+5)\\&=(x^2-1)(x^2+5)\\&=(x+1)(x-1)(x^2+5)\end{aligned}$$ 答

(2) $x^4-10x^2y^2+9y^4$

$x^2=X$とおくと，

$$\begin{aligned}x^4-10x^2y^2+9y^4&=X^2-10y^2X+9y^4\\&=(X-y^2)(X-9y^2)\\&=(x^2-y^2)(x^2-9y^2)\\&=(x+y)(x-y)(x+3y)(x-3y)\end{aligned}$$ 答

2 次の式を因数分解せよ。

(1) x^4+5x^2+9

$$\begin{aligned}&=(x^2+3)^2-6x^2+5x^2\\&=(x^2+3)^2-x^2\\&=\{(x^2+3)+x\}\{(x^2+3)-x\}\\&=(x^2+x+3)(x^2-x+3)\end{aligned}$$ 答

(2) $4x^4+1$

$$\begin{aligned}&=(2x^2+1)^2-4x^2\\&=(2x^2+1)^2-(2x)^2\\&=\{(2x^2+1)+2x\}\{(2x^2+1)-2x\}\\&=(2x^2+2x+1)(2x^2-2x+1)\end{aligned}$$ 答

(3) $16x^4-x^2+1$

$$\begin{aligned}&=(4x^2+1)^2-8x^2-x^2\\&=(4x^2+1)^2-9x^2\\&=(4x^2+1)^2-(3x)^2\\&=\{(4x^2+1)+3x\}\{(4x^2+1)-3x\}\\&=(4x^2+3x+1)(4x^2-3x+1)\end{aligned}$$ 答

(4) $9x^4+8x^2+4$

$$\begin{aligned}&=(3x^2+2)^2-12x^2+8x^2\\&=(3x^2+2)^2-4x^2\\&=(3x^2+2)^2-(2x)^2\\&=\{(3x^2+2)+2x\}\{(3x^2+2)-2x\}\\&=(3x^2+2x+2)(3x^2-2x+2)\end{aligned}$$ 答

CHALLENGE 次の式を$(\quad)^2-(\quad)^2$をつくる方法で因数分解せよ。

(1) $x^4-10x^2y^2+9y^4$

$$\begin{aligned}&=(x^2+3y^2)^2-16x^2y^2\\&=(x^2+3y^2)^2-(4xy)^2\\&=\{(x^2+3y^2)+4xy\}\{(x^2+3y^2)-4xy\}\\&=(x^2+4xy+3y^2)(x^2-4xy+3y^2)\\&=(x+y)(x+3y)(x-y)(x-3y)\end{aligned}$$ 答

(別解)

$x^4-10x^2y^2+9y^4$

$$\begin{aligned}&=(x^2-3y^2)^2-4x^2y^2\\&=(x^2-3y^2)^2-(2xy)^2\\&=\{(x^2-3y^2)+2xy\}\{(x^2-3y^2)-2xy\}\\&=(x^2+2xy-3y^2)(x^2-2xy-3y^2)\\&=(x-y)(x+3y)(x+y)(x-3y)\end{aligned}$$ 答

(2) $x^4+x^2y^2+y^4$

$$\begin{aligned}&=(x^2+y^2)^2-x^2y^2\\&=(x^2+y^2)^2-(xy)^2\\&=\{(x^2+y^2)+xy\}\{(x^2+y^2)-xy\}\\&=(x^2+xy+y^2)(x^2-xy+y^2)\end{aligned}$$ 答

実数

演習の問題 ➡本冊P.33

1 次の数について，下の問いに答えよ。

$$-5,\ \frac{\sqrt{3}}{3},\ \frac{2}{5},\ \sqrt{2^3},\ -\frac{2}{3},\ 4\sqrt{6},\ \frac{1}{7},\ 2\sqrt{2}-\sqrt{8}$$

(1) 有理数となる数をすべて答えよ。

$\dfrac{整数}{整数}$の形で表される数なので，$2\sqrt{2}-\sqrt{8}=0$ に注意して，

$-5,\ \dfrac{2}{5},\ -\dfrac{2}{3},\ \dfrac{1}{7},\ 2\sqrt{2}-\sqrt{8}$ 答

(2) 循環小数となる数をすべて答えよ。

$\dfrac{2}{5}$ $(=0.4)$ は有限小数なので，$-\dfrac{2}{3},\ \dfrac{1}{7}$ 答

$-\dfrac{2}{3}=-0.666\cdots\cdots,\ \dfrac{1}{7}=0.142857142857\cdots\cdots$

(3) 無理数となる数をすべて答えよ。

$\dfrac{\sqrt{3}}{3},\ \sqrt{2^3},\ 4\sqrt{6}$ 答

$\sqrt{2^3}=2\sqrt{2}$

2 循環小数 $1.\dot{6}5\dot{7}$ を分数で表せ。

$x=1.\dot{6}5\dot{7}$ とおくと，

$1000x=1657.\dot{6}5\dot{7}$

$x=1.657657657\cdots$のように，小数第1位から「657」という3つの数字の並びがくり返されるので，10^3 $(=1000)$ 倍することを考える。

よって，

$1000x-x=1656$

$$\begin{array}{rl} 1000x= & 1657.657657657\cdots \\ -)\quad x= & 1.657657657\cdots \\ \hline 999x= & 1656 \end{array}$$

より，

$x=\dfrac{1656}{999}=\dfrac{184}{111}$ 答

CHALLENGE 循環小数 $0.3\dot{2}\dot{7}$ を分数で表せ。

$x=0.3\dot{2}\dot{7}$ とおくと，

$1000x=327.\dot{2}\dot{7}$

$10x=3.\dot{2}\dot{7}$

よって，

$1000x-10x=324$

$$\begin{array}{rl} 1000x= & 327.272727\cdots \\ -)\quad 10x= & 3.272727\cdots \\ \hline 990x= & 324 \end{array}$$

より，

$x=\dfrac{324}{990}=\dfrac{18}{55}$ 答

解説

$x=0.3272727\cdots$

のように，小数第2位から「27」という2つの数字の並びがくり返される循環小数を分数に直すときは，小数第1位から同じ数字の並びがくり返されるようにしたいので，今回は1000倍と10倍を考えると，

$1000x=327.272727\cdots\cdots$ $\cdots$①

$10x=\ \ 3.272727\cdots\cdots$ $\cdots$②

となる。$1000x$ と $10x$ であれば，ともに小数第1位から「27」という同じ数字の並びがくり返されるので，①から②をひくことで x を $\dfrac{整数}{整数}$ で表すことができる。

Chapter 1 09講

絶対値と平方根

演習の問題 ➡本冊P.35

1 次の数を絶対値記号を用いずに表せ。

(1) $|2.5|$

$2.5>0$ より,

$|2.5|=2.5$ 答

(2) $|-5|$

$-5<0$ より,

$|-5|=-(-5)=5$ 答

(3) $|-\sqrt{2}-1|$

$-\sqrt{2}-1<0$ より,

$|-\sqrt{2}-1|=-(-\sqrt{2}-1)=\sqrt{2}+1$ 答

2 次の数を根号を用いずに表せ。

(1) $\sqrt{\left(\frac{3}{2}\right)^2}$

$\sqrt{\left(\frac{3}{2}\right)^2}=\left|\frac{3}{2}\right|$

$=\frac{3}{2}$ 答

(2) $\sqrt{(-3.2)^2}$

$\sqrt{(-3.2)^2}=|-3.2|$

$=-(-3.2)$

$=3.2$ 答

(3) $\sqrt{(2-\pi)^2}$

$2-\pi<0$ より,

$\sqrt{(2-\pi)^2}=|2-\pi|$

$=-(2-\pi)$

$=\pi-2$ 答

3 $x>-1$ のとき, $\sqrt{(x+1)^2}$ を根号を用いずに表せ。

$x>-1$ より, $x+1>0$ なので,

$\sqrt{(x+1)^2}=|x+1|=x+1$ 答

CHALLENGE $-3<x<2$ のとき, $\sqrt{x^2+6x+9}+\sqrt{x^2-4x+4}$ を根号を用いずに表せ。

$\sqrt{x^2+6x+9}+\sqrt{x^2-4x+4}=\sqrt{(x+3)^2}+\sqrt{(x-2)^2}$

$=|x+3|+|x-2|$

$-3<x<2$ より, $x+3>0$, $x-2<0$ なので,

$\sqrt{x^2+6x+9}+\sqrt{x^2-4x+4}=(x+3)+\{-(x-2)\}$

$=x+3-x+2$

$=5$ 答

▶ 参考

・$x\leqq-3$ のとき

$x+3\leqq0$, $x-2<0$ より,

$\sqrt{x^2+6x+9}+\sqrt{x^2-4x+4}=|x+3|+|x-2|$

$=-(x+3)+\{-(x-2)\}$

$=-x-3-x+2$

$=-2x-1$

・$x\geqq2$ のとき

$x+3>0$, $x-2\geqq0$ より,

$\sqrt{x^2+6x+9}+\sqrt{x^2-4x+4}=|x+3|+|x-2|$

$=(x+3)+(x-2)$

$=2x+1$

Chapter 1

10講 分母の有理化

演習の問題 ➡本冊P.37

1 (1) $(3+\sqrt{2}+\sqrt{7})(3-\sqrt{2}-\sqrt{7})$を計算せよ。

$$\begin{aligned}(3+\sqrt{2}+\sqrt{7})(3-\sqrt{2}-\sqrt{7})&=\{3+(\sqrt{2}+\sqrt{7})\}\{3-(\sqrt{2}+\sqrt{7})\}\\&=3^2-(\sqrt{2}+\sqrt{7})^2\\&=9-(2+2\sqrt{14}+7)\\&=-2\sqrt{14}\end{aligned}$$ 答

(2) $\dfrac{1}{3-\sqrt{2}-\sqrt{7}}$の分母を有理化せよ。

$$\begin{aligned}\frac{1}{3-\sqrt{2}-\sqrt{7}}&=\frac{3+(\sqrt{2}+\sqrt{7})}{\{3-(\sqrt{2}+\sqrt{7})\}\{3+(\sqrt{2}+\sqrt{7})\}}\\&=\frac{3+\sqrt{2}+\sqrt{7}}{-2\sqrt{14}}\\&=\frac{-3\sqrt{14}-2\sqrt{7}-7\sqrt{2}}{28}\end{aligned}$$ 答

(1)より，$(3+\sqrt{2}+\sqrt{7})(3-\sqrt{2}-\sqrt{7})=-2\sqrt{14}$

分母・分子に$-\sqrt{14}$をかけた

$\left(=-\dfrac{3\sqrt{14}+2\sqrt{7}+7\sqrt{2}}{28}\right.$としてもよい。$\left.\right)$

CHALLENGE $\dfrac{\sqrt{2}+\sqrt{3}+\sqrt{5}}{2\sqrt{2}+\sqrt{3}+\sqrt{5}}$を有理化せよ。

$$\begin{aligned}\frac{\sqrt{2}+\sqrt{3}+\sqrt{5}}{2\sqrt{2}+\sqrt{3}+\sqrt{5}}&=\frac{\{\sqrt{2}+(\sqrt{3}+\sqrt{5})\}\{2\sqrt{2}-(\sqrt{3}+\sqrt{5})\}}{\{2\sqrt{2}+(\sqrt{3}+\sqrt{5})\}\{2\sqrt{2}-(\sqrt{3}+\sqrt{5})\}}\\&=\frac{4+\sqrt{2}(\sqrt{3}+\sqrt{5})-(\sqrt{3}+\sqrt{5})^2}{(2\sqrt{2})^2-(\sqrt{3}+\sqrt{5})^2}\\&=\frac{4+(\sqrt{6}+\sqrt{10})-(3+2\sqrt{15}+5)}{8-(3+2\sqrt{15}+5)}\\&=\frac{-4+\sqrt{6}+\sqrt{10}-2\sqrt{15}}{-2\sqrt{15}}\\&=\frac{(-4+\sqrt{6}+\sqrt{10}-2\sqrt{15})\times\sqrt{15}}{(-2\sqrt{15})\times\sqrt{15}}\\&=\frac{4\sqrt{15}-3\sqrt{10}-5\sqrt{6}+30}{30}\end{aligned}$$ 答

アドバイス

$\dfrac{1}{\sqrt{a}+\sqrt{b}+\sqrt{c}}$を有理化する際に，どこをカタマリとみるかについてお話しします。$a+b=c$が成り立っている場合は$\sqrt{a}+\sqrt{b}$**をカタマリ**と考えます。CHALLENGEの分母は$2\sqrt{2}+\sqrt{3}+\sqrt{5}=\sqrt{8}+\sqrt{3}+\sqrt{5}$ですね。$3+5=8$が成り立つので，$\sqrt{3}+\sqrt{5}$をカタマリと考えます。$2\sqrt{2}=\sqrt{8}$として考えると，

$$\begin{aligned}\{\sqrt{8}+(\sqrt{3}+\sqrt{5})\}\{\sqrt{8}-(\sqrt{3}+\sqrt{5})\}&=(\sqrt{8})^2-(\sqrt{3}+\sqrt{5})^2\\&=8-(3+2\sqrt{15}+5)\\&=-2\sqrt{15}\end{aligned}$$

となり，$3+5=8$が成り立っているからこそ，分母には$-2\sqrt{15}$しか残らず，効率的に有理化を行うことができます。

2重根号

演習の問題 ➡本冊P.39

1 次の式の2重根号をはずせ。

(1) $\sqrt{9+2\sqrt{14}}$

$=\sqrt{(\sqrt{7}+\sqrt{2})^2}$

$=|\sqrt{7}+\sqrt{2}|$

$=\sqrt{7}+\sqrt{2}$ 答

たして9，かけて14となる2数は 7と2

(2) $\sqrt{10-2\sqrt{21}}$

$=\sqrt{(\sqrt{7}-\sqrt{3})^2}$

$=|\sqrt{7}-\sqrt{3}|$

$=\sqrt{7}-\sqrt{3}$ 答

たして10，かけて21となる2数は 7と3

CHALLENGE 次の式の2重根号をはずせ。

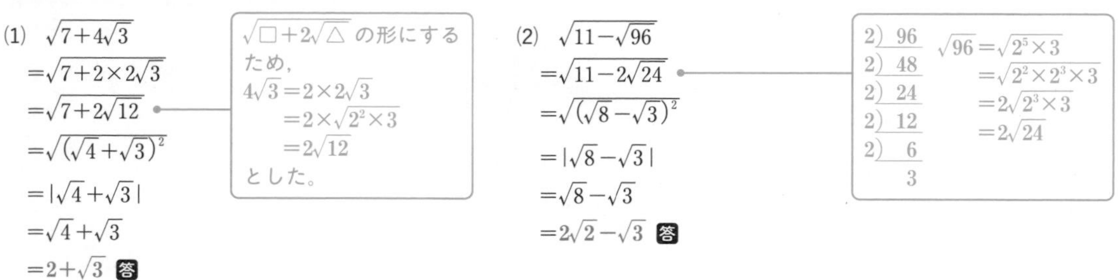

(1) $\sqrt{7+4\sqrt{3}}$

$=\sqrt{7+2\times2\sqrt{3}}$

$=\sqrt{7+2\sqrt{12}}$

$=\sqrt{(\sqrt{4}+\sqrt{3})^2}$

$=|\sqrt{4}+\sqrt{3}|$

$=\sqrt{4}+\sqrt{3}$

$=2+\sqrt{3}$ 答

$\sqrt{\square+2\sqrt{\triangle}}$ の形にするため，$4\sqrt{3}=2\times2\sqrt{3}$ $=2\times\sqrt{2^2\times3}$ $=2\sqrt{12}$ とした。

(2) $\sqrt{11-\sqrt{96}}$

$=\sqrt{11-2\sqrt{24}}$

$=\sqrt{(\sqrt{8}-\sqrt{3})^2}$

$=|\sqrt{8}-\sqrt{3}|$

$=\sqrt{8}-\sqrt{3}$

$=2\sqrt{2}-\sqrt{3}$ 答

2) 96
2) 48
2) 24
2) 12
2) 6
　 3

$\sqrt{96}=\sqrt{2^5\times3}$
$=\sqrt{2^2\times2^3\times3}$
$=2\sqrt{2^3\times3}$
$=2\sqrt{24}$

(3) $\sqrt{4+\sqrt{15}}$

$=\sqrt{4+\sqrt{15}}\times\dfrac{\sqrt{2}}{\sqrt{2}}$

$=\dfrac{\sqrt{(4+\sqrt{15})\times2}}{\sqrt{2}}$

$=\dfrac{\sqrt{8+2\sqrt{15}}}{\sqrt{2}}$

$=\dfrac{\sqrt{(\sqrt{3}+\sqrt{5})^2}}{\sqrt{2}}$

$=\dfrac{|\sqrt{3}+\sqrt{5}|}{\sqrt{2}}$

$=\dfrac{\sqrt{3}+\sqrt{5}}{\sqrt{2}}$

$=\dfrac{\sqrt{6}+\sqrt{10}}{2}$ 答

$\sqrt{\square+2\sqrt{\triangle}}$ の形にするため，分母・分子に$\sqrt{2}$をかける。

▶ 参考

$(\sqrt{a}\pm\sqrt{b})^2=a\pm2\sqrt{ab}+b$ を使って2重根号をはずすため，$2\sqrt{\quad}$ の形になるように工夫しましょう！

Chapter 1 12講

整数部分，小数部分

演習の問題 ➡本冊 P.41

1 次の数の整数部分と小数部分を求めよ。

(1) 3.92

整数部分は 3，小数部分は 0.92 答

(2) $\sqrt{7}$

$4<7<9$ より，

$2<\sqrt{7}<3$

よって，

$\sqrt{7}$ の整数部分は 2，小数部分は $\sqrt{7}-2$ 答

（小数部分）＝（元の数）－（整数部分）

(3) π

$3<\pi<4$ より，

π の整数部分は 3，小数部分は $\pi-3$ 答

2 $5-\sqrt{5}$ の整数部分と小数部分を求めよ。

ア 4 $<5<$ イ 9 より，

ウ 2 $<\sqrt{5}<$ エ 3

よって，

$-$ エ 3 $<-\sqrt{5}<-$ ウ 2

オ 2 $<5-\sqrt{5}<$ カ 3

したがって，

$5-\sqrt{5}$ の整数部分は キ 2 ，

小数部分は

$(5-\sqrt{5})-$ キ 2 $=$ ク 3 $-\sqrt{5}$ 答

CHALLENGE $3\sqrt{11}$ の整数部分と小数部分を求めよ。

$3\sqrt{11}=\sqrt{9}\times\sqrt{11}=\sqrt{99}$

$81<99<100$ より，

$9<\sqrt{99}<10$

$9<3\sqrt{11}<10$

よって，

$3\sqrt{11}$ の整数部分は 9，小数部分は $3\sqrt{11}-9$ 答

▶ 参考

今回の場合，$3<\sqrt{11}<4$ の各辺を 3 倍して，

$9<3\sqrt{11}<12$

としてしまうと，この不等式自体は正しいですが，整数部分を求めることはできません。

Chapter 1 13講

対称式

演習の問題 ➡本冊P.43

1 $x+y=5$, $xy=3$ のとき，次の値を求めよ。

(1) $x^2+y^2=(x+y)^2-2xy$

$=5^2-2\times 3$

$=19$ 答

(2) $\dfrac{x}{y}+\dfrac{y}{x}=\dfrac{x^2}{xy}+\dfrac{y^2}{xy}$

$=\dfrac{x^2+y^2}{xy}$

$=\dfrac{19}{3}$ 答

2 $x=\sqrt{5}+2$, $y=\sqrt{5}-2$ のとき，$\dfrac{1}{x}+\dfrac{1}{y}$ の値を求めよ。

$x+y=(\sqrt{5}+2)+(\sqrt{5}-2)$

$=2\sqrt{5}$

$xy=(\sqrt{5}+2)(\sqrt{5}-2)$

$=(\sqrt{5})^2-2^2$

$=5-4$

$=1$

よって，

$\dfrac{1}{x}+\dfrac{1}{y}=\dfrac{x+y}{xy}$

$=\dfrac{2\sqrt{5}}{1}$

$=2\sqrt{5}$ 答

CHALLENGE

(1) $x>y$ とする。$x+y=6$, $xy=4$ のとき，$x-y$ の値を求めよ。

$(x-y)^2=x^2-2xy+y^2$

$=(x+y)^2-4xy$

$=6^2-4\times 4$

$=20$

$x>y$ より $x-y>0$ なので，

$x-y=\sqrt{20}$

$=2\sqrt{5}$ 答

> $x-y$ は対称式ではないが，$(x-y)^2$ は x と y を入れかえても変わらない式なので対称式となる。だから，$(x-y)^2$ の値を求めて，$\sqrt{}$ をとることで $x-y$ の値を求めることができる。

(2) $a+\dfrac{1}{a}=\sqrt{5}$ のとき，$a^2+\dfrac{1}{a^2}$ の値を求めよ。

$a^2+\dfrac{1}{a^2}=a^2+\left(\dfrac{1}{a}\right)^2$

$=\left(a+\dfrac{1}{a}\right)^2-2a\cdot\dfrac{1}{a}$

$=(\sqrt{5})^2-2$

$=3$ 答

> $a^2+\left(\dfrac{1}{a}\right)^2$ は a と $\dfrac{1}{a}$ の対称式。
> 和：$a+\dfrac{1}{a}=\sqrt{5}$，積：$a\cdot\dfrac{1}{a}=1$
> の値はわかっているから，和と積で表すことを考えよう！

Chapter 1 14講

係数に文字を含む方程式・不等式

演習の問題 →本冊P.45

1 次のxについての方程式を解け。

(1) $(a-1)x=2$

(i) $a-1 \neq 0$, すなわち, $a \neq 1$ のとき
両辺を$a-1$でわって

$$x=\frac{2}{a-1}$$

(ii) $a-1=0$, すなわち, $a=1$ のとき

$$0 \cdot x=2$$

となり, 解はない。

よって,

$$\begin{cases} a \neq 1 \text{ のとき, } x=\dfrac{2}{a-1} \\ a=1 \text{ のとき, 解はない} \end{cases}$$ 答

(2) $(a+2)x=5(a+2)$

(i) $a+2 \neq 0$, すなわち, $a \neq -2$ のとき
両辺を$a+2$でわって

$$x=5$$

(ii) $a+2=0$, すなわち, $a=-2$ のとき

$$0 \cdot x=5 \cdot 0$$

となり, 解はすべての実数。

よって,

$$\begin{cases} a \neq -2 \text{ のとき, } x=5 \\ a=-2 \text{ のとき, 解はすべての実数} \end{cases}$$ 答

2 次のxについての不等式を解け。

$$(a-2)x<3$$

(i) $a-2>0$, すなわち, $a>2$ のとき

$$x<\frac{3}{a-2}$$

両辺を$a-2$（正の数）でわっても不等号の向きは変わらない。

(ii) $a-2=0$, すなわち, $a=2$ のとき

$$0 \cdot x<3$$

xに何を代入しても, 左辺は0で, $0<3$はどのようなxを代入しても成り立つ。

となり, これはすべての実数xについて成り立つので, 解はすべての実数。

(iii) $a-2<0$, すなわち, $a<2$ のとき

$$x>\frac{3}{a-2}$$

両辺を$a-2$（負の数）でわると, 不等号の向きがひっくり返る。

よって,

$$\begin{cases} a>2 \text{ のとき, } x<\dfrac{3}{a-2} \\ a=2 \text{ のとき, 解はすべての実数} \\ a<2 \text{ のとき, } x>\dfrac{3}{a-2} \end{cases}$$ 答

CHALLENGE 次のxについての不等式を解け。

$$(a+3)x>5(a+3)$$

(i) $a+3>0$, すなわち, $a>-3$ のとき

$$x>5$$

両辺を$a+3$（正の数）でわっても不等号の向きは変わらない。

(ii) $a+3=0$, すなわち, $a=-3$ のとき

$$0 \cdot x>5 \cdot 0$$

xに何を代入しても左辺は0で, $0>0$はどのようなxを代入しても成り立たない。

となり, これをみたすxは存在しない。
よって, 解なし。

(iii) $a+3<0$, すなわち, $a<-3$ のとき

$$x<5$$

両辺を$a+3$（負の数）でわると, 不等号の向きがひっくり返る。

よって,

$$\begin{cases} a>-3 \text{ のとき, } x>5 \\ a=-3 \text{ のとき, 解はない} \\ a<-3 \text{ のとき, } x<5 \end{cases}$$ 答

Chapter 1 15講

絶対値を含む方程式

演習の問題 ➡本冊P.47

1 次の方程式を解け。

(1) $|2x-5|=1$

$|2x-5|$ は原点と $2x-5$ との距離を表す。

$2x-5=\pm1$

原点との距離が1となるのは，1，−1

$2x=5\pm1$

$2x=6,\ 4$

$x=3,\ 2$ 答

(2) $|3x-4|=5x$

$$|3x-4|=\begin{cases}3x-4 & (3x-4\geqq0\text{ のとき})\\ -(3x-4) & (3x-4<0\text{ のとき})\end{cases}$$

(i) $3x-4\geqq0$，すなわち，$x\geqq\dfrac{4}{3}$ のとき

$3x-4=5x$

$3x-4\geqq0$ のとき，$|3x-4|=3x-4$

$-2x=4$

$x=-2$

これは $x\geqq\dfrac{4}{3}$ をみたさないので不適。

(ii) $3x-4<0$，すなわち，$x<\dfrac{4}{3}$ のとき

$-(3x-4)=5x$

$3x-4<0$ のとき，$|3x-4|=-(3x-4)$

$-3x+4=5x$

$-8x=-4$

$x=\dfrac{1}{2}$ $\left(\text{これは } x<\dfrac{4}{3} \text{ をみたす。}\right)$

(i)，(ii)より，

$x=\dfrac{1}{2}$ 答

CHALLENGE 方程式 $3|-x+3|=2x+1$ を解け。

$$|-x+3|=\begin{cases}-x+3 & (-x+3\geqq0\text{ のとき})\\ -(-x+3) & (-x+3<0\text{ のとき})\end{cases}$$

(i) $-x+3\geqq0$，すなわち，$x\leqq3$ のとき

$3(-x+3)=2x+1$

$-3x+9=2x+1$

$-5x=-8$

$x=\dfrac{8}{5}$ （これは $x\leqq3$ をみたす。）

(ii) $-x+3<0$，すなわち，$x>3$ のとき

$3\{-(-x+3)\}=2x+1$

$3(x-3)=2x+1$

$3x-9=2x+1$

$x=10$ （これは $x>3$ をみたす。）

(i)，(ii)より，

$x=\dfrac{8}{5},\ 10$ 答

Chapter 1 16講

絶対値を含む不等式

演習の問題 ➡本冊 P.49

1 次の不等式を解け。

(1) $|2x-5|\leqq3$ ―― 2x−5 と原点との距離が 3 以下。

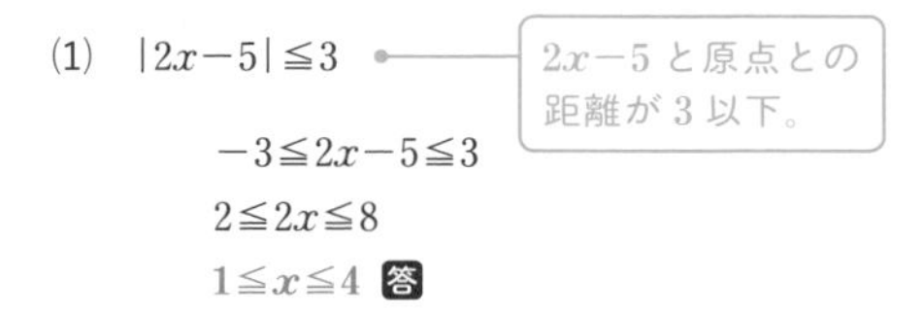

$-3\leqq2x-5\leqq3$

$2\leqq2x\leqq8$

$1\leqq x\leqq4$ 答

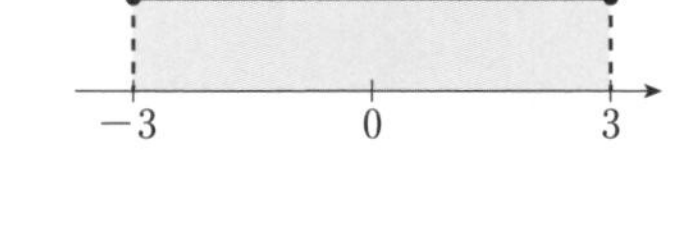

(2) $|2x-5|>3$ ―― 2x−5 と原点との距離が 3 より大きい。

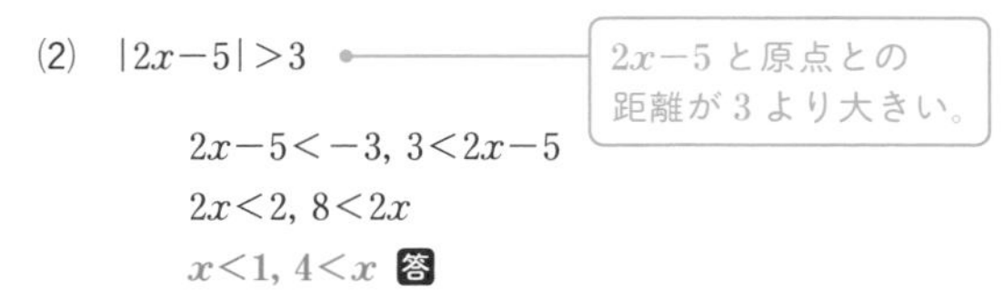

$2x-5<-3,\ 3<2x-5$

$2x<2,\ 8<2x$

$x<1,\ 4<x$ 答

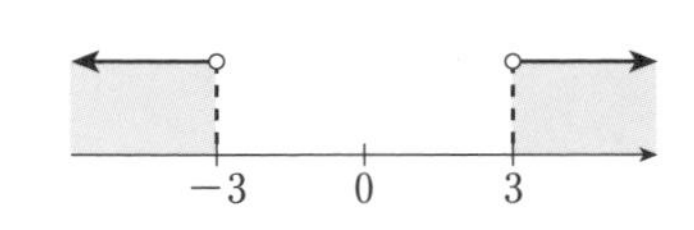

(3) $|4x-1|\leqq3x+2$

$$|4x-1|=\begin{cases}4x-1 & (4x-1\geqq0\ のとき)\\ -(4x-1) & (4x-1<0\ のとき)\end{cases}$$

(i) $4x-1\geqq0$, すなわち, $x\geqq\dfrac{1}{4}$ のとき

$4x-1\leqq3x+2$

$x\leqq3$

これと $x\geqq\dfrac{1}{4}$ の共通範囲は,

$\dfrac{1}{4}\leqq x\leqq3$ …①

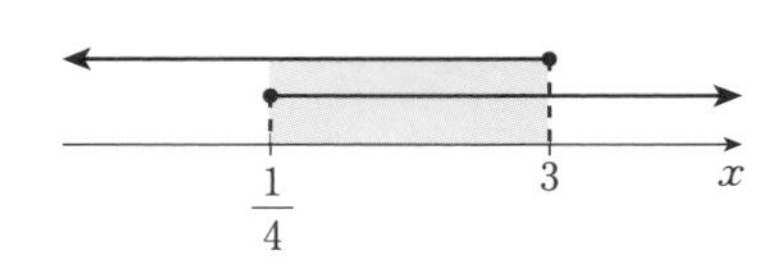

(ii) $4x-1<0$, すなわち, $x<\dfrac{1}{4}$ のとき

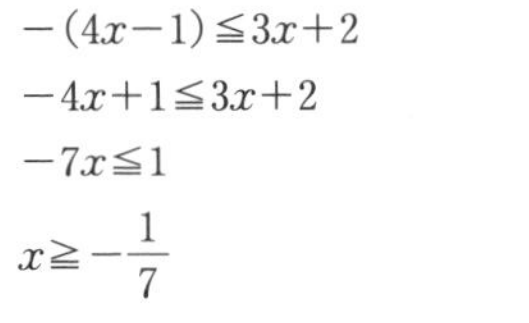

$-(4x-1)\leqq3x+2$

$-4x+1\leqq3x+2$

$-7x\leqq1$

$x\geqq-\dfrac{1}{7}$

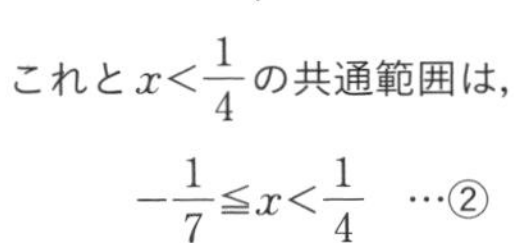

これと $x<\dfrac{1}{4}$ の共通範囲は,

$-\dfrac{1}{7}\leqq x<\dfrac{1}{4}$ …②

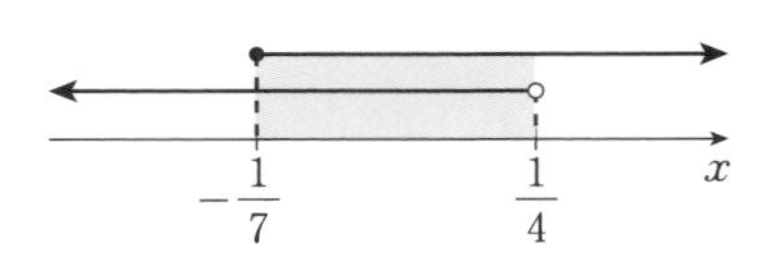

①, ②より,

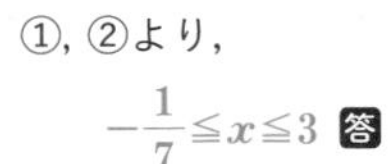

$-\dfrac{1}{7}\leqq x\leqq3$ 答

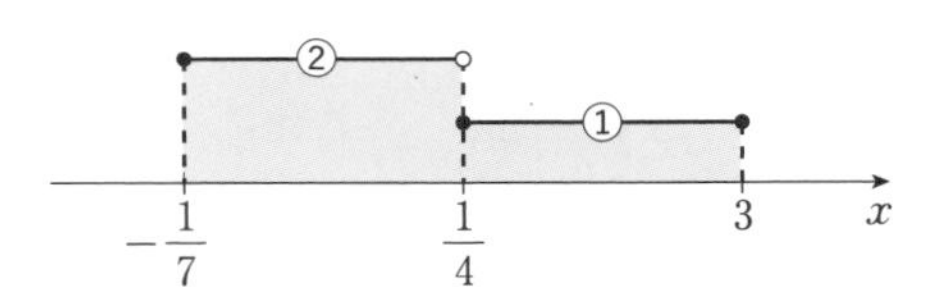

Chapter 1 17講

絶対値を２つ含む方程式

演習の問題 ➡本冊P.51

1 方程式 $|2x-3|-|3x+2|=2x+1$ を解け。

$$|2x-3|=\begin{cases}2x-3 & \left(2x-3\geqq 0,\ すなわち,\ x\geqq \boxed{ア\ \frac{3}{2}}\ のとき\right)\\ -(2x-3) & \left(2x-3<0,\ すなわち,\ x<\boxed{ア\ \frac{3}{2}}\ のとき\right)\end{cases}$$

$$|3x+2|=\begin{cases}3x+2 & \left(3x+2\geqq 0,\ すなわち,\ x\geqq \boxed{イ\ -\frac{2}{3}}\ のとき\right)\\ -(3x+2) & \left(3x+2<0,\ すなわち,\ x<\boxed{イ\ -\frac{2}{3}}\ のとき\right)\end{cases}$$

(i) $\boxed{イ\ -\frac{2}{3}}$	(ii) $\boxed{ア\ \frac{3}{2}}$	(iii) x
$-(2x-3)$	$\boxed{ウ\ -(2x-3)}$	$2x-3$
$-(3x+2)$	$\boxed{エ\ 3x+2}$	$3x+2$

$|2x-3|$ をどうはずすか

$|3x+2|$ をどうはずすか

(i) $x\leqq \boxed{イ\ -\frac{2}{3}}$ のとき

$-(2x-3)-\{-(3x+2)\}=2x+1$

$-2x+3+3x+2=2x+1$

$-x=-4$

$x=\boxed{オ\ 4}$

これは $x\leqq \boxed{イ\ -\frac{2}{3}}$ をみたさないので不適。

(ii) $\boxed{イ\ -\frac{2}{3}}<x\leqq \boxed{ア\ \frac{3}{2}}$ のとき

$\boxed{ウ\ -(2x-3)}-\left(\boxed{エ\ 3x+2}\right)=2x+1$

$-2x+3-3x-2=2x+1$

$-7x=0$

$x=\boxed{カ\ 0}$

これは $\boxed{イ\ -\frac{2}{3}}<x\leqq \boxed{ア\ \frac{3}{2}}$ をみたす。

(iii) $\boxed{ア\ \frac{3}{2}}<x$ のとき

$(2x-3)-(3x+2)=2x+1$

$2x-3-3x-2=2x+1$

$-3x=6$

$x=\boxed{キ\ -2}$

これは $\boxed{ア\ \frac{3}{2}}<x$ をみたさないので不適。

(i), (ii), (iii)より,

$x=\boxed{ク\ 0}$ 答

▶ 参考

場合分けは

(i) $x<-\frac{2}{3}$　(ii) $-\frac{2}{3}\leqq x<\frac{3}{2}$　(iii) $\frac{3}{2}\leqq x$

のようにしてももちろん構いません。大切なのは，とりうる値に穴をつくってしまわないようにすることです。よって，例えば

(i) $x<-\frac{2}{3}$　(ii) $-\frac{2}{3}<x<\frac{3}{2}$　(iii) $\frac{3}{2}\leqq x$

と場合分けするのは，$x=-\frac{2}{3}$ のときが抜けているから不十分です。

Chapter 1 18講

絶対値を2つ含む不等式

演習の問題 →本冊P.53

1 不等式 $|x+3|-|2x-5|>4x+2$ を解け。

$$|x+3|=\begin{cases} x+3 & (x+3\geqq 0,\ \text{すなわち},\ x\geqq [ア\ -3]\ \text{のとき}) \\ -(x+3) & (x+3<0,\ \text{すなわち},\ x<[ア\ -3]\ \text{のとき}) \end{cases}$$

$$|2x-5|=\begin{cases} 2x-5 & \left(2x-5\geqq 0,\ \text{すなわち},\ x\geqq \left[イ\ \frac{5}{2}\right]\ \text{のとき}\right) \\ -(2x-5) & \left(2x-5<0,\ \text{すなわち},\ x<\left[イ\ \frac{5}{2}\right]\ \text{のとき}\right) \end{cases}$$

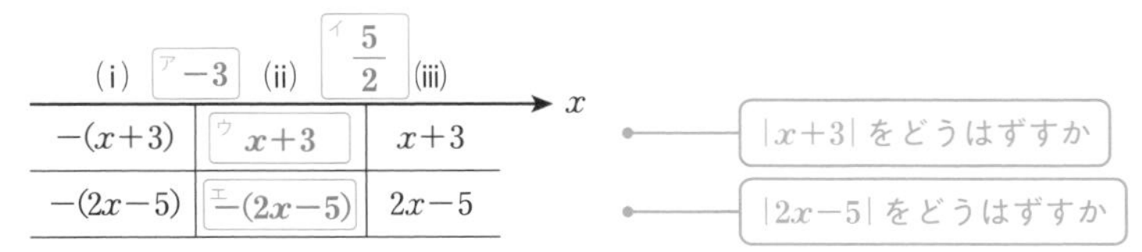

(i)	[ア -3] (ii)	[イ $\frac{5}{2}$] (iii) → x
$-(x+3)$	[ウ $x+3$]	$x+3$
$-(2x-5)$	[エ $-(2x-5)$]	$2x-5$

(i) $x\leqq$ [ア -3] のとき

$-(x+3)-\{-(2x-5)\}>4x+2$

$-x-3+2x-5>4x+2$

$-3x>10$

$x<$ [オ $-\frac{10}{3}$]

これと $x\leqq$ [ア -3] の共通範囲は,

$x<$ [オ $-\frac{10}{3}$]

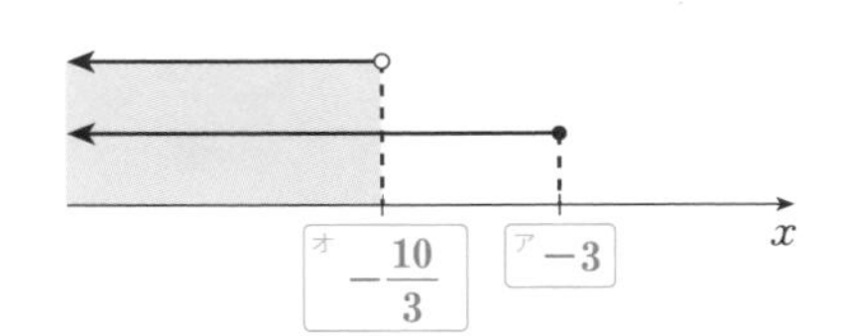

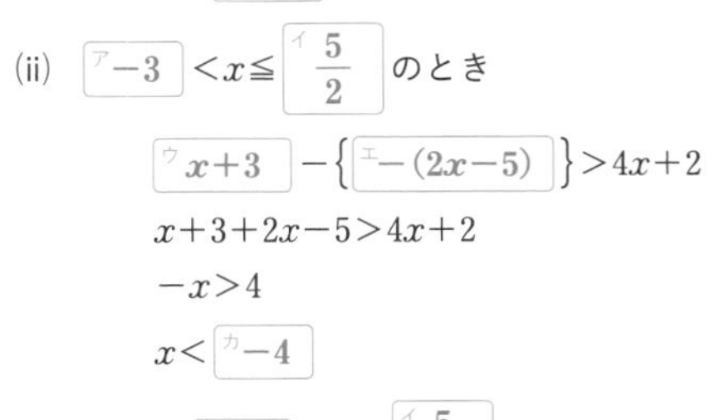

(ii) [ア -3] $<x\leqq$ [イ $\frac{5}{2}$] のとき

[ウ $x+3$] $-\{$[エ $-(2x-5)$]$\}>4x+2$

$x+3+2x-5>4x+2$

$-x>4$

$x<$ [カ -4]

これと [ア -3] $<x\leqq$ [イ $\frac{5}{2}$] の共通範囲は存在しない。

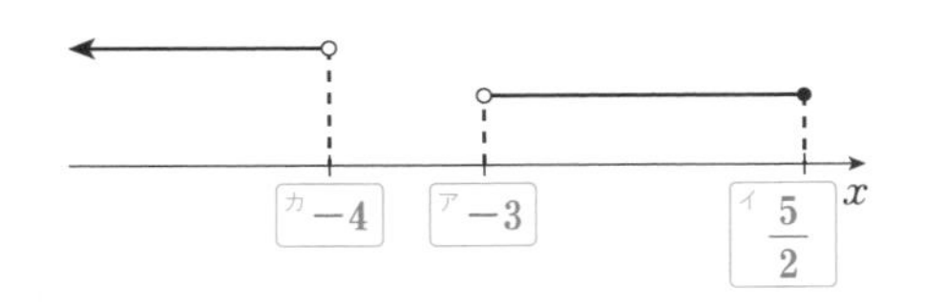

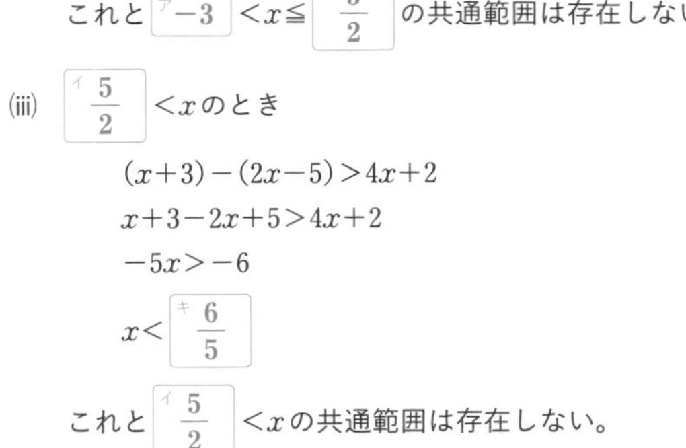

(iii) [イ $\frac{5}{2}$] $<x$ のとき

$(x+3)-(2x-5)>4x+2$

$x+3-2x+5>4x+2$

$-5x>-6$

$x<$ [キ $\frac{6}{5}$]

これと [イ $\frac{5}{2}$] $<x$ の共通範囲は存在しない。

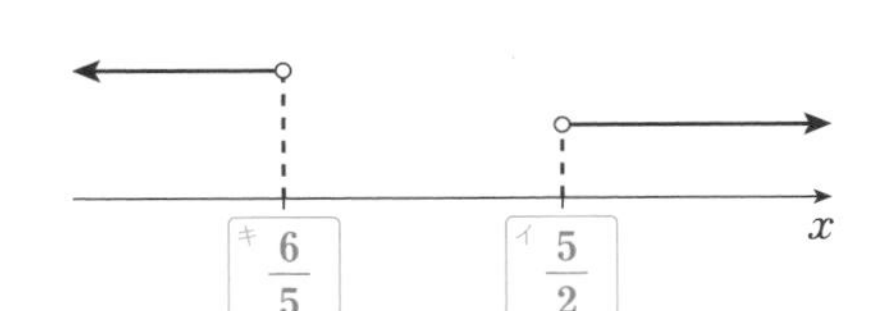

(i), (ii), (iii)より,

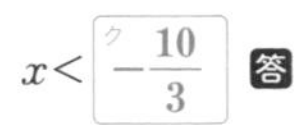

$x<$ [ク $-\frac{10}{3}$] 答

Chapter 2

19講 ド・モルガンの法則

演習の問題 →本冊P.55

1 $U=\{x\mid 1\leqq x\leqq 10,\ x$は整数$\}$を全体集合とする。$U$の部分集合$A=\{1,\ 2,\ 3,\ 5,\ 7\}$, $B=\{2,\ 3,\ 8,\ 10\}$について，次の集合を求めよ。

(1) $A\cap B=\{2,\ 3\}$ 答

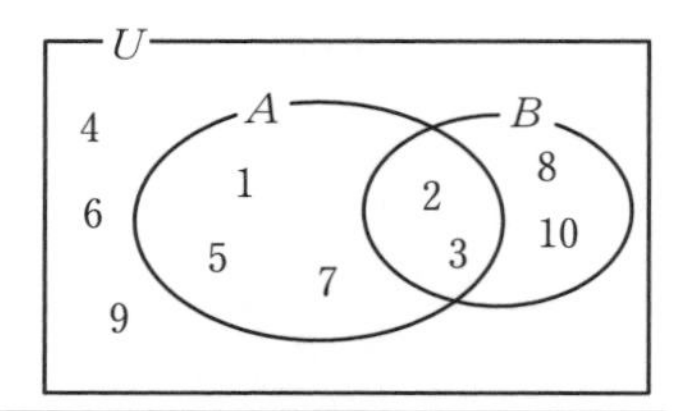

(2) $A\cup B=\{1,\ 2,\ 3,\ 5,\ 7,\ 8,\ 10\}$ 答

(3) $\overline{A}\cap\overline{B}$

ド・モルガンの法則より，

$\overline{A}\cap\overline{B}=\overline{A\cup B}=\{4,\ 6,\ 9\}$ 答 ── $A\cup B=\{1,\ 2,\ 3,\ 5,\ 7,\ 8,\ 10\}$でない部分。

(4) $\overline{A}\cup\overline{B}$

ド・モルガンの法則より，

$\overline{A}\cup\overline{B}=\overline{A\cap B}=\{1,\ 4,\ 5,\ 6,\ 7,\ 8,\ 9,\ 10\}$ 答 ── $A\cap B=\{2,\ 3\}$ではない部分。

CHALLENGE $U=\{1,\ 2,\ 3,\ 4,\ 5,\ 6,\ 7,\ 8,\ 9\}$を全体集合とする。$U$の部分集合$A$, Bについて，$\overline{A\cup B}=\{1,\ 9\}$, $\overline{\overline{A}\cup\overline{B}}=\{2\}$, $\overline{A}\cap B=\{4,\ 6,\ 8\}$であるとき，次の集合を求めよ。

$\overline{A\cup B}=\{1,\ 9\}$, $\overline{\overline{A}\cup\overline{B}}=\overline{\overline{A}}\cap\overline{\overline{B}}=A\cap B=\{2\}$, $\overline{A}\cap B=\{4,\ 6,\ 8\}$より，
ベン図を埋めていくと右のようになる。

(1) $A\cup B=\{2,\ 3,\ 4,\ 5,\ 6,\ 7,\ 8\}$ 答

(2) $B=\{2,\ 4,\ 6,\ 8\}$ 答

(3) $A\cap\overline{B}=\{3,\ 5,\ 7\}$ 答

解説

$\overline{A\cup B}=\{1,\ 9\}$より，　$\overline{\overline{A}\cup\overline{B}}=\overline{\overline{A}}\cap\overline{\overline{B}}=A\cap B=\{2\}$より，　$\overline{A}\cap B=\{4,\ 6,\ 8\}$より，

→

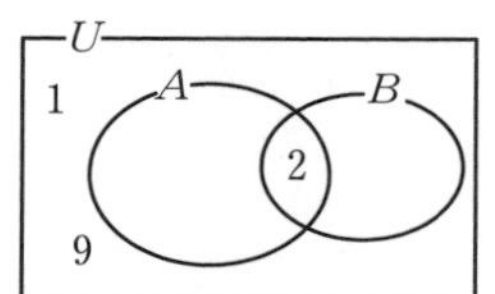

→

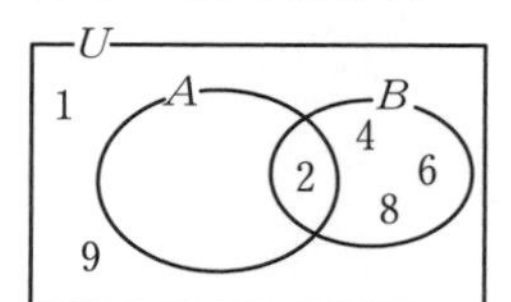

残りの$\{3,\ 5,\ 7\}$は$A\cap\overline{B}$となる。

▶参考　$\overline{A\cap B}=\overline{A}\cup\overline{B}$について

[1] $A\cap B$

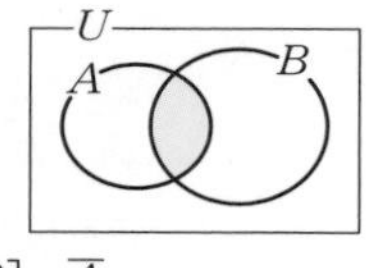

より，

[2] $\overline{A\cap B}$

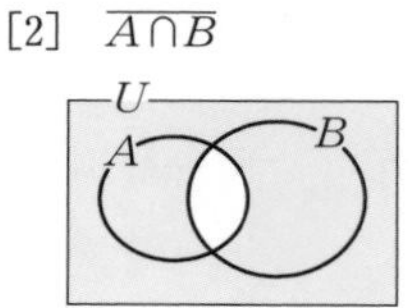

[3] $\overline{A}$

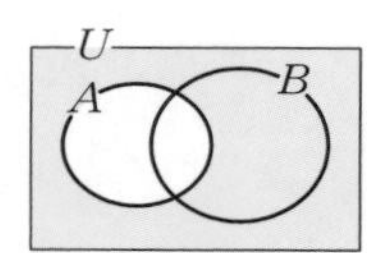

[4] $\overline{B}$

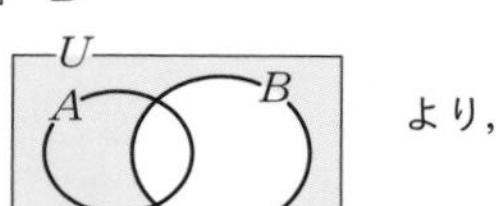

より，

[5] $\overline{A}\cup\overline{B}$

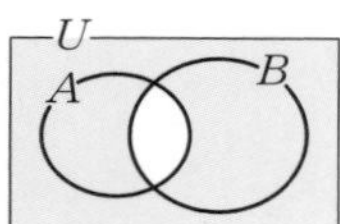

よって，図[2]と図[5]の網かけ部分は同じなので，

$\overline{A\cap B}=\overline{A}\cup\overline{B}$

Chapter 2
20講 命題と集合

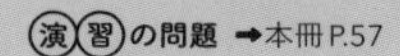

条件pをみたすものの全体の集合をP, 条件qをみたすもの全体の集合をQとする。

1 **次の命題の真偽を答えよ。また, 偽であるときは反例をあげよ。ただし, xは実数, nは自然数とする。**

(1) $p: x \geqq 5 \Longrightarrow q: x \geqq 3$

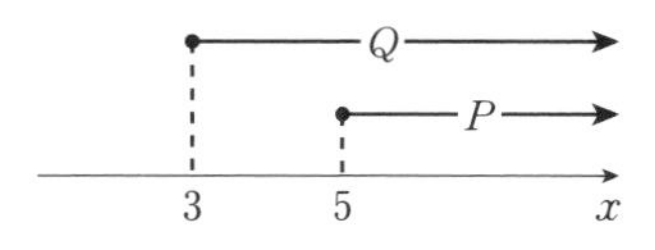

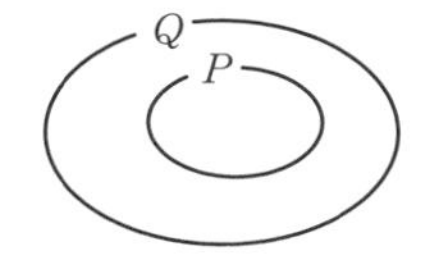

$P \subset Q$となるので,

この命題は, 真。答

(2) $p: n$は6の倍数 $\Longrightarrow q: n$は12の倍数

$P=\{6, 12, 18, \cdots\}$, $Q=\{12, 24, 36, \cdots\}$

この命題は, 偽。

反例は, $n=6$ 答

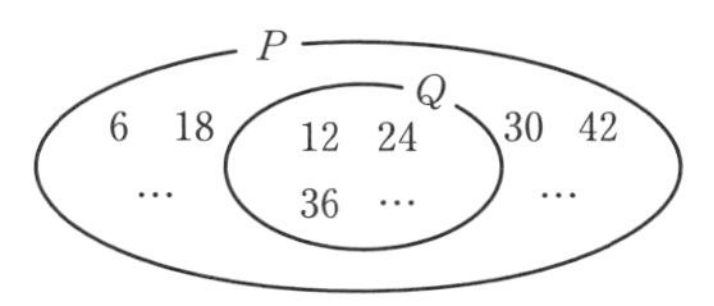

解説

今回の反例は, 集合Pの要素であり, かつ, 集合Qの要素でないものを選べばよい。

CHALLENGE **xは実数とする。次の命題が真であるような定数kの値の範囲を求めよ。**

$-3 \leqq x \leqq 2 \Longrightarrow k-5 \leqq x \leqq k+1$

$-3 \leqq x \leqq 2$をみたすx全体の集合をP, $k-5 \leqq x \leqq k+1$をみたすx全体の集合をQとすると, $P \subset Q$となるkの値の範囲を求めればよい。

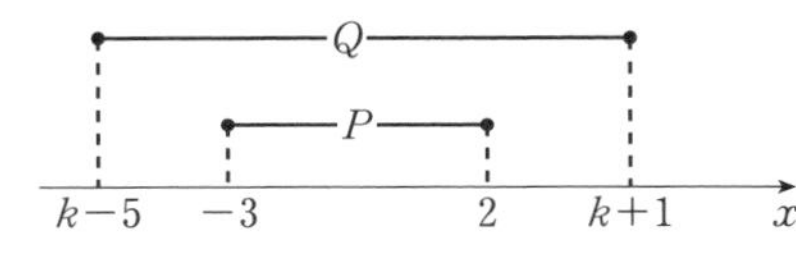

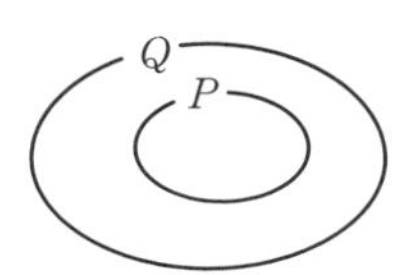

よって, 求める条件は,

$k-5 \leqq -3$ かつ $2 \leqq k+1$

すなわち,

$k \leqq 2$ かつ $1 \leqq k$

したがって,

$1 \leqq k \leqq 2$ 答

アドバイス

一般に, 全体集合をUとし, Uの要素のうち,

条件pをみたすもの全体の集合をP,

条件qをみたすもの全体の集合をQ

とすると, 命題$p \Longrightarrow q$は,

Pの要素はすべてQの要素である

ということを表しています。

つまり, $P \Longrightarrow q$が真ならば, $P \subset Q$が成り立ちます。逆に, $P \subset Q$が成り立てば, $p \Longrightarrow q$は真です。

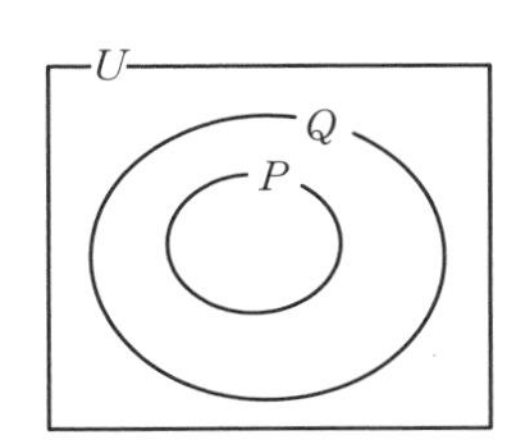

Chapter 2 21講

必要条件・十分条件・必要十分条件

演習の問題 →本冊P.59

1 下の(1), (2)の文中の空欄にあてはまるものを，次の①～④の中から選べ。ただし，x, yは実数である。

① 必要十分条件である
② 十分条件であるが必要条件ではない
③ 必要条件であるが十分条件ではない
④ 必要条件でも十分条件でもない

(1) $x \geqq 0$ であることは，$\sqrt{x^2}=x$ であるための［　　］。

(2) $x>1$ かつ $y>1$ であることは，$x+y>2$ であるための［　　］。

(1) 「$x \geqq 0 \Longrightarrow \sqrt{x^2}=x$」は真，「$\sqrt{x^2}=x \Longrightarrow x \geqq 0$」も真であるから，① 答

解説

・$x \geqq 0$ のとき，$\sqrt{x^2}=|x|=x$
・$\sqrt{x^2}=x$ のとき，$\sqrt{x^2}=|x|$ であるから，$|x|=x$
これが成り立つのは $x \geqq 0$ のとき。

(2) 「$x>1$ かつ $y>1 \Longrightarrow x+y>2$」は真である。
「$x+y>2 \Longrightarrow x>1$ かつ $y>1$」は偽（反例は，$x=7$, $y=-2$）。
よって，② 答

CHALLENGE 2以上の自然数 a, b について，集合 A, B を次のように定めるとき，下の文中の空欄にあてはまるものを，次の①～④の中から1つ選べ。

$A=\{x \mid x$ は a の正の約数$\}$, $B=\{x \mid x$ は b の正の約数$\}$

① 必要十分条件である
② 十分条件であるが必要条件ではない
③ 必要条件であるが十分条件ではない
④ 必要条件でも十分条件でもない

(1) a が素数であることは，A の要素の個数が2であるための［　　］。

(2) a と b がともに偶数であることは，$A \cap B=\{1, 2\}$ であるための［　　］。

(1) 「a が素数 $\Longrightarrow$ A の要素の個数が2」，「A の要素の個数が2 $\Longrightarrow$ a が素数」はともに真であるから，① 答

解説

・a が素数のとき
素数 a の正の約数は「1と a」の2個であるから，A の要素の個数は2である。
・A の要素の個数が2のとき
$A=\{x \mid x$ は a の正の約数$\}$ であるから，A の要素の個数が2となるのは a が素数のときだけである。
（例えば，6だと，正の約数は1, 2, 3, 6の4個となる。）

(2) 「a と b がともに偶数 $\Longrightarrow A \cap B=\{1, 2\}$」は偽である
（反例は $a=4$, $b=8$　このとき，$A=\{1, 2, 4\}$, $B=\{1, 2, 4, 8\}$ となり，$A \cap B=\{1, 2, 4\}$ である）。
「$A \cap B=\{1, 2\} \Longrightarrow a$ と b がともに偶数」は真である。
よって，③ 答

解説

・a と b がともに偶数のとき，例えば $a=4$, $b=8$ であれば，
$A=\{x \mid x$ は4の正の約数$\}=\{1, 2, 4\}$, $B=\{x \mid x$ は8の正の約数$\}=\{1, 2, 4, 8\}$
となり，$A \cap B=\{1, 2, 4\}$ で $\{1, 2\}$ ではない。
・$A \cap B=\{1, 2\}$ のとき
$A=\{x \mid x$ は a の正の約数$\}$, $B=\{x \mid x$ は b の正の約数$\}$
より，a と b の公約数が「1と2」となり，a と b は2を因数にもつので偶数である。

Chapter 2 22講

かつ・または

演習の問題 ➡本冊P.61

条件p, qをみたすものの集合をそれぞれP, Qとする。

1 条件p：$x>2$, q：$-5\leqq x\leqq 3$において，次の問いに答えよ。

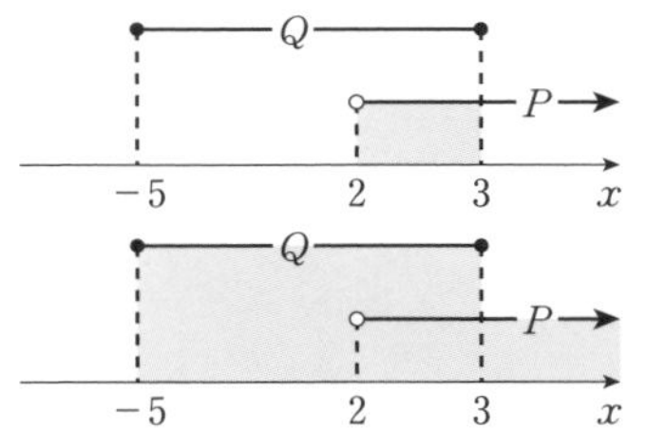

(1) 条件「pかつq」を求めよ。

$2<x\leqq 3$ 答　　$x>2$ かつ $-5\leqq x\leqq 3$

(2) 条件「pまたはq」を求めよ。

$x\geqq -5$ 答　　$x>2$ または $-5\leqq x\leqq 3$

2 次の条件の否定を述べよ。

(1) $a+b\geqq 0$ かつ $ab\geqq 0$ である。

$a+b<0$ または $ab<0$ である。 答

p：$a+b\geqq 0$, q：$ab\geqq 0$ とすると，$\overline{p\text{かつ}q} \iff \overline{p}\text{または}\overline{q}$

(2) $x=1$ または $y\geqq -3$ である。

$x\neq 1$ かつ $y<-3$ である。 答

p：$x=1$, q：$y\geqq -3$ とすると，$\overline{p\text{または}q} \iff \overline{p}\text{かつ}\overline{q}$

3 次の命題の対偶を述べ，その真偽をいえ。

$x+y\neq 0$ ならば，「$x\neq 0$ または $y\neq 0$」　　$p \Longrightarrow q$ の対偶は $\overline{q} \Longrightarrow \overline{p}$

対偶：**「$x=0$ かつ $y=0$」ならば $x+y=0$**

真 答

CHALLENGE　pはxに関する条件とする。
「すべてのxに対してp」の否定は，「あるxに対して$\overline{p}$」
「あるxに対してp」の否定は，「すべてのxに対して$\overline{p}$」
である。次の命題とその否定の真偽を求めよ。

(1) すべての実数xについて$x^2>0$

偽（反例：$x=0$）
否定：**ある実数xについて$x^2\leqq 0$**
真 答

(2) ある素数は偶数である。

真
否定：**すべての素数は奇数である。**
偽（反例：2） 答

▶ **参考**

「Aクラスのすべての人が15歳以上」という命題の否定を考えてみましょう。この命題は，Aクラスに15歳未満の人が1人でもいれば偽ですね。つまり，「すべての人が15歳以上」でない状況は「ある人が15歳未満」となります。だから，**「すべてのxに対してp」の否定は「あるxに対して$\overline{p}$」**となるのです（pを「15歳以上」とすれば上の例になりますね）。

同じように，「ある○○」の否定も考えてみましょう。「Aクラスのある人が15歳未満」という命題があったとき，Aクラスに15歳未満が少なくとも1人いれば真ですね。つまり，偽となる状況は「すべての人が15歳以上」だから，この命題の否定は，「Aクラスのすべての人が15歳以上」となります。だから，**「あるxに対してp」の否定は「すべてのxに対して$\overline{p}$」**となるのです。

Chapter 2
23講

対偶を利用した証明

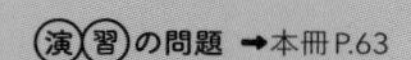

➡本冊P.63

1 **整数 n について，n^2 が 2 の倍数ならば，n は 2 の倍数であることを証明せよ。**

対偶「n が 2 の倍数でないならば，n^2 は 2 の倍数でない」

を示す。

n が 2 の倍数でないとき，k を整数として，

$n=$ ア 2 $k+1$

と表すことができる。このとき，

$n^2=($ ア 2 $k+1)^2$

$=$ イ 4 k^2+ ウ 4 $k+1$

$=2($ エ 2 k^2+ オ 2 $k)+1$

となり，エ 2 k^2+ オ 2 k は整数より，n^2 は 2 の倍数ではない。

よって，n が 2 の倍数でないとき，n^2 は 2 の倍数でない。

したがって，対偶は真であり，元の命題も真である。［証明終わり］ 答

2 **整数 m，n について，m^2+n^2 が奇数ならば積 mn は偶数であることを証明せよ。**

対偶「mn が奇数ならば m^2+n^2 は偶数である」

を示す。

mn が奇数ならば，m，n はともに奇数であり，k，l を整数として，

$m=2k+1$，$n=2l+1$

と表すことができる。このとき，

$m^2+n^2=(2k+1)^2+(2l+1)^2$

$=(4k^2+4k+1)+(4l^2+4l+1)$

$=2(2k^2+2l^2+2k+2l+1)$

$2k^2+2l^2+2k+2l+1$ は整数であるから，m^2+n^2 は偶数である。

よって，mn が奇数ならば m^2+n^2 は偶数である。

したがって，対偶は真であり，元の命題も真である。［証明終わり］ 答

アドバイス

「$p \Longrightarrow q$ が真」$\Longleftrightarrow$「$\overline{q} \Longrightarrow \overline{p}$ が真」は本冊 62 ページで示しました。

「$p \Longrightarrow q$ が偽」$\Longleftrightarrow$「$\overline{q} \Longrightarrow \overline{p}$ が偽」は次のように示すことができます。

「$p \Longrightarrow q$ が偽」$\Longleftrightarrow$ $P\subset Q$ が成り立たない

$\Longleftrightarrow$ $\overline{Q}\subset\overline{P}$ が成り立たない

$\Longleftrightarrow$ $\overline{q} \Longrightarrow \overline{p}$ が偽

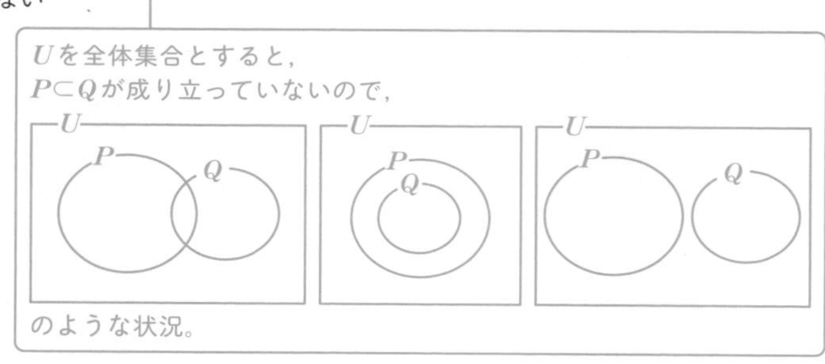

Chapter 2
24講

背理法

演習の問題 ➡本冊P.65

1 $\sqrt{3}$が無理数であることを証明せよ。ただし,「nが整数のとき,n^2が3の倍数ならば,nは3の倍数である」ことは証明なしに用いてもよい。

$\sqrt{3}$が無理数ではない,すなわち,有理数であると仮定すると,

$\sqrt{3}=\dfrac{n}{m}$ (m, nは互いに素な自然数)

1以外に正の公約数をもたないということ。

と表すことができる。このとき,

$\sqrt{3}m=n$

両辺を2乗すると,

$3m^2=n^2$ …①

よって,n^2は ア 3 の倍数であるから,nも ア 3 の倍数である。

これより,$n=$ ア 3 k (kは自然数) と表される。①に代入して,

$3m^2=($ ア 3 $k)^2$ すなわち,$m^2=$ イ 3 k^2

両辺を3でわった。

よって,m^2は イ 3 の倍数であるから,mも イ 3 の倍数である。

したがって,m, nはともに ウ 3 の倍数であり,m, nが エ 互いに素 であることに矛盾する。

以上より,$\sqrt{3}$は有理数ではなく,無理数である。 [証明終わり] 答

2 $\sqrt{2}$が無理数であることを証明せよ。ただし,「nが整数のとき,n^2が2の倍数ならば,nは2の倍数である」ことは証明なしに用いてもよい。

$\sqrt{2}$が無理数ではない,すなわち,有理数であると仮定すると,

$\sqrt{2}=\dfrac{n}{m}$ (m, nは互いに素な自然数)

と表すことができる。このとき,

$\sqrt{2}m=n$

両辺を2乗すると,

$2m^2=n^2$ …①

よって,n^2は2の倍数であるから,nも2の倍数である。

これより,$n=2k$ (kは自然数) と表される。①に代入して,

$2m^2=(2k)^2$ すなわち $m^2=2k^2$

よって,m^2は2の倍数であるから,mも2の倍数である。

したがって,m, nはともに2の倍数であり,m, nが互いに素であることに矛盾する。

以上より,$\sqrt{2}$は有理数ではなく,無理数である。 [証明終わり] 答

▶ **参考**

$2m^2=n^2$…①の時点で2を因数にもつ個数に着目し,矛盾を導くこともできます。

mが奇数であれば,m^2は2をもちません(2は0個)。

mが偶数であれば,2乗されており,m^2は2を偶数個もちます(例えば,$m=6$のときは$m^2=(2\times3)^2=2^2\times3^2$で2は2個,$m=4$のときは$m^2=(2^2)^2=2^4$で2は4個となります)。

0も偶数。

よって,2は2を1個,m^2は2を偶数個もつので,$2m^2$は2を奇数個もちます。

m^2は2を偶数個もつので$2a$個とすると,$2m^2$は2を$2a+1$個もつ。

また,n^2は2を偶数個もつので,①において,

左辺すなわち$2m^2$は2を奇数個,右辺すなわちn^2は2を偶数個もつことになり,矛盾します。

Chapter 3
25講 平行移動

演習の問題 ➡本冊P.67

1 放物線C_1：$y=-x^2+4x-1$は，放物線C_2：$y=-x^2-6x-4$をどのように平行移動したら重なるか。

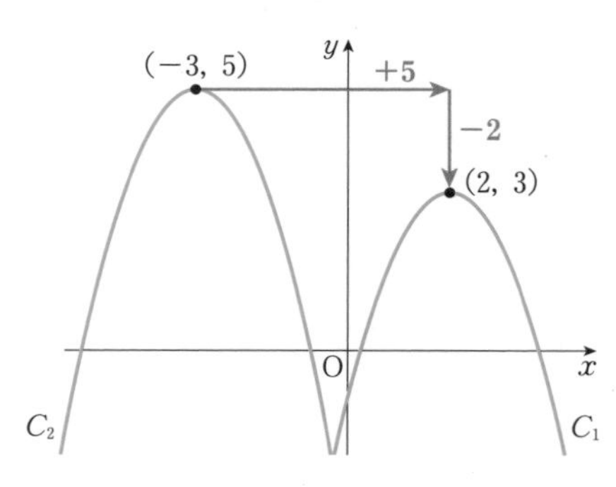

C_1を平方完成すると，

$$y=-(x-2)^2+3$$

であり，頂点は(2, 3)

C_2を平方完成すると，

$$y=-(x+3)^2+5$$

であり，頂点は(−3, 5)

よって，C_1はC_2を

x軸方向に$2-(-3)=5$,

y軸方向に$3-5=-2$ 答

だけ平行移動したら重なる。

CHALLENGE 放物線$y=2x^2-4x+5$を，x軸方向に2，y軸方向に−3だけ平行移動したときの，移動後の放物線の方程式を求めよ。

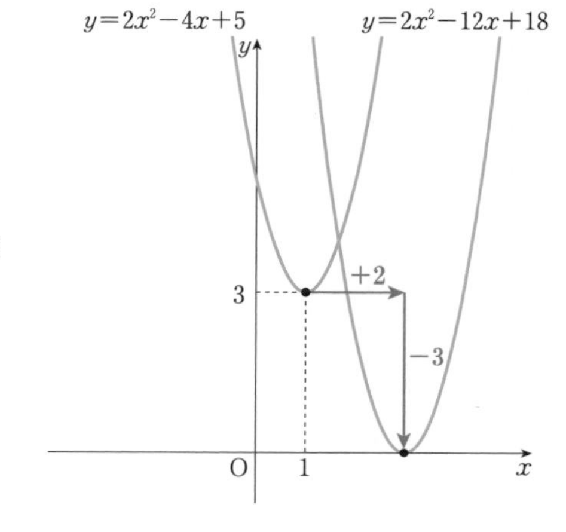

$$\begin{aligned}y&=2x^2-4x+5\\&=2(x^2-2x)+5\\&=2\{(x-1)^2-1^2\}+5\\&=2(x-1)^2-2+5\\&=2(x-1)^2+3\end{aligned}$$

より，頂点は(1, 3)である。

これをx軸方向に2，y軸方向に−3平行移動したあとの頂点の座標は(3, 0)となる。

よって，求める放物線の方程式は，

$y=2(x-3)^2$ （$y=2x^2-12x+18$） 答

▶ 参考

$y=ax^2+bx+c$をx軸方向にp，y軸方向にqだけ平行移動したグラフの方程式は，

$$x\to x-p,\ y\to y-q$$

とした

$$y-q=a(x-p)^2+b(x-p)+c$$

となります。

これを用いると，放物線$y=2x^2-4x+5$を，

x軸方向に2，y軸方向に−3

だけ平行移動したグラフの方程式は，

$$y-(-3)=2(x-2)^2-4(x-2)+5$$

すなわち，

$$y=2x^2-12x+18$$

と求めることもできます。

対称移動

演習の問題 ➡本冊P.69

1 点$(-2,\ 1)$に対して，x軸に関して対称な点，y軸に関して対称な点，原点に関して対称な点をそれぞれ求めよ。

x軸に関して対称な点は

$(-2,\ -1)$ 答

y軸に関して対称な点は

$(2,\ 1)$ 答

原点に関して対称な点は

$(2,\ -1)$ 答

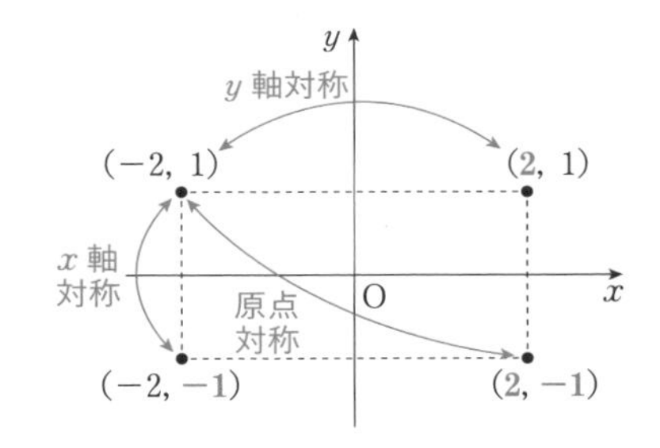

2 放物線$y=-2(x+3)^2-1$に対して，x軸，y軸，原点に関して対称な放物線の方程式をそれぞれ求めよ。

この放物線の頂点は

点$(-3,\ -1)$

x軸に関して対称移動したグラフは，頂点が$(-3,\ 1)$であり，x^2の係数の符号が変わるので，その方程式は，

$y=2(x+3)^2+1$ 答

y軸に関して対称移動したグラフは，頂点が$(3,\ -1)$であり，x^2の係数はそのままであるから，その方程式は，

$y=-2(x-3)^2-1$ 答

原点に関して対称移動したグラフは，頂点が$(3,\ 1)$であり，x^2の係数の符号が変わるので，その方程式は，

$y=2(x-3)^2+1$ 答

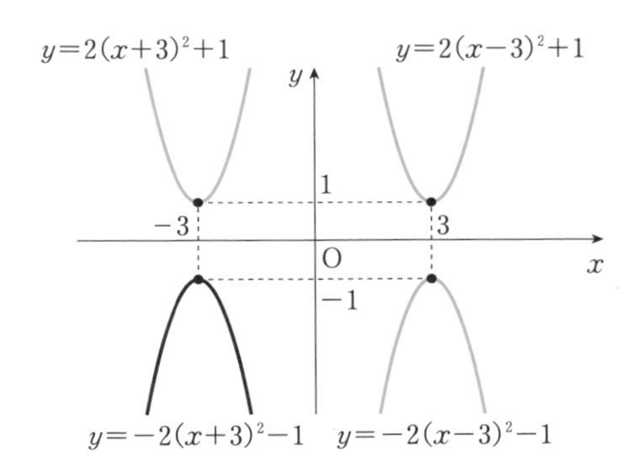

CHALLENGE ある放物線をx軸方向に4，y軸方向に-1だけ平行移動して，x軸に関して対称移動したら$y=-x^2+4x-5$になった。元の放物線の方程式を求めよ。

$y=-x^2+4x-5$を平方完成すると，

$y=-(x-2)^2-1$

このグラフをx軸に関して対称移動したグラフは，頂点が$(2,\ 1)$であり，x^2の係数の符号が変わるので，その方程式は，

$y=(x-2)^2+1$

さらにこれをx軸方向に-4，y軸方向に1平行移動したグラフが元の放物線であり，頂点は

$(2-4,\ 1+1)$　すなわち　$(-2,\ 2)$

であり，x^2の係数はそのままであるから，その方程式は，

$y=(x+2)^2+2$　$(y=x^2+4x+6)$ 答

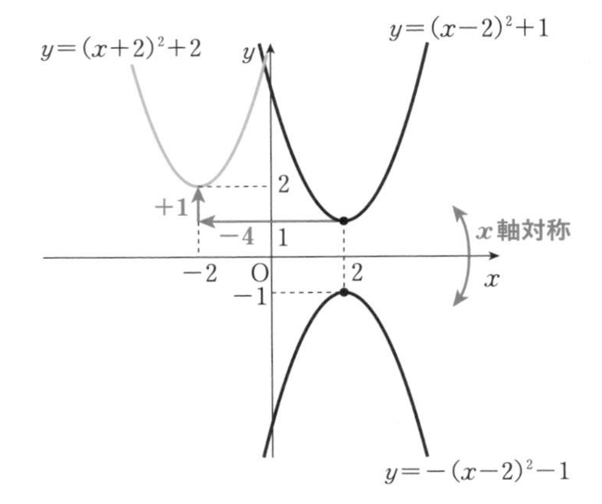

Chapter 3
27講

2次関数の決定(1)

演習の問題 ➡本冊P.71

1 次の条件をみたす放物線をグラフとする2次関数を求めよ。

(1) 頂点が点$(-1, 4)$で，点$(-2, 7)$を通る。

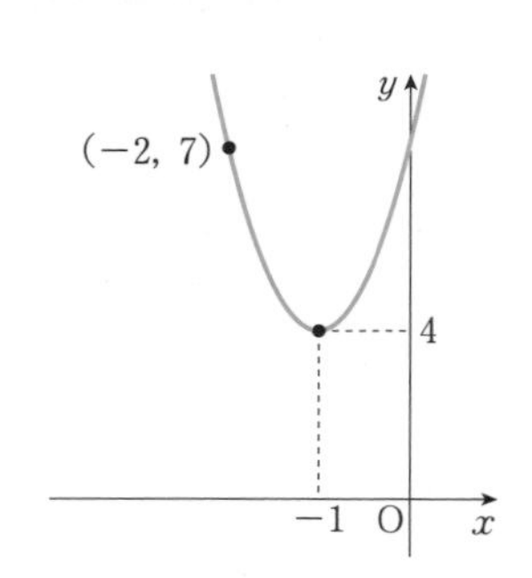

求める2次関数は，

$$y=a(x+1)^2+4$$

とおけ，$(-2, 7)$を通るので，

$$7=a(-2+1)^2+4$$

$$a=3$$

よって，求める2次関数は，

$$y=3(x+1)^2+4 \quad (y=3x^2+6x+7)$$ 答

(2) 軸が直線$x=2$で，2点$(-2, -5)$，$(0, 1)$を通る。

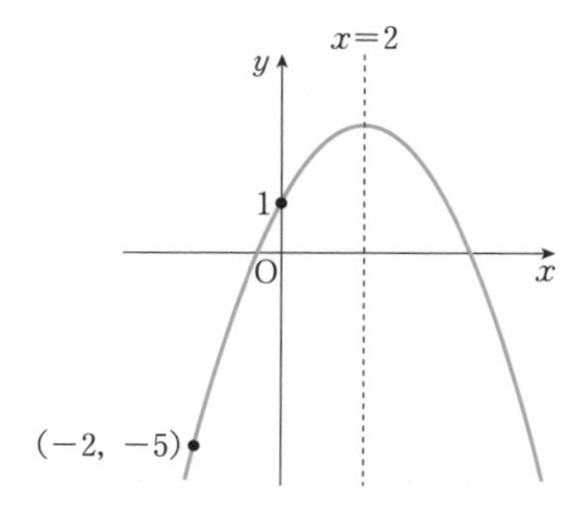

軸が直線$x=2$であるから，求める2次関数は

$$y=a(x-2)^2+q\ .$$

とおけ，2点$(-2, -5)$，$(0, 1)$を通るので，

$$\begin{cases} -5=a(-2-2)^2+q \\ 1=a(0-2)^2+q \end{cases}$$

より，

$$\begin{cases} 16a+q=-5 \\ 4a+q=1 \end{cases}$$

これを解くと，

$$a=-\frac{1}{2},\ q=3$$

よって，求める2次関数は

$$y=-\frac{1}{2}(x-2)^2+3 \quad \left(y=-\frac{1}{2}x^2+2x+1\right)$$ 答

CHALLENGE 放物線$y=x^2$を平行移動した曲線で，点$(2, 8)$を通り，頂点が直線$y=2x+1$上にある放物線をグラフとする2次関数を求めよ。

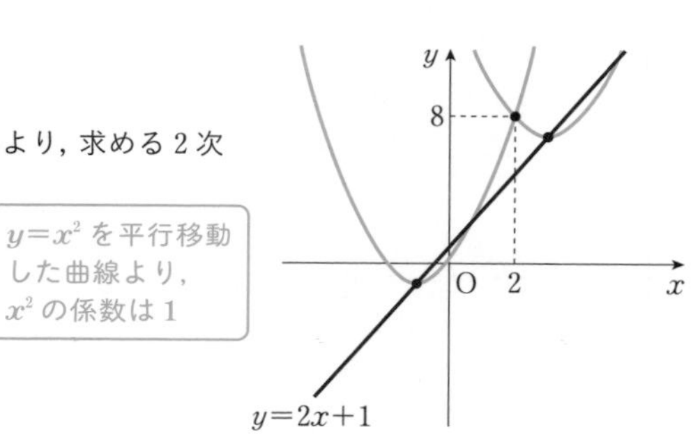

頂点が$y=2x+1$上より，頂点の座標は

$$(p, 2p+1)$$

とおける。求める2次関数は，$y=x^2$を平行移動したグラフより，求める2次関数は，

$$y=(x-p)^2+2p+1 \quad \cdots ①$$

とおける。これが$(2, 8)$を通るとき，

$$8=(2-p)^2+2p+1$$

$$p^2-2p-3=0$$

$$(p+1)(p-3)=0$$

$$p=-1,\ 3$$

よって，求める2次関数は，①より，

$$y=(x+1)^2-1,\ y=(x-3)^2+7 \quad (y=x^2+2x,\ y=x^2-6x+16)$$ 答

Chapter 3
28講 2次関数の決定(2)

演習の問題 ➡本冊P.73

1 グラフが3点$(0, 4)$, $(2, -2)$, $(1, 3)$を通る2次関数を求めよ。

求める2次関数を$y=ax^2+bx+c$とおくと,
$(0, 4)$, $(2, -2)$, $(1, 3)$を通るので,

$$\begin{cases} c=4 & \cdots① \\ 4a+2b+c=-2 & \cdots② \\ a+b+c=3 & \cdots③ \end{cases}$$

①を②, ③に代入して,

$$\begin{cases} 4a+2b=-6 & \cdots⑤ \\ a+b=-1 & \cdots⑥ \end{cases}$$

①, ⑤, ⑥より,

$a=-2$, $b=1$, $c=4$

⑤÷2−⑥
$$\begin{array}{rl} & 2a+b=-3 \\ -) & a+b=-1 \\ \hline & a\quad=-2 \end{array}$$
⑥より,
$b=1$

よって, 求める2次関数は,

$y=-2x^2+x+4$ 答

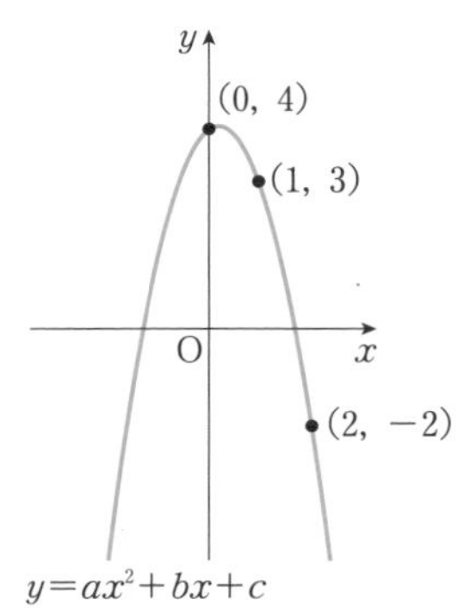

CHALLENGE グラフが3点$(-1, -9)$, $(2, 6)$, $(3, 15)$を通る2次関数を求めよ。

求める2次関数を$y=ax^2+bx+c$とおくと,
$(-1, -9)$, $(2, 6)$, $(3, 15)$を通るので,

$$\begin{cases} a-b+c=-9 & \cdots① \\ 4a+2b+c=6 & \cdots② \\ 9a+3b+c=15 & \cdots③ \end{cases}$$

②−①より,

$3a+3b=15$

$a+b=5 \quad \cdots④$

$$\begin{array}{rl} & 4a+2b+c=6 \\ -) & a-b+c=-9 \\ \hline & 3a+3b\quad=15 \end{array}$$

③−②より,

$5a+b=9 \quad \cdots⑤$

$$\begin{array}{rl} & 9a+3b+c=15 \\ -) & 4a+2b+c=6 \\ \hline & 5a+b\quad=9 \end{array}$$

⑤−④より,

$4a=4$

$a=1$

$a=1$を④に代入して,

$1+b=5$

$b=4$

$a=1$, $b=4$を①に代入して,

$1-4+c=-9$

$c=-6$

よって, 求める2次関数は,

$y=x^2+4x-6$ 答

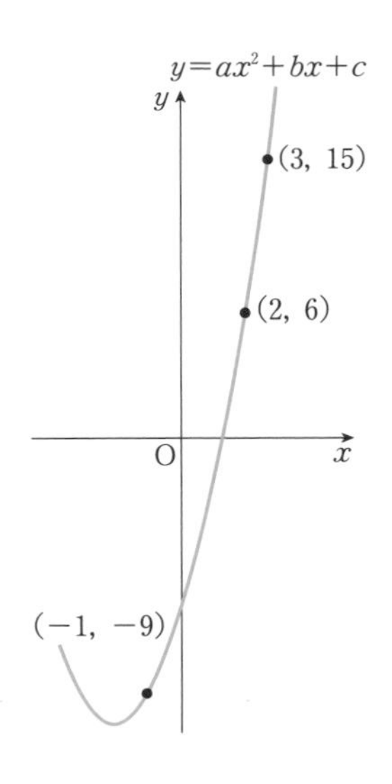

Chapter 3
29講

2次関数の決定(3)

演習の問題 ➡本冊P.75

1 グラフが3点$(-1, 0)$, $(4, 0)$, $(2, -6)$を通るとき，その2次関数を求めよ。

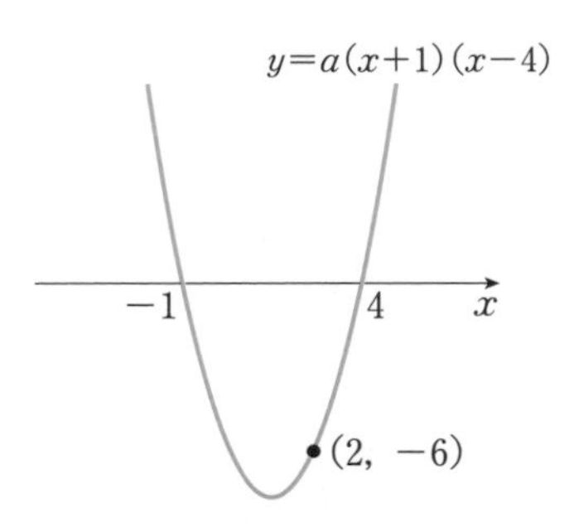

$(-1, 0)$, $(4, 0)$はx軸上の2点だから，求める2次関数は，

$$y=a(x+1)(x-4)$$

とおける。

これが$(2, -6)$を通るとき，

$$-6=a(2+1)(2-4)$$

$$a=1$$

よって，求める2次関数は

$$y=(x+1)(x-4)\quad(y=x^2-3x-4)$$ 答

CHALLENGE グラフが3点$(0, 4)$, $(2, -2)$, $(1, 3)$を通るような2次関数$y=f(x)$を求めよ。

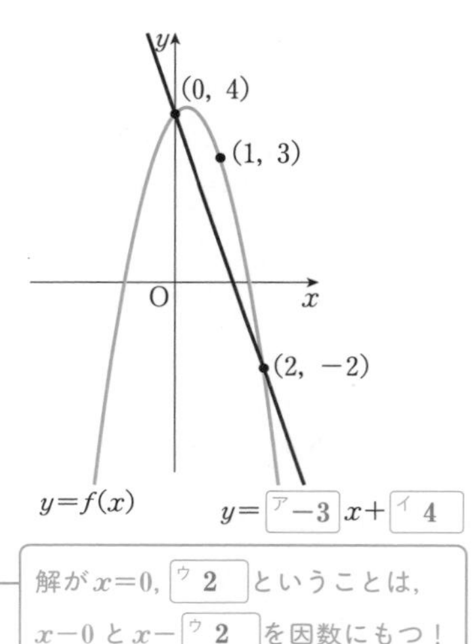

$(0, 4)$と$(2, -2)$を通る直線は，

$$y=\boxed{ア\ -3}\,x+\boxed{イ\ 4}$$

$y=f(x)$と$y=\boxed{ア\ -3}\,x+\boxed{イ\ 4}$の共有点の$x$座標は，

$x=0$, $\boxed{ウ\ 2}$である。よって，$y=f(x)$と

$y=\boxed{ア\ -3}\,x+\boxed{イ\ 4}$を連立して$y$を消去した方程式

$$f(x)=\boxed{ア\ -3}\,x+\boxed{イ\ 4}$$

$$f(x)-\left(\boxed{ア\ -3}\,x+\boxed{イ\ 4}\right)=0$$

の解は，$x=0$, $\boxed{ウ\ 2}$であるから，$f(x)$が2次式であることに注意すると，

$$f(x)-\left(\boxed{ア\ -3}\,x+\boxed{イ\ 4}\right)=ax\left(x-\boxed{ウ\ 2}\right)$$

解が$x=0$, $\boxed{ウ\ 2}$ということは，$x-0$と$x-\boxed{ウ\ 2}$を因数にもつ！

すなわち，

$$f(x)=ax\left(x-\boxed{ウ\ 2}\right)+\left(\boxed{ア\ -3}\,x+\boxed{イ\ 4}\right)\quad\cdots①$$

と表すことができる。

$y=f(x)$のグラフは$(1, 3)$を通るので，$f(1)=3$より，

$$3=a\cdot1\left(1-\boxed{ウ\ 2}\right)+\left(\boxed{ア\ -3}\cdot1+\boxed{イ\ 4}\right)$$

①に$x=1$を代入。

$$a=\boxed{エ\ -2}$$

よって，求める2次関数は，①より，

$$y=f(x)=\boxed{エ\ -2}\,x\left(x-\boxed{ウ\ 2}\right)+\left(\boxed{ア\ -3}\,x+\boxed{イ\ 4}\right)$$

$$=\boxed{エ\ -2}\,x^2+x+\boxed{オ\ 4}$$ 答

解説

$y=f(x)$と$y=-3x+4$を連立してyを消去した方程式は，

$$f(x)=-3x+4$$

$-3x+4$を移項すると，

$$f(x)-(-3x+4)=0$$

$y=f(x)$と$y=-3x+4$はともに$(0, 4)$, $(2, -2)$を通るので，

この方程式の解は，$x=0, 2$である。よって，

共有点の座標は$(0, 4)$, $(2, -2)$より，共有点のx座標は$x=0, 2$

$$f(x)-(-3x+4)=ax(x-2)$$

$$f(x)=ax(x-2)+(-3x+4)\quad\cdots①$$

と表すことができる。

30講 最大・最小の応用

演習の問題 ➡本冊P.77

1 周の長さが16 mである長方形の面積をS m^{2}とするとき，Sの最大値を求めよ。

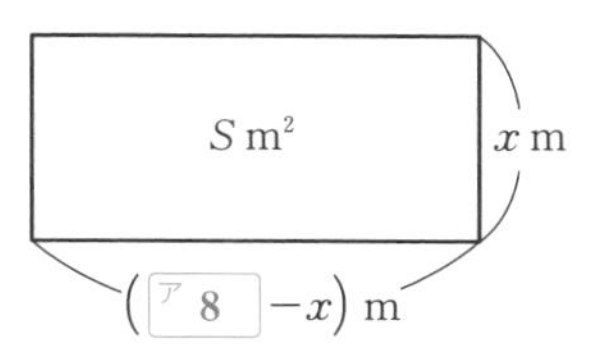

長方形の縦の長さをx mとすると，

横の長さは(ア 8 $-x$) m

となる。したがって，

$S=x($ア 8 $-x)$

$=$ イ − x^2+ ア 8 x

ここで，辺の長さは正なので，

$x>0$ かつ ア 8 $-x>0$

より，

ウ 0 $<x<$ エ 8

Sの式を平方完成すると，

$S=-(x-$ オ 4 $)^2+$ カ 16

であるから，

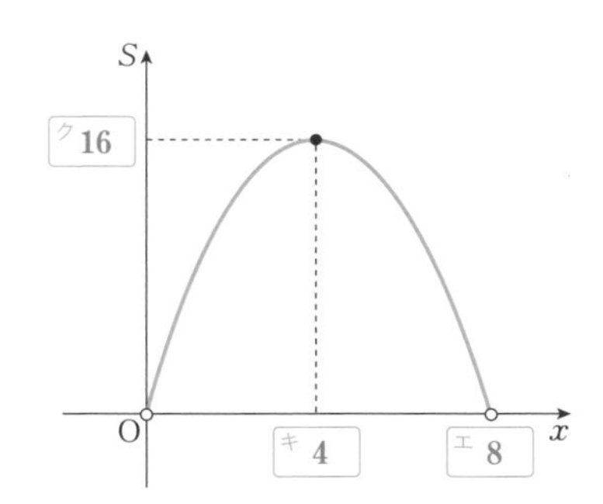

ウ 0 $<x<$ エ 8 におけるSの最大値を調べると，

Sは$x=$ キ 4 のとき最大値 ク 16 をとる。 答

CHALLENGE 右の図のような直角三角形ABCにおいて，2辺AB，BCの長さの和が10 cmであるとする。斜辺の長さが最小となるときの3辺の長さを求めよ。

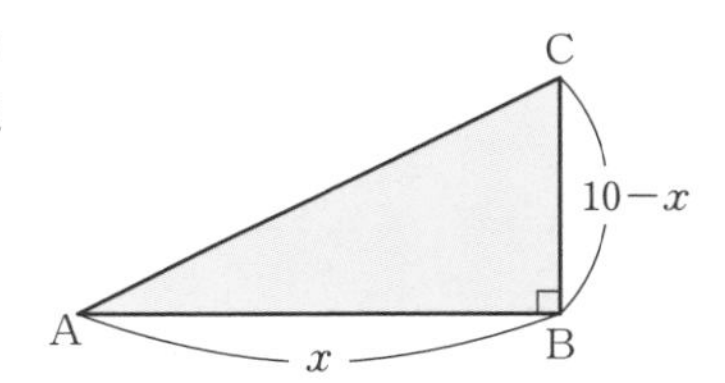

AB$=x$(cm)とすると，BC$=10-x$(cm)である。
AC$=l$(cm)とおくと，三平方の定理より，

$l^2=x^2+(10-x)^2$

$=2x^2-20x+100$

$=2(x^2-10x)+100$

$=2\{(x-5)^2-5^2\}+100$

$=2(x-5)^2+50$

辺の長さは正であるから，

$x>0$ かつ $10-x>0$

から，

$0<x<10$

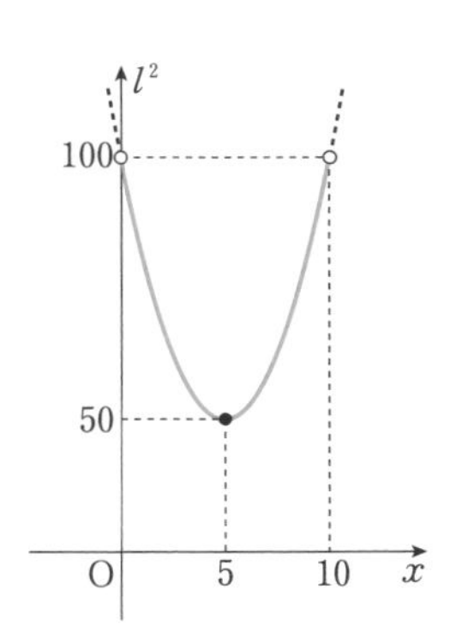

よって，l^2は$x=5$のとき最小値50をとる。

したがって，lは$x=5$のとき最小値$\sqrt{50}=5\sqrt{2}$をとる。

このとき，3辺の長さは，

AC$=l=5\sqrt{2}$(cm)，AB$=5$(cm)，BC$=10-5=5$(cm) 答

Chapter 3
31講 軸に文字を含むときの下に凸の最小値

演習の問題 ➡本冊P.79

1 aを定数とするとき，2次関数$f(x)=(x+2a)^2+3$ $(0\leqq x\leqq 2)$の最小値を求めよ。

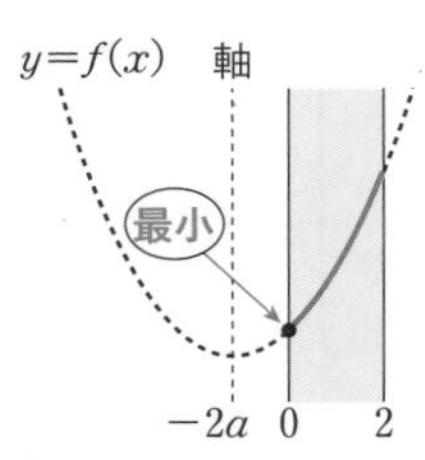

(i) $-2a<0$，すなわち，$a>$ [ア 0] のとき，

$x=$ [イ 0] で最小となり，最小値は，

$f($[イ 0]$)=$ [ウ 4] a^2+ [エ 3]

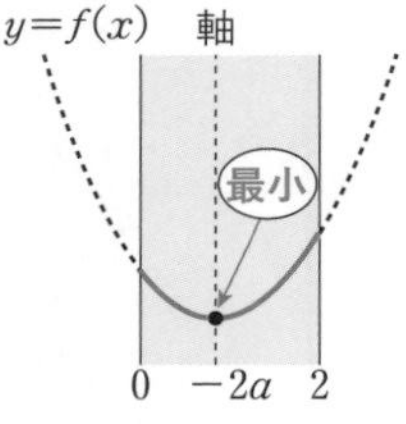

(ii) $0\leqq -2a\leqq 2$，すなわち，[オ -1] $\leqq a\leqq$ [ア 0] のとき，

$x=$ [カ $-2a$] で最小となり，最小値は，

$f($[カ $-2a$]$)=$ [キ 3]

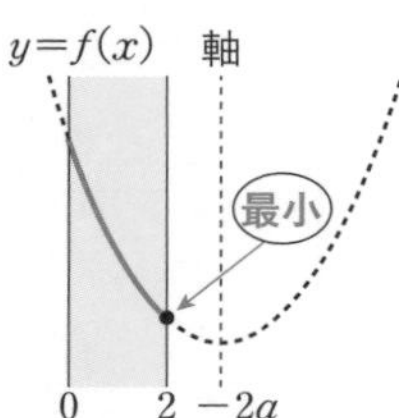

(iii) $2<-2a$，すなわち，$a<$ [オ -1] のとき，

$x=$ [ク 2] で最小となり，最小値は，

$f($[ク 2]$)=$ [ケ 4] a^2+ [コ 8] $a+$ [サ 7]

(i)〜(iii)より，最小値は，

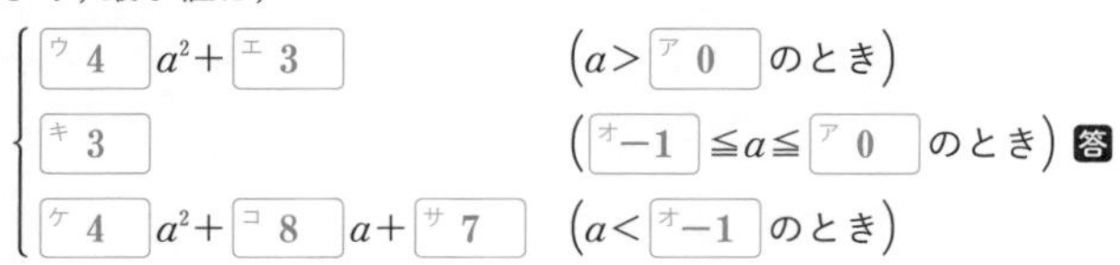

$$\begin{cases} [\text{ウ } 4]\,a^2+[\text{エ } 3] & (a>[\text{ア } 0]\text{ のとき}) \\ [\text{キ } 3] & ([\text{オ } -1]\leqq a\leqq [\text{ア } 0]\text{ のとき}) \\ [\text{ケ } 4]\,a^2+[\text{コ } 8]\,a+[\text{サ } 7] & (a<[\text{オ } -1]\text{ のとき}) \end{cases}$$ 答

CHALLENGE aを定数とするとき，2次関数$f(x)=-x^2+2ax-a$ $(-2\leqq x\leqq 0)$の最大値を求めよ。

$f(x)=-x^2+2ax-a$
$\quad=-(x-a)^2+a^2-a$

(i) $a<-2$ のとき

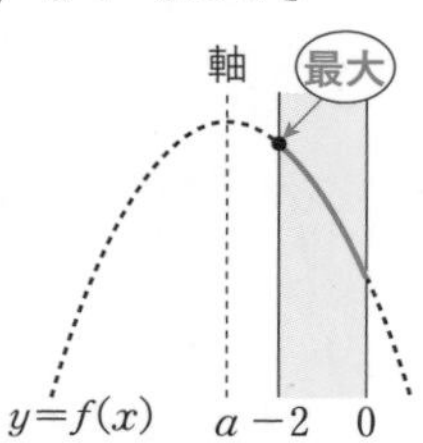

$x=-2$ で最大となり，
最大値は，
$f(-2)=-5a-4$

(ii) $-2\leqq a\leqq 0$ のとき

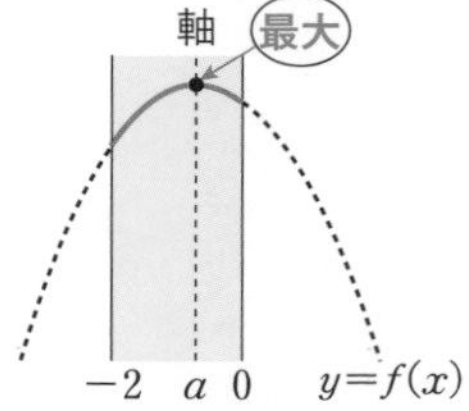

$x=a$ で最大となり，
最大値は，
$f(a)=a^2-a$

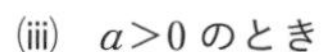

(iii) $a>0$ のとき

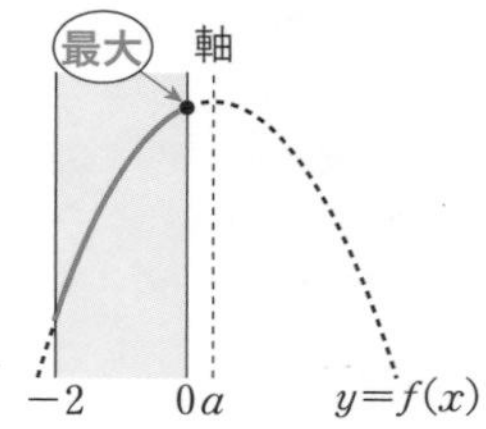

$x=0$ で最大となり，
最大値は，
$f(0)=-a$

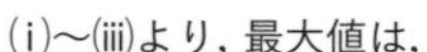

(i)〜(iii)より，最大値は，

$$\begin{cases} -5a-4 & (a<-2\text{ のとき}) \\ a^2-a & (-2\leqq a\leqq 0\text{ のとき}) \\ -a & (a>0\text{ のとき}) \end{cases}$$ 答

軸に文字を含むときの下に凸の最大値

演習の問題 ➡本冊 P.81

1 aを定数とするとき，2次関数$f(x)=(x-2a)^2+1\ (0\leqq x\leqq 4)$の最大値を求めよ。

定義域の中央は$x=$ [ア 2] である。

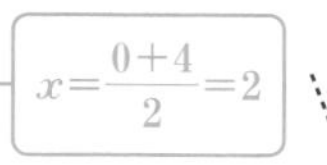

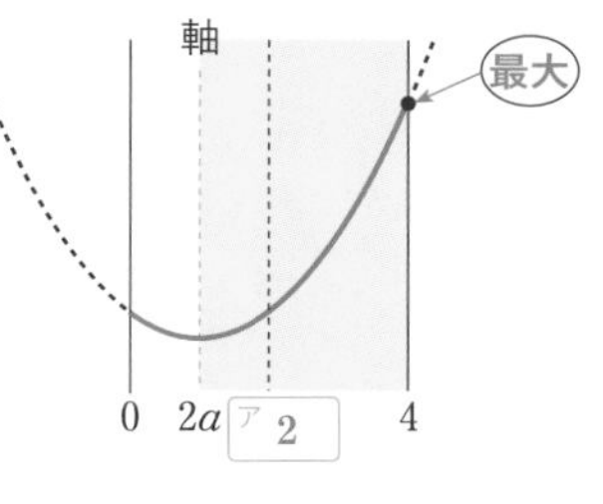

(i) $2a<$ [ア 2]，すなわち，$a<$ [イ 1] のとき，

定義域の右端の$x=$ [ウ 4] で最大となる。

よって，最大値は，

$f($[ウ 4]$)=$ [エ 4] a^2- [オ 16] $a+$ [カ 17]

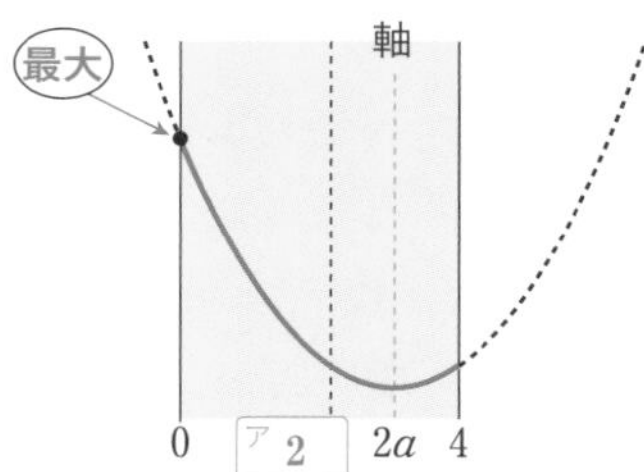

(ii) [ア 2] $\leqq 2a$，すなわち，[イ 1] $\leqq a$のとき，

定義域の左端の$x=$ [キ 0] で最大となる。

よって，最大値は，

$f($[キ 0]$)=$ [ク 4] a^2+ [ケ 1]

(i)，(ii)より，最大値は，

{ [エ 4] a^2- [オ 16] $a+$ [カ 17] （$a<$ [イ 1] のとき）
{ [ク 4] a^2+ [ケ 1] （$a\geqq$ [イ 1] のとき） 答

CHALLENGE aを定数とするとき，2次関数$f(x)=-x^2+2ax-a\ (-2\leqq x\leqq 0)$の最小値を求めよ。

$$f(x)=-x^2+2ax-a$$
$$=-(x-a)^2+a^2-a$$

定義域の中央は，

$$x=\frac{-2+0}{2}=-1$$

(i) $a<-1$のとき

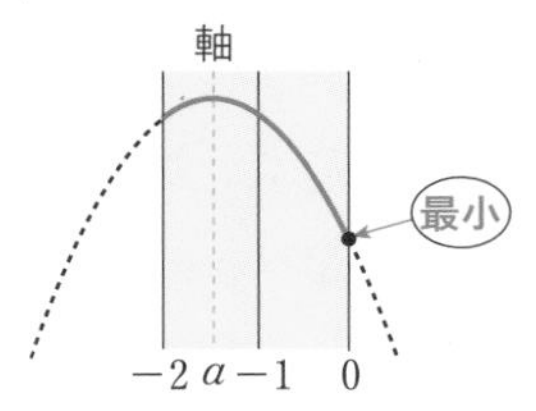

$x=0$で最小となり，
最小値は，

$f(0)=-a$

(ii) $a\geqq -1$のとき

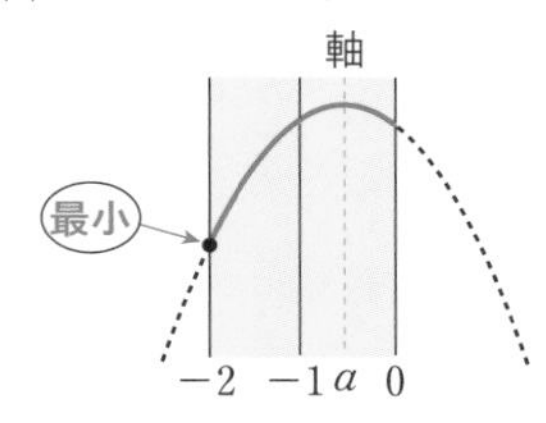

$x=-2$で最小となり，
最小値は，

$f(-2)=-5a-4$

(i)，(ii)より，最小値は，

$$\begin{cases} -a & (a<-1\text{ のとき}) \\ -5a-4 & (a\geqq -1\text{ のとき}) \end{cases}$$ 答

Chapter 3 33講

定義域に文字を含むときの最大値・最小値

演習の問題 ➡本冊P.83

1 aを定数とするとき，2次関数$f(x)=-x^2-2x+1$ $(a \leqq x \leqq a+4)$ の最大値を求めよ。また，最小値を求めよ。

$f(x)=-(x+1)^2+2$

（最大値について）

(i) 軸が定義域よりも右，すなわち

$a+4<$ [ア -1]，つまり $a<$ [イ -5] のとき，

$f(x)$ は $x=$ [ウ $a+4$] で最大となり，最大値は，

$f($[ウ $a+4$]$)=$ [エ $-a^2-10a-23$]

(ii) 軸が定義域の中，すなわち

$a \leqq$ [ア -1] $\leqq a+4$，つまり [イ -5] $\leqq a \leqq$ [ア -1] のとき，

$f(x)$ は $x=$ [オ -1] で最大となり，最大値は，

$f($[オ -1]$)=$ [カ 2]

(iii) 軸が定義域よりも左，すなわち

[ア -1] $<a$ のとき，

$f(x)$ は $x=$ [キ a] で最大となり，最大値は，

$f($[キ a]$)=$ [ク $-a^2-2a+1$]

（最小値について）

(ア) 軸が定義域の中央よりも右，すなわち

$a+$ [ケ 2] $\leqq$ [ア -1]，つまり $a \leqq$ [コ -3] のとき，

$f(x)$ は $x=$ [サ a] で最小となり，最小値は，

$f($[サ a]$)=$ [シ $-a^2-2a+1$]

(イ) 軸が定義域の中央よりも左，すなわち

[ア -1] $<a+$ [ケ 2]，つまり $a>$ [コ -3] のとき，

$f(x)$ は $x=$ [ス $a+4$] で最小となり，最小値は，

$f($[ス $a+4$]$)=$ [セ $-a^2-10a-23$] 答

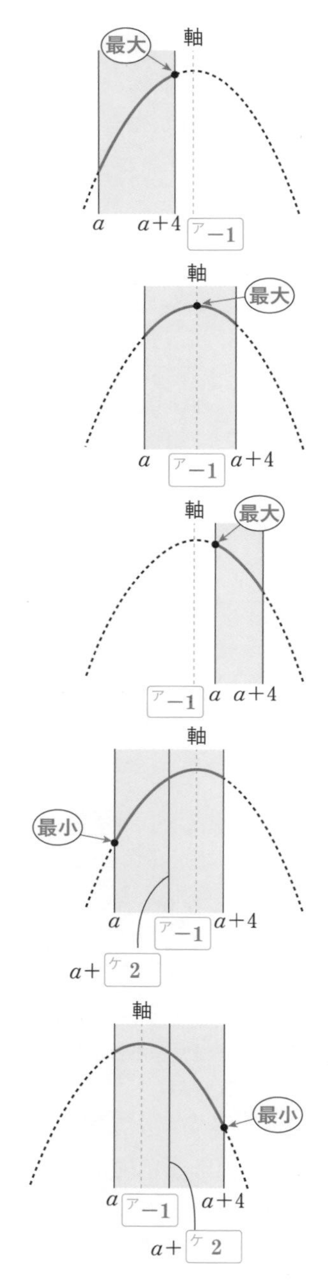

解答をまとめると，次のようになる。

最大値 $\begin{cases} -a^2-10a-23 & (a<-5 \text{ のとき}) \\ 2 & (-5 \leqq a \leqq -1 \text{ のとき}) \\ -a^2-2a+1 & (a>-1 \text{ のとき}) \end{cases}$　最小値 $\begin{cases} -a^2-2a+1 & (a \leqq -3 \text{ のとき}) \\ -a^2-10a-23 & (a>-3 \text{ のとき}) \end{cases}$

2次不等式を含む連立不等式

演習の問題 ➡本冊P.85

1 次の連立不等式を解け。

$$6x^2-19x<7\leqq x^2-4x+10$$

与えられた不等式は，次のように変形できる。

$$\begin{cases} 6x^2-19x<7 & \cdots① \\ 7\leqq x^2-4x+10 & \cdots② \end{cases}$$

①より，

$6x^2-19x-7<0$

$(3x+1)(2x-7)<0$

$-\dfrac{1}{3}<x<\dfrac{7}{2}$ …①′

②より，

$x^2-4x+3\geqq 0$

$(x-1)(x-3)\geqq 0$

$x\leqq 1,\ 3\leqq x$ …②′

①′と②′の共通範囲を求めて，

$-\dfrac{1}{3}<x\leqq 1,\ 3\leqq x<\dfrac{7}{2}$ 答

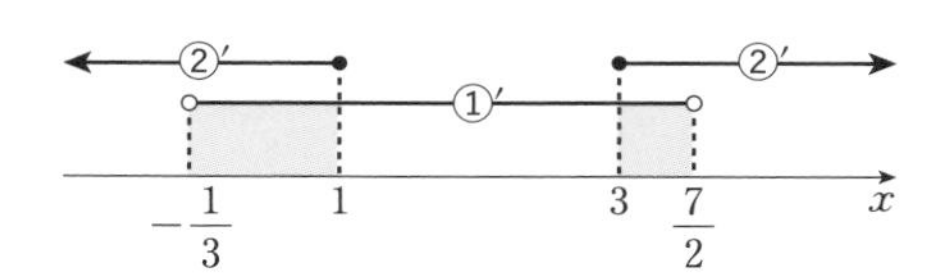

CHALLENGE **隣り合う2辺の長さの和が20 cmの長方形において，面積を75 cm² 以上96 cm² 以下にするには，長方形の短い方の辺の長さをどのような範囲にとればよいか求めよ。**

長方形の短い方の辺の長さをx(cm)とすると，
長い方の辺の長さは$20-x$(cm)である。

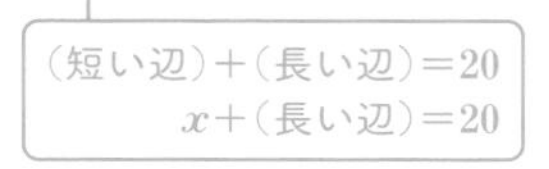

辺の長さは正の数であるので，
$x>0$ かつ $x<20-x$ から，

$0<x<10$ …①

この長方形の面積は

$x(20-x)$(cm²)

であるから，

$75\leqq x(20-x)\leqq 96$

$75\leqq x(20-x)$ から，

$(x-5)(x-15)\leqq 0$

$5\leqq x\leqq 15$ …②

$x(20-x)\leqq 96$ から，

$(x-12)(x-8)\geqq 0$

$x\leqq 8,\ 12\leqq x$ …③

①，②，③の共通範囲を求めて，

$5\leqq x\leqq 8$

したがって，短い方の辺の長さは

5 cm以上8 cm以下 答

にすればよい。

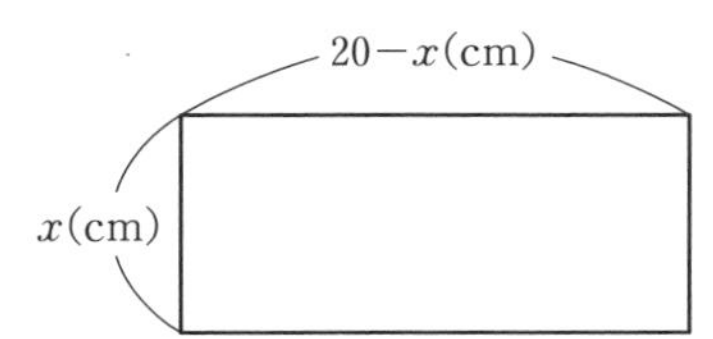

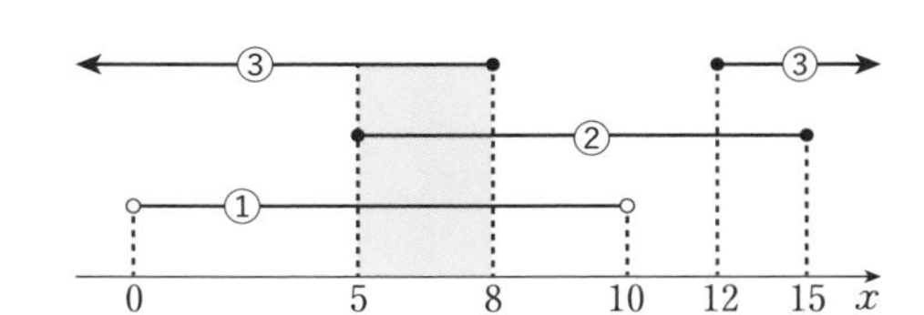

Chapter 3 35講

判別式(1)

演習の問題 ➡本冊 P.87

以下，与えられた 2 次方程式の判別式を D とする。

1 次の 2 次方程式の実数解の個数を求めよ。

(1) $9x^2-12x+4=0$

$$D=(-12)^2-4\cdot9\cdot4=144-144=0$$

これより，2 次方程式の実数解の個数は 1 個。答

(2) $3x^2-x+1=0$

$$D=(-1)^2-4\cdot3\cdot1=1-12=-11<0$$

これより，2 次方程式の実数解の個数は 0 個。答

2 2 次方程式 $x^2+2ax-2a+3=0$ が実数解をもたないような，定数 a の値の範囲を求めよ。

$$D=(2a)^2-4\cdot1\cdot(-2a+3)=4a^2+8a-12$$

実数解をもたないのは $D<0$ となるときで，

$$4a^2+8a-12<0$$
$$a^2+2a-3<0$$
$$(a+3)(a-1)<0$$
$$-3<a<1$$ 答

CHALLENGE 2 次方程式 $x^2+6x+k-3=0$ が重解をもつとき，定数 k の値を求めよ。またそのときの重解を求めよ。

$x^2+6x+k-3=0$ …①の判別式を D とおくと，①が重解をもつとき，

$$D=6^2-4\cdot1\cdot(k-3)=0$$

より，

$$k=12$$

①に代入すると，

$$x^2+6x+9=0$$
$$(x+3)^2=0$$
$$x=-3$$

よって，$k=12$ 答

また，このときの重解は，$x=-3$ 答

アドバイス

2 次方程式 $ax^2+bx+c=0$ の解は，

$$x=\frac{-b\pm\sqrt{b^2-4ac}}{2a}$$

分母・分子を 2 でわると，

$$x=\frac{-\frac{b}{2}\pm\frac{\sqrt{b^2-4ac}}{2}}{a}=\frac{-\frac{b}{2}\pm\sqrt{\frac{b^2-4ac}{4}}}{a}=\frac{-\frac{b}{2}\pm\sqrt{\left(\frac{b}{2}\right)^2-ac}}{a}$$

x の係数 b が偶数のときは，この公式が便利です。

また，判別式 $D=b^2-4ac$ の両辺を 4 でわると，

$$\frac{D}{4}=\frac{b^2-4ac}{4}=\left(\frac{b}{2}\right)^2-ac$$

これも x の係数 b が偶数のときは便利です。

判別式(2)

演習の問題 ➡本冊P.89

以下，2 次関数と x 軸を連立して，y を消去した 2 次方程式の判別式を D とする。

1 次の 2 次関数のグラフと x 軸との共有点の個数を求めよ。

(1) $y=-x^2+x+5$

$$D=1^2-4\cdot(-1)\cdot5=21>0$$

よって，$y=-x^2+x+5$ と x 軸との共有点は 2 個。答

(2) $y=\frac{1}{3}x^2-2x+6$

$$D=(-2)^2-4\cdot\frac{1}{3}\cdot6=4-8=-4<0$$

よって，$y=\frac{1}{3}x^2-2x+6$ と x 軸との共有点は 0 個。答

（別解）

頂点の y 座標から判断することもできます。

(1) $y=-x^2+x+5=-\left(x-\frac{1}{2}\right)^2+\frac{21}{4}$

グラフは上に凸で，頂点の y 座標は正より，x 軸との共有点は 2 個。答

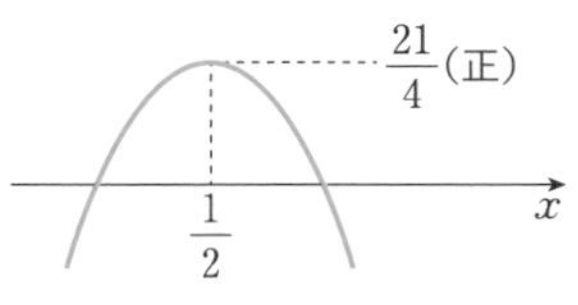

(2) $y=\frac{1}{3}x^2-2x+6=\frac{1}{3}(x-3)^2+3$

グラフは下に凸で，頂点の y 座標は正より，x 軸との共有点は 0 個。答

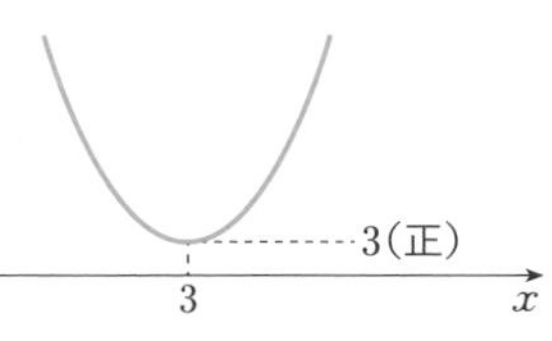

2 2 次関数 $y=x^2+ax-2a$ のグラフが x 軸と異なる 2 点で交わるような a の値の範囲を求めよ。

$y=x^2+ax-2a$ のグラフが x 軸と異なる 2 点で交わるための条件は $D>0$ が成り立つことであり，

$$D=a^2-4\cdot1\cdot(-2a)>0$$

$$a(a+8)>0$$

$$a<-8,\ 0<a$$ 答

（別解）

$$y=x^2+ax-2a=\left(x+\frac{a}{2}\right)^2-\frac{a^2}{4}-2a$$

$y=x^2+ax-2a$ のグラフが x 軸と異なる 2 点で交わるための条件は，

$$-\frac{a^2}{4}-2a<0$$

$$a(a+8)>0$$

$$a<-8,\ 0<a$$ 答

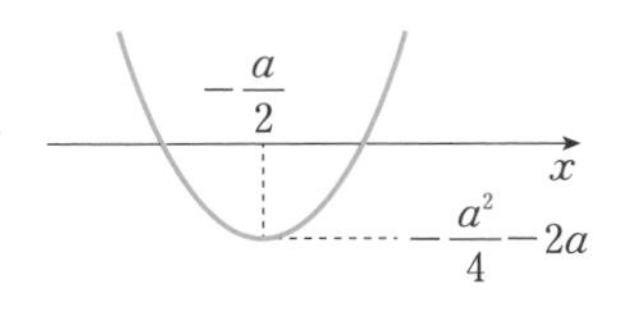

CHALLENGE 2 次関数 $y=3x^2-mx+3$ のグラフが x 軸と接するとき，定数 m の値と，そのときの接点の座標を求めよ。

$3x^2-mx+3=0$ …①の判別式を D とおくと，$y=3x^2-mx+3$ のグラフが x 軸と接するための条件は，$D=0$ が成り立つことである。

$$D=(-m)^2-4\cdot3\cdot3=0$$

$$(m+6)(m-6)=0$$

より，$m=\pm6$

(i) $m=6$ のとき，①より，$3x^2-6x+3=0$

よって，$x=1$ であり，接点は $(1,\ 0)$

(ii) $m=-6$ のとき，①より，$3x^2+6x+3=0$

よって，$x=-1$ であり，接点は $(-1,\ 0)$

したがって，$m=6$ のとき，接点 $(1,\ 0)$，$m=-6$ のとき，接点 $(-1,\ 0)$ 答

絶対不等式

演習の問題 →本冊 P.91

1 すべての実数xに対して，$x^2-2ax+3a+4>0$ が成り立つようなaの値の範囲を求めよ。

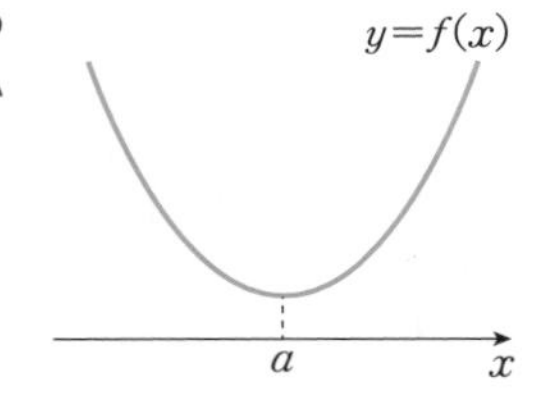

$f(x)=x^2-2ax+3a+4$ とおく。$y=f(x)$ は下に凸の 2 次関数であるから，すべての実数xに対して$f(x)>0$ が成り立つための条件は，$y=f(x)$ の最小値が 0 より大きいことである。

$$f(x)=\left(x-\boxed{^{ア}\ a}\right)^2+\left(\boxed{^{イ}\ -}\,a^2+\boxed{^{ウ}\ 3}\,a+\boxed{^{エ}\ 4}\right)$$

より，最小値は，

$$f\left(\boxed{^{ア}\ a}\right)=\boxed{^{イ}\ -}\,a^2+\boxed{^{ウ}\ 3}\,a+\boxed{^{エ}\ 4}$$

したがって，求める条件は，

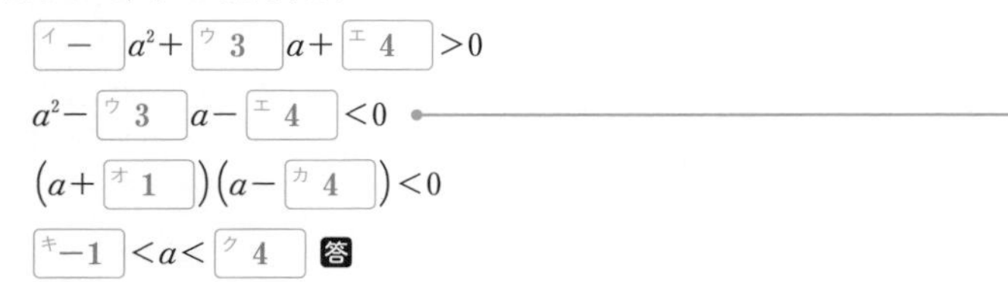

$$\boxed{^{イ}\ -}\,a^2+\boxed{^{ウ}\ 3}\,a+\boxed{^{エ}\ 4}>0$$

$$a^2-\boxed{^{ウ}\ 3}\,a-\boxed{^{エ}\ 4}<0$$

$$\left(a+\boxed{^{オ}\ 1}\right)\left(a-\boxed{^{カ}\ 4}\right)<0$$

$$\boxed{^{キ}\ -1}<a<\boxed{^{ク}\ 4}$$ 答

> $x^2-2ax+3a+4=0$ の判別式をDとすると，求める条件は，
> $D=(-2a)^2-4\cdot1\cdot(3a+4)<0$
> $4a^2-12a-16<0$
> $a^2-3a-4<0$
> ここでこの式に合流する！

CHALLENGE $x\geqq1$ をみたすすべての実数xに対して$x^2-2ax+a^2+2a-5>0$ が成り立つような，定数aの値の範囲を求めよ。

$$f(x)=x^2-2ax+a^2+2a-5$$

とおくと，

$$f(x)=(x-a)^2+2a-5$$

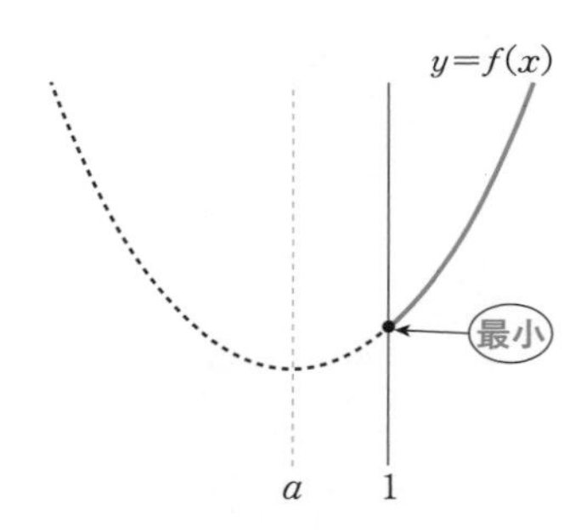

(i) $a<1$ のとき，求める条件は，

($x\geqq1$ における$f(x)$の最小値)>0

より，

$f(1)>0$

$(1-a)^2+2a-5>0$

$a^2-4>0$

$(a+2)(a-2)>0$

$a<-2,\ 2<a$

$a<1$ より，

$a<-2$

(ii) $a\geqq1$ のとき，求める条件は，

($x\geqq1$ における$f(x)$の最小値)>0

より，

$f(a)>0$

$2a-5>0$

$a>\dfrac{5}{2}$

$a\geqq1$ より，

$a>\dfrac{5}{2}$

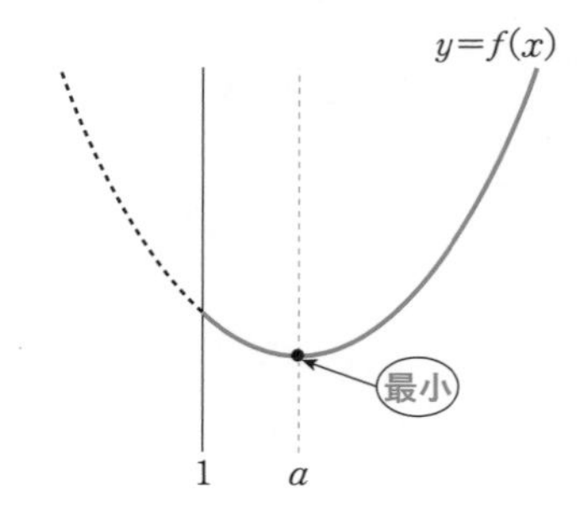

(i)，(ii)より，

$a<-2,\ \dfrac{5}{2}<a$ 答

38講 a, b, cの符号の判定

演習の問題 ➡本冊P.93

1 2次関数$y=ax^2+bx+c$のグラフが右の図で与えられているとき，次の値の符号を調べよ。

(1) a　(2) b　(3) c

(4) $a+b+c$　(5) $a-b+c$

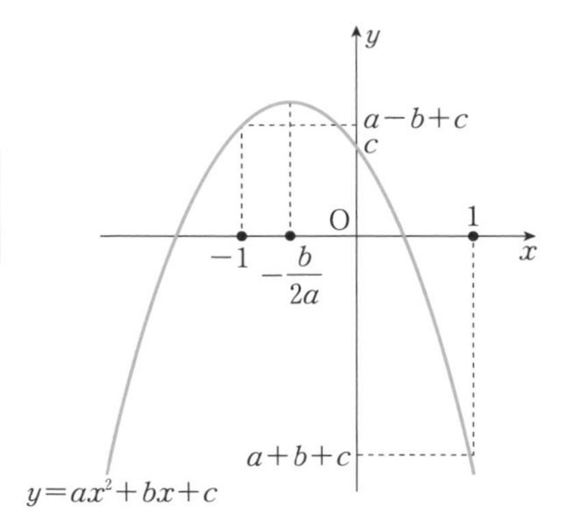

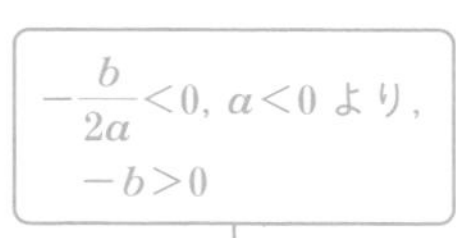

(1) 上に凸のグラフなので，$a<0$ 答

(2) 頂点のx座標は$-\frac{b}{2a}<0$, $a<0$ より，$b<0$ 答

(3) y軸との交点のy座標がcより，$c>0$ 答

(4) $x=1$ のとき，$y=ax^2+bx+c$のy座標は
$a+b+c$となり，グラフより，$a+b+c<0$ 答

(5) $x=-1$ のとき，$y=ax^2+bx+c$のy座標は
$a-b+c$となり，グラフより，$a-b+c>0$ 答

CHALLENGE 2次関数$y=ax^2+bx+c$のグラフが右の図で与えられているとき，次の値の符号を調べよ。

(1) a　(2) b　(3) c

(4) $a-b+c$　(5) b^2-4ac

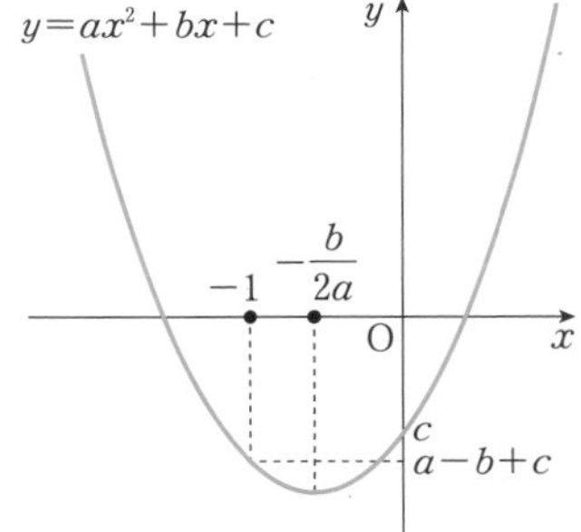

$-\frac{b}{2a}<0$, $a>0$ より，
$-b<0$

(1) 下に凸のグラフなので，$a>0$ 答

(2) 頂点のx座標は$-\frac{b}{2a}<0$, $a>0$ より，$b>0$ 答

(3) y軸との交点のy座標がcなので，$c<0$ 答

(4) $x=-1$ のとき，$y=ax^2+bx+c$のy座標は
$a-b+c$となり，グラフより，$a-b+c<0$ 答

(5) グラフがx軸と異なる2点で交わるので，$b^2-4ac>0$ 答

(別解)

$$y=ax^2+bx+c$$
$$=a\left(x+\frac{b}{2a}\right)^2-\frac{b^2-4ac}{4a}$$

頂点のy座標が負より，

$$-\frac{b^2-4ac}{4a}<0$$

$a>0$ であることに注意すると，

$b^2-4ac>0$ 答

2次関数$y=ax^2+bx+c$のグラフがx軸と異なる2点で交わる条件は，判別式Dに着目して，

$$D=b^2-4ac>0$$

と考えてもよいですし，頂点のy座標に着目して，

$a>0$(下に凸)のとき，$-\frac{b^2-4ac}{4a}<0 \xrightarrow{a>0 より} b^2-4ac>0$

$a<0$(上に凸)のとき，$-\frac{b^2-4ac}{4a}>0 \xrightarrow{a<0 より} b^2-4ac>0$

と考えてもよいです。

Chapter 3
39講

解の存在範囲(1)

演習の問題 →本冊P.95

1 2次関数$y=x^2-3ax+2a-3$のグラフがx軸とx座標が1より小さい交点と1より大きい交点をもつようなaの値の範囲を定めよ。

$$f(x)=x^2-3ax+2a-3$$

とおく。

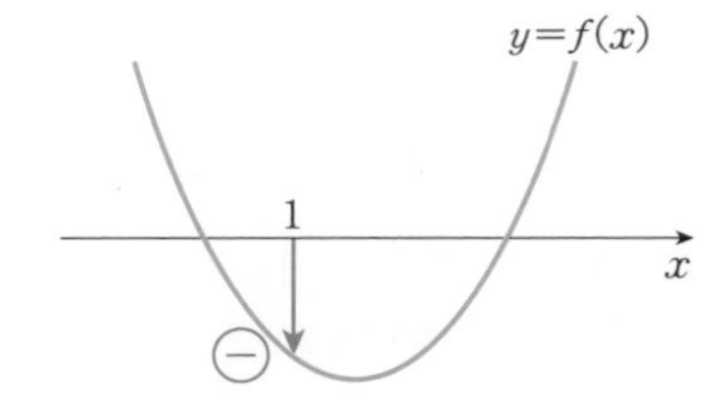

$y=f(x)$のグラフは下に凸だから，求める条件は，

$$f(\text{ア }1)=\text{イ }-\ a-\text{ウ }2<0$$

$$a>\text{エ }-2$$ 答

CHALLENGE 2次方程式$x^2+3ax-2a-5=0$の異なる2つの実数解をα, βとするとき，$-1<\alpha<1<\beta<5$をみたすように，定数aの値の範囲を定めよ。

$f(x)=x^2+3ax-2a-5$とおく。

$y=f(x)$がx軸と$-1<x<1$, および$1<x<5$のそれぞれの部分で1か所ずつ交わるようなaの値の範囲を求める。

$y=f(x)$のグラフは右の図のようになればよく，求める条件は，

$$\begin{cases} f(-1)>0 & \cdots① \\ f(1)<0 & \cdots② \\ f(5)>0 & \cdots③ \end{cases}$$

①より，

$$f(-1)=(-1)^2+3a(-1)-2a-5>0$$

$$-5a-4>0$$

$$a<-\frac{4}{5} \quad \cdots①'$$

②より，

$$f(1)=1^2+3a\cdot1-2a-5<0$$

$$a-4<0$$

$$a<4 \quad \cdots②'$$

③より，

$$f(5)=5^2+3a\cdot5-2a-5>0$$

$$13a+20>0$$

$$a>-\frac{20}{13} \quad \cdots③'$$

①′, ②′, ③′より，

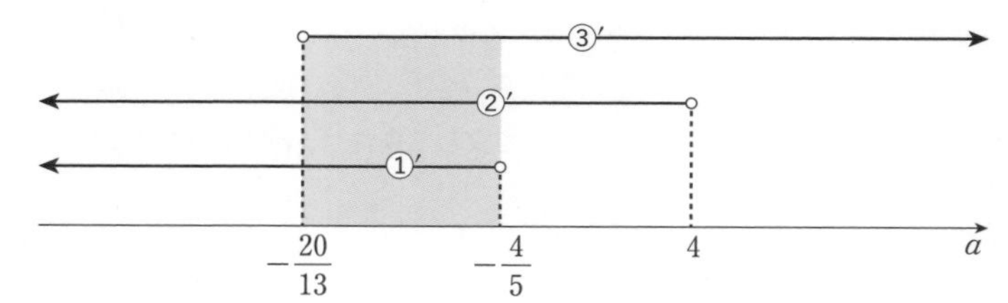

$$-\frac{20}{13}<a<-\frac{4}{5}$$ 答

Chapter 3 40講 解の存在範囲(2)

演習の問題 ➡本冊P.97

1 2次方程式$x^2-4ax+12a+16=0$が，2より大きい異なる2つの実数解をもつとき，定数aの値の範囲を求めよ。

$$f(x)=x^2-4ax+12a+16$$

とおくと，

$$f(x)=(x-2a)^2-4a^2+12a+16$$

$y=f(x)$がx軸と異なる2点で交わり，共有点のx座標が2つとも2より大きくなるのは，右の図のようになるときである。

よって，求める条件は，

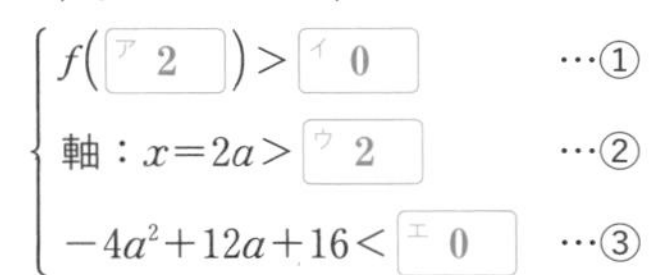

$$\begin{cases} f\left(\boxed{{}^{ア}\,2}\right)>\boxed{{}^{イ}\,0} & \cdots① \\ 軸：x=2a>\boxed{{}^{ウ}\,2} & \cdots② \\ -4a^2+12a+16<\boxed{{}^{エ}\,0} & \cdots③ \end{cases}$$

①より，

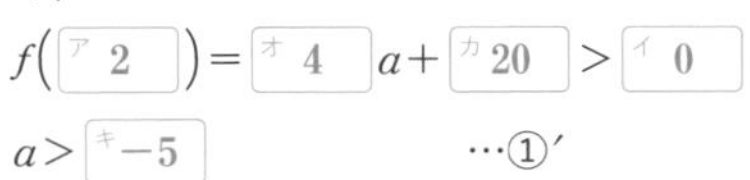

$$f\left(\boxed{{}^{ア}\,2}\right)=\boxed{{}^{オ}\,4}\,a+\boxed{{}^{カ}\,20}>\boxed{{}^{イ}\,0}$$

$$a>\boxed{{}^{キ}\,-5} \quad \cdots①'$$

②より，

$$a>\boxed{{}^{ク}\,1} \quad \cdots②'$$

③より，

$$a^2-\boxed{{}^{ケ}\,3}\,a-\boxed{{}^{コ}\,4}>0$$

$$\left(a+\boxed{{}^{サ}\,1}\right)\left(a-\boxed{{}^{シ}\,4}\right)>0$$

$$a<\boxed{{}^{ス}\,-1},\ \boxed{{}^{セ}\,4}<a \quad \cdots③'$$

①′，②′，③′より，

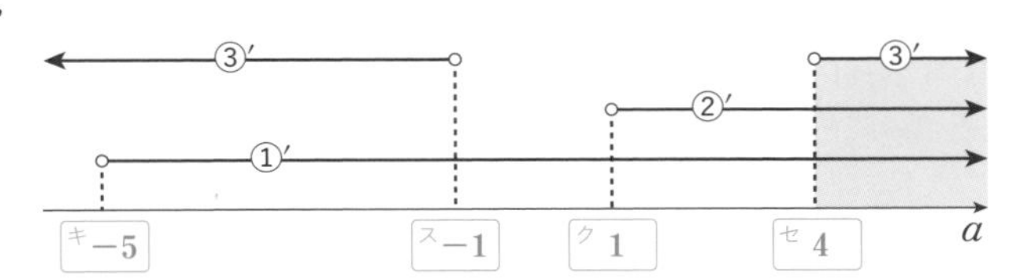

$$a>\boxed{{}^{セ}\,4}$$ **答**

解説

$f(2)>0$のみだと

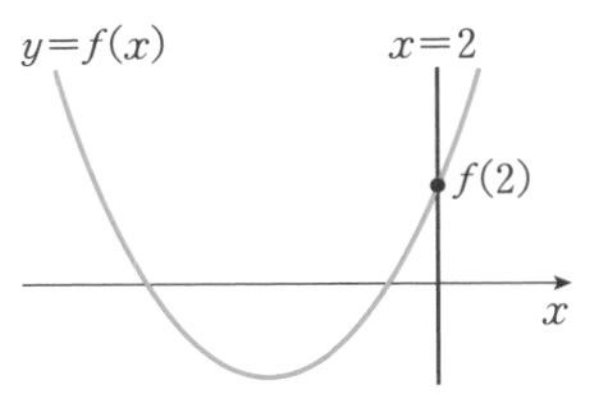

のように，2より小さい異なる2つの実数解の可能性がある。

➡ 解を2より大きくしたいので，放物線の横の動きを操っている軸に着目して，
　軸：$x=2a>2$
という条件を加える。 ➡

$2a>2$をつけても

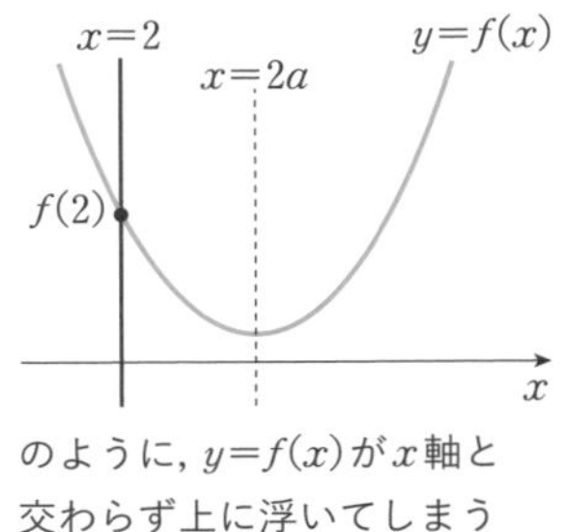

のように，$y=f(x)$がx軸と交わらず上に浮いてしまう可能性がある。

➡ x軸と異なる2点で交わらせたいので，放物線の縦の動きを操っている**頂点のy座標**に着目して，

$$-4a^2+12a+16<0$$

という条件を加えれば，$y=f(x)$が条件をみたすグラフになる。

Chapter 4
41講 単位円による定義

演習の問題 ➡本冊P.99

1 $\sin 30°$, $\cos 30°$ を単位円による定義により求めよ。

単位円上に $30°$ に対応する点Pをとり，
Pから x 軸に下ろした垂線の足をHとする。

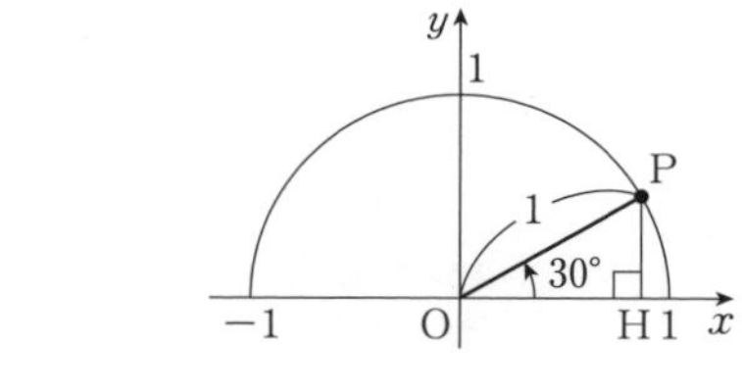

△OPHは∠POH $=30°$ の直角三角形より，
PH：OP：OH $=1:2:\sqrt{3}$
よって，

PH(たて)はOPの $\boxed{ア\ \frac{1}{2}}$ 倍だから，

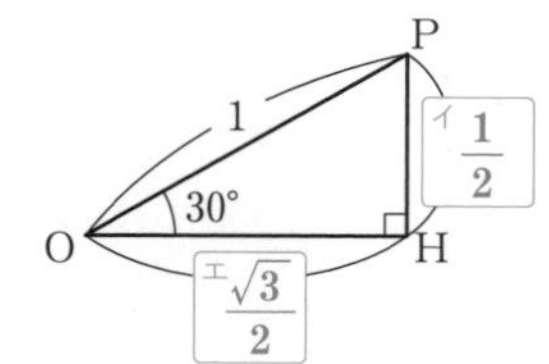

PH $=\boxed{イ\ \frac{1}{2}}$

OH(よこ)はOPの $\boxed{ウ\ \frac{\sqrt{3}}{2}}$ 倍だから，

OH $=\boxed{エ\ \frac{\sqrt{3}}{2}}$

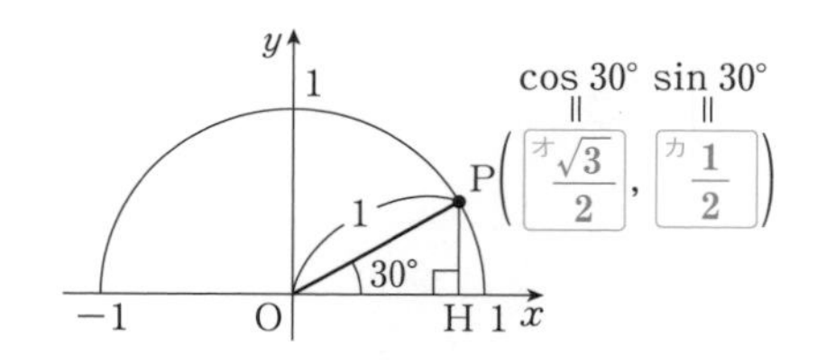

したがって，点Pの座標は $\left(\boxed{オ\ \frac{\sqrt{3}}{2}}, \boxed{カ\ \frac{1}{2}}\right)$ で，

x 座標が cos, y 座標が sin だから，

$\cos 30° = \boxed{オ\ \frac{\sqrt{3}}{2}}$, $\sin 30° = \boxed{カ\ \frac{1}{2}}$ 答

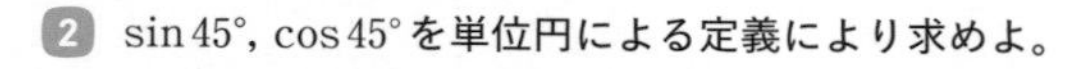

2 $\sin 45°$, $\cos 45°$ を単位円による定義により求めよ。

単位円上に $45°$ に対応する点Pをとり，
Pから x 軸に下ろした垂線の足をHとする。

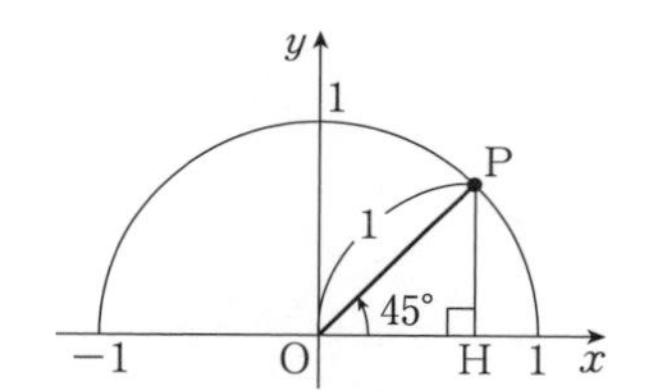

△OPHは∠POH $=45°$ の直角三角形より，
OH：PH：OP $=1:1:\sqrt{2}$
よって，

PH(たて)はOPの $\frac{1}{\sqrt{2}}$ 倍だから，

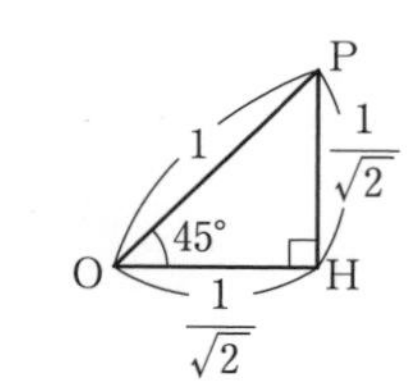

PH $=\frac{1}{\sqrt{2}}$

OH(よこ)はOPの $\frac{1}{\sqrt{2}}$ 倍だから，

OH $=\frac{1}{\sqrt{2}}$

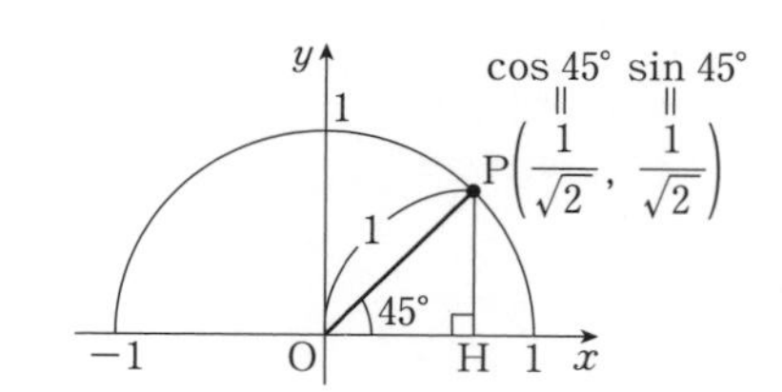

よって，点Pの座標は $\left(\frac{1}{\sqrt{2}}, \frac{1}{\sqrt{2}}\right)$ で，

x 座標が cos, y 座標が sin だから，

$\cos 45° = \frac{1}{\sqrt{2}}$, $\sin 45° = \frac{1}{\sqrt{2}}$ 答

Chapter 4 42講 傾きとタンジェント

演習の問題 ➡本冊P.101

1 次の直線とx軸のなす角をθ ($0°\leqq\theta\leqq90°$) としたとき，$\tan\theta$を求めよ。

(1) $y=\sqrt{2}x$

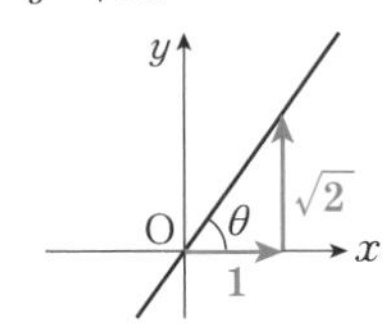

$y=\sqrt{2}x$の傾きは$\sqrt{2}$より，

$\tan\theta=\sqrt{2}$ 答

(2) $y=(\sqrt{3}-1)x$

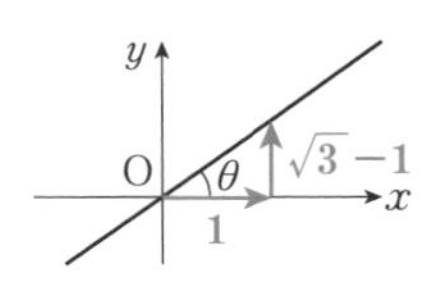

$y=(\sqrt{3}-1)x$の傾きは$\sqrt{3}-1$より，

$\tan\theta=\sqrt{3}-1$ 答

(3) $x-3y=0$

$x-3y=0$より，$y=\frac{1}{3}x$

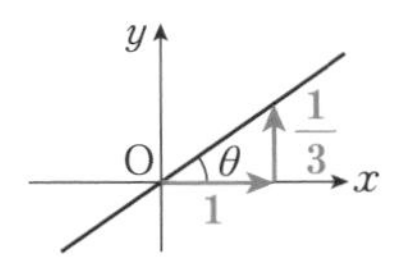

$y=\frac{1}{3}x$の傾きは$\frac{1}{3}$より，

$\tan\theta=\frac{1}{3}$ 答

2 $\tan30°$の値を傾きによる定義により求めよ。

単位円上に$30°$に対応する点Pをとり，Pからx軸に下ろした垂線の足をHとする。$\triangle$OPHは$\angle$POH$=30°$の直角三角形であるから，

$\mathrm{OH}:\mathrm{PH}=\sqrt{3}:1$

よって，

(直線OPの傾き)$=\frac{1}{\sqrt{3}}$

であるから，

$\tan30°=\frac{1}{\sqrt{3}}$ 答

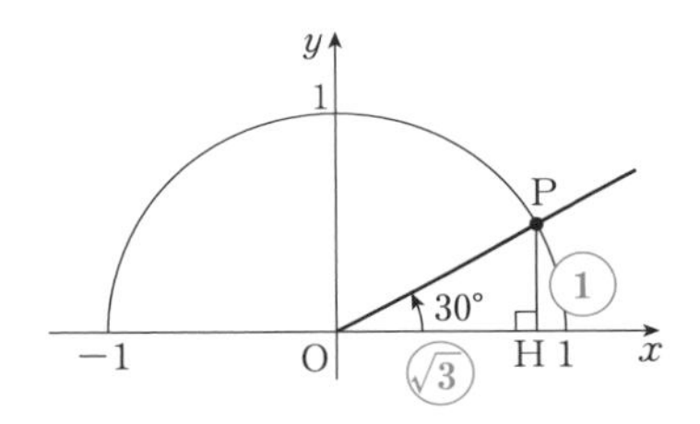

CHALLENGE 2直線$y=x$と$y=\sqrt{3}x$のなす角θ ($0°\leqq\theta\leqq90°$) を求めよ。

$y=x$とx軸の正の向きとのなす角をα ($0°\leqq\alpha\leqq90°$) とすると，$y=x$の傾きは1より，

$\tan\alpha=1$

$0°\leqq\alpha\leqq90°$より，

$\alpha=45°$

$y=\sqrt{3}x$とx軸の正の向きとのなす角をβ ($0°\leqq\beta\leqq90°$) とすると，$y=\sqrt{3}x$の傾きは$\sqrt{3}$より，

$\tan\beta=\sqrt{3}$

$0°\leqq\beta\leqq90°$より，

$\beta=60°$

$y=x$と$y=\sqrt{3}x$のなす角θは，

$\theta=\beta-\alpha$

だから，

$\theta=60°-45°$

$=15°$ 答

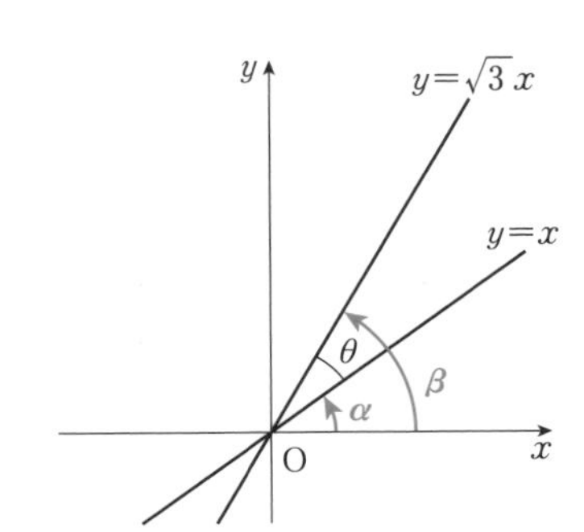

Chapter 4
43講

120°, 135°, 150° の三角比

演習の問題 ➡本冊 P.103

1 $\sin 150°$, $\cos 150°$ の値を求めよ。

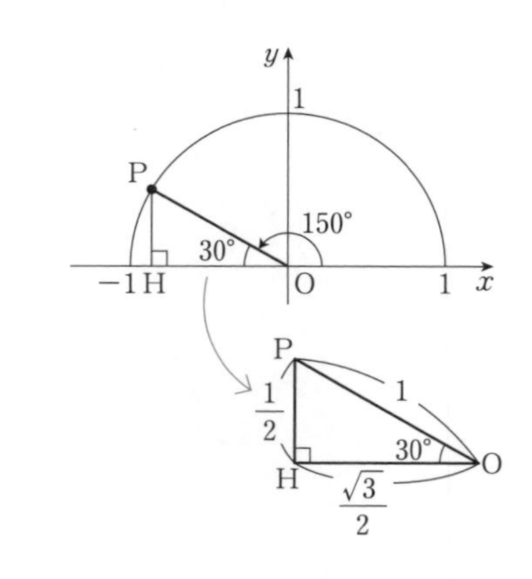

単位円上に 150° に対応する点Pをとり，
Pからx軸に下ろした垂線の足をHとする。
△OPHは∠POH＝30°の
直角三角形であるから，

$$\mathrm{PH}:\mathrm{OP}:\mathrm{OH}=1:2:\sqrt{3}$$

PHはOP＝1の$\frac{1}{2}$倍だから，

$$\mathrm{PH}=\frac{1}{2}$$

OHはOP＝1の$\frac{\sqrt{3}}{2}$倍だから，

$$\mathrm{OH}=\frac{\sqrt{3}}{2}$$

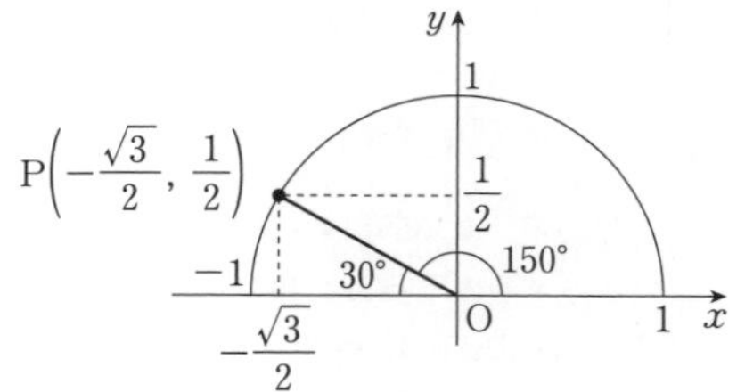

よって，Pの座標は$\left(-\frac{\sqrt{3}}{2}, \frac{1}{2}\right)$で，
x座標が cos, y座標が sin だから，

$$\sin 150°=\frac{1}{2},\ \cos 150°=-\frac{\sqrt{3}}{2}$$ **答**

2 $\tan 150°$ の値を求めよ。

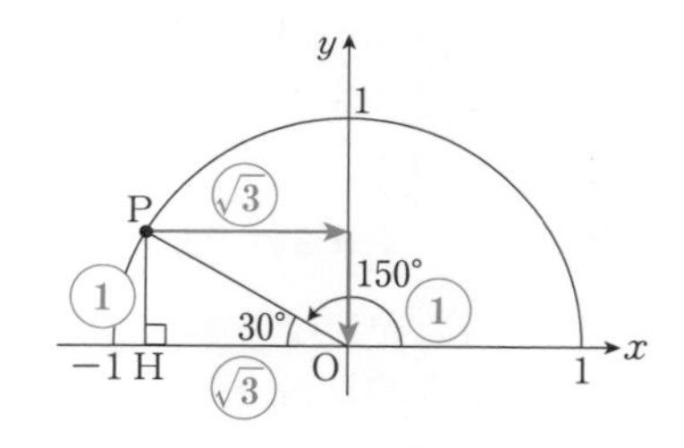

単位円上に 150° に対応する点Pをとり，
Pからx軸に下ろした垂線の足をHとする。
△OPHは∠POH＝30°の直角三角形であるから，

$$\mathrm{OH}:\mathrm{PH}=\sqrt{3}:1$$

よって，

$$(\text{直線OPの傾き})=\frac{-1}{\sqrt{3}}=-\frac{1}{\sqrt{3}}$$

であるから，

$$\tan 150°=-\frac{1}{\sqrt{3}}$$ **答**

44講 0°, 90°, 180°の三角比

演習の問題 ➡本冊P.105

1 次の式の値を求めよ。

(1) $\sin 0^\circ \cos 90^\circ + \cos 0^\circ \sin 90^\circ$

$= 0 \cdot 0 + 1 \cdot 1$

$= 1$ 答

(2) $\dfrac{1}{\cos^2 180^\circ} - \tan^2 180^\circ$

$= \dfrac{1}{(-1)^2} - 0^2$

$= 1$ 答

2 次の式の値を求めよ。

(1) $\dfrac{\tan 45^\circ + \tan 135^\circ}{1 - \tan 45^\circ \tan 135^\circ}$

$= \dfrac{1 + (-1)}{1 - 1 \cdot (-1)}$

$= \dfrac{0}{2}$

$= 0$ 答

(2) $\cos 120^\circ \sin 150^\circ + \sin 120^\circ \cos 150^\circ$

$= \left(-\dfrac{1}{2}\right) \cdot \dfrac{1}{2} + \dfrac{\sqrt{3}}{2} \cdot \left(-\dfrac{\sqrt{3}}{2}\right)$

$= -\dfrac{1}{4} - \dfrac{3}{4}$

$= -1$ 答

CHALLENGE 次の式をみたすようなθ $(0^\circ \leqq \theta \leqq 180^\circ)$の値をそれぞれ求めよ。

(1) $\cos\theta = -1$

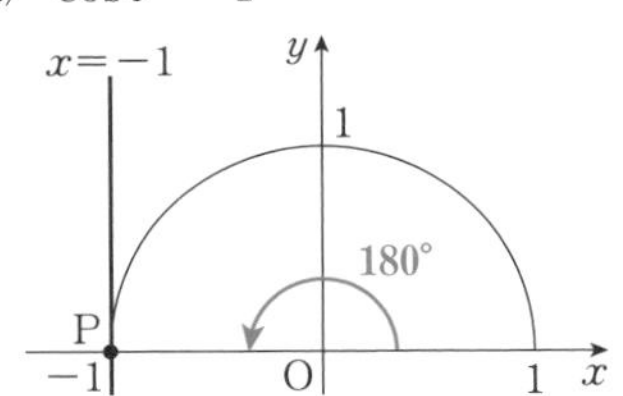

$\cos\theta$は単位円上のx座標だから，単位円上で$x=-1$となる点Pを考える。P$(-1, 0)$であり，

$\theta = 180^\circ$ 答

(2) $\sin\theta = 1$

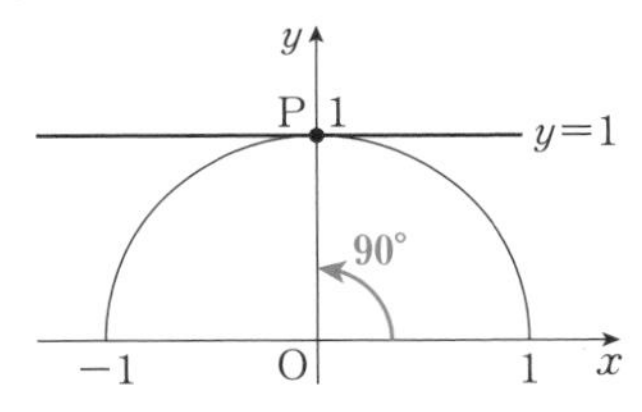

$\sin\theta$は単位円上のy座標だから，単位円上で$y=1$となる点Pを考える。P$(0, 1)$であり，

$\theta = 90^\circ$ 答

Chapter 4
45講 三角比の相互関係

演習の問題 ➡本冊P.107

1 $\cos\theta=-\dfrac{5}{13}$ $(0°<\theta<180°)$ のとき，次の値を求めよ。

(1) $\sin\theta$

$\sin^2\theta+\cos^2\theta=1$ より，

$\sin^2\theta=1-\cos^2\theta=1-\left(-\dfrac{5}{13}\right)^2=$ ア $\dfrac{144}{169}$

$0°<\theta<180°$ より，$\sin\theta$ イ $>$ 0

であるから，

$\sin\theta=$ ウ $\dfrac{12}{13}$ 答

(2) $\tan\theta$

$\tan\theta=\dfrac{\sin\theta}{\cos\theta}=\sin\theta\div\cos\theta$ より，

$\tan\theta=$ ウ $\dfrac{12}{13}$ $\div\left(-\dfrac{5}{13}\right)$

$=$ エ $-\dfrac{12}{5}$ 答

$\dfrac{12}{13}\div\left(-\dfrac{5}{13}\right)$
$=\dfrac{12}{13}\times\left(-\dfrac{13}{5}\right)$
$=-\dfrac{12}{5}$

2 $\tan\theta=-2$ $(0°<\theta<180°)$ のとき，次の値を求めよ。

(1) $\cos\theta$

$1+\tan^2\theta=\dfrac{1}{\cos^2\theta}$ より，

$\dfrac{1}{\cos^2\theta}=1+4=5$

$\cos^2\theta=\dfrac{1}{5}$

$\tan\theta<0$ より，$90°<\theta<180°$

よって，$\cos\theta<0$ より，$\cos\theta=-\dfrac{1}{\sqrt{5}}$ 答

解説

$\tan\theta<0$ より，$90°<\theta<180°$ である。
点Pは第2象限にあるから，Pのx座標は負。

(2) $\sin\theta$

$\tan\theta=\dfrac{\sin\theta}{\cos\theta}$ より，

$\sin\theta=\tan\theta\cdot\cos\theta$

$=-2\cdot\left(-\dfrac{1}{\sqrt{5}}\right)$

$=\dfrac{2}{\sqrt{5}}$ 答

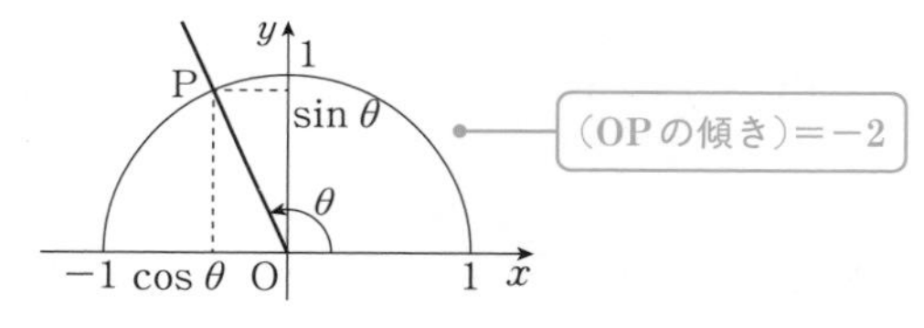

CHALLENGE $0°<\theta<180°$ で，$\sin\theta+\cos\theta=\dfrac{1}{2}$ のとき，次の値を求めよ。

(1) $\sin\theta\cos\theta$

$\sin\theta+\cos\theta=\dfrac{1}{2}$ の両辺を2乗すると，

$(\sin\theta+\cos\theta)^2=\left(\dfrac{1}{2}\right)^2$

$\sin^2\theta+2\sin\theta\cos\theta+\cos^2\theta=\dfrac{1}{4}$

$\sin^2\theta+\cos^2\theta=1$ より，

$1+2\sin\theta\cos\theta=\dfrac{1}{4}$

$\sin\theta\cos\theta=-\dfrac{3}{8}$ 答

(2) $\tan\theta+\dfrac{1}{\tan\theta}$

$=\dfrac{\sin\theta}{\cos\theta}+\dfrac{\cos\theta}{\sin\theta}$

$=\dfrac{\sin^2\theta}{\sin\theta\cos\theta}+\dfrac{\cos^2\theta}{\sin\theta\cos\theta}$

$=\dfrac{\sin^2\theta+\cos^2\theta}{\sin\theta\cos\theta}$

$=\dfrac{1}{-\dfrac{3}{8}}$

$=-\dfrac{8}{3}$ 答

$\dfrac{1}{-\dfrac{3}{8}}=\dfrac{1\times8}{-\dfrac{3}{8}\times8}$
$=-\dfrac{8}{3}$

Chapter 4 46講

180°−θの三角比

演習の問題 ➡本冊P.109

1 次の式の値を求めよ。

(1) $\cos(180°-\theta)\cos\theta-\sin(180°-\theta)\sin\theta$

$$\cos(180°-\theta)\cos\theta-\sin(180°-\theta)\sin\theta = \boxed{^{ア}-\cos\theta}\cos\theta-\boxed{^{イ}\sin\theta}\sin\theta$$
$$=-\left(\boxed{^{ウ}\cos^2\theta+\sin^2\theta}\right)$$
$$=\boxed{^{エ}-1}$$ 答

(2) $(\sin170°+\cos170°)^2+2\sin10°\cos10°$

$$\sin170°=\sin(180°-10°)=\boxed{^{オ}\sin10°},\ \cos170°=\cos(180°-10°)=\boxed{^{カ}-\cos10°}$$

より,

$$(\sin170°+\cos170°)^2+2\sin10°\cos10°=\left(\boxed{^{キ}\sin10°}-\boxed{^{ク}\cos10°}\right)^2+2\sin10°\cos10°$$
$$=\boxed{^{ケ}\sin^2 10°}-2\boxed{^{キ}\sin10°}\boxed{^{ク}\cos10°}+\cos^2 10°+2\sin10°\cos10°$$
$$=\boxed{^{コ}1}$$ 答

解説

$\sin^2 10°+\cos^2 10°=1$

2 次の式の値を求めよ。ただし, $\tan15°=0.2679$ とする。

(1) $1-\tan165°+\tan15°$

$$\tan165°=\tan(180°-15°)$$
$$=-\tan15°$$

より,

$$1-\tan165°+\tan15°=1-(-\tan15°)+\tan15°$$
$$=1+2\tan15°$$
$$=1+2\cdot0.2679$$
$$=1.5358$$ 答

(2) $\sin(90°-\theta)\cos(180°-\theta)-\cos(90°-\theta)\sin(180°-\theta)$

$$\sin(90°-\theta)\cos(180°-\theta)-\cos(90°-\theta)\sin(180°-\theta)=\cos\theta(-\cos\theta)-\sin\theta\sin\theta$$
$$=-\cos^2\theta-\sin^2\theta$$
$$=-(\cos^2\theta+\sin^2\theta)$$
$$=-1$$ 答

CHALLENGE $\sin80°+\cos110°+\sin160°+\cos170°$ の値を求めよ。

$$\sin80°+\cos110°+\sin160°+\cos170°=\sin(90°-10°)+\cos(180°-70°)+\sin(180°-20°)+\cos(180°-10°)$$
$$=\cos10°-\cos70°+\sin20°-\cos10°$$
$$=-\cos70°+\sin20°$$
$$=-\cos(90°-20°)+\sin20°$$
$$=-\sin20°+\sin20°$$
$$=0$$ 答

Chapter 4 47講 三角比を含む方程式(1)

演習の問題 ➡本冊P.111

1 $0° \leqq \theta \leqq 180°$ **のとき，** $\sin\theta = \dfrac{1}{\sqrt{2}}$ **をみたす** θ **の値を求めよ。**

単位円と直線 $y=\dfrac{1}{\sqrt{2}}$ との交点をP, P′とし，

P, P′からx軸に下ろした垂線の足をそれぞれH, H′とする。

△OPHと△OP′H′に着目すると，

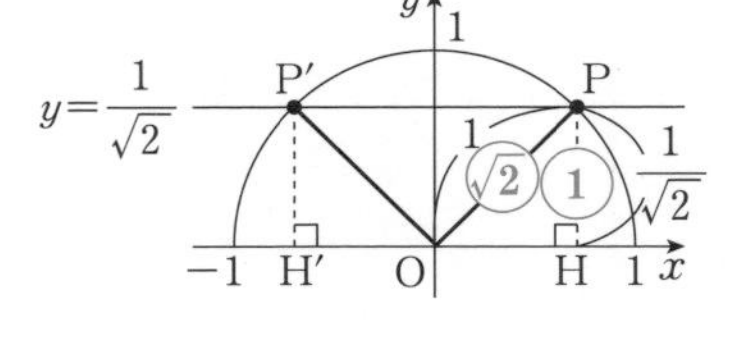

$$\mathrm{OP}:\mathrm{PH}=1:\frac{1}{\sqrt{2}}=\sqrt{2}:1$$

$$\mathrm{OP'}:\mathrm{P'H'}=1:\frac{1}{\sqrt{2}}=\sqrt{2}:1$$

より，

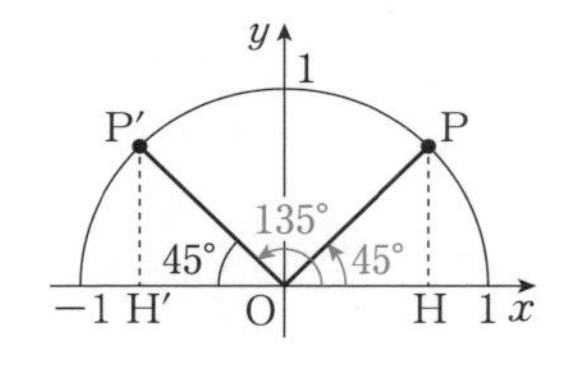

$$\angle\mathrm{POH}=\angle\mathrm{P'OH'}=45°$$

よって，求めるθはx軸の正の向きからの回転角だから，

$\theta=45°, 135°$ 答

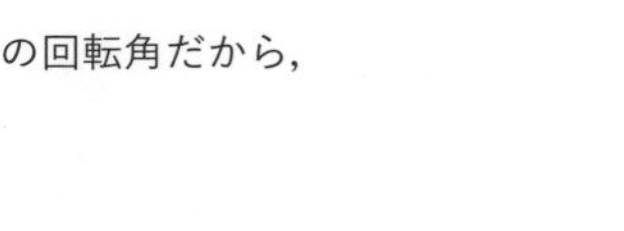

2 $0° \leqq \theta \leqq 180°$ **のとき，** $\cos\theta = \dfrac{1}{2}$ **をみたす** θ **の値を求めよ。**

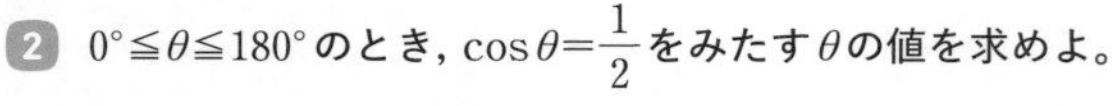

単位円と直線 $x=\dfrac{1}{2}$ との交点をPとし，

Pからx軸へ下ろした垂線の足をHとする。

△OPHに着目すると，

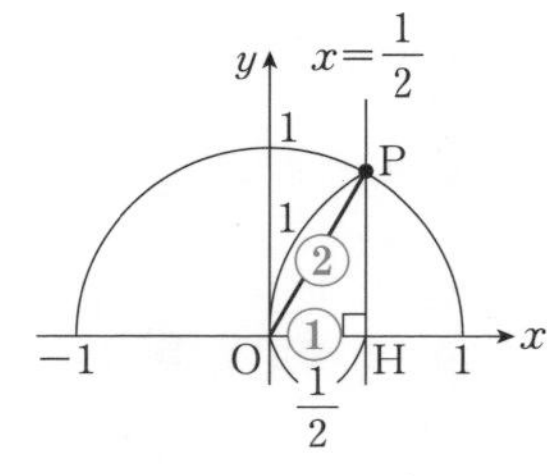

$$\mathrm{OH}:\mathrm{OP}=\frac{1}{2}:1=1:2$$

より，

$$\angle\mathrm{POH}=60°$$

よって，求めるθはx軸の正方向からの回転角だから，

$\theta=60°$ 答

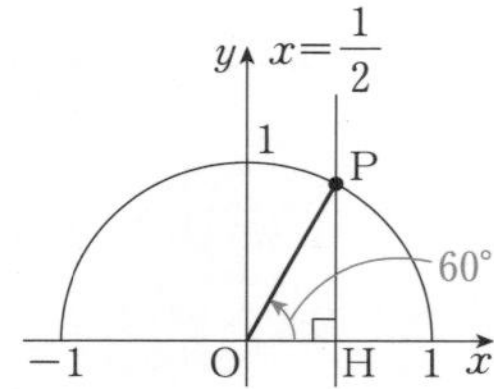

CHALLENGE $0° \leqq \theta \leqq 180°$ **のとき，** $\sin\theta=\sin 30°$ **をみたす** θ **の値を求めよ。**

$\sin 30°$は単位円上でx軸からの回転角が$30°$のときのy座標である。

単位円と $y=\sin 30°=\dfrac{1}{2}$ との交点をP, P′とし，

P, P′からx軸に下ろした垂線の足をそれぞれH, H′とする。

△OPH, △OP′H′に着目すると，

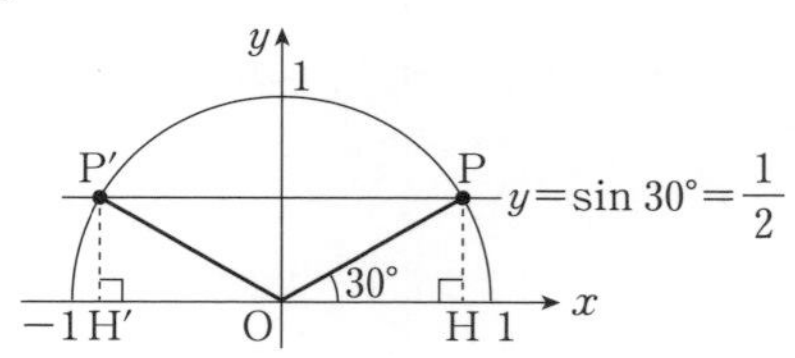

$$\mathrm{OP}:\mathrm{PH}=1:\frac{1}{2}=2:1$$

$$\mathrm{OP'}:\mathrm{P'H'}=1:\frac{1}{2}=2:1$$

より，

$$\angle\mathrm{POH}=\angle\mathrm{P'OH'}=30°$$

よって，求めるθはx軸の正の向きからの回転角だから，

$\theta=30°, 150°$ 答

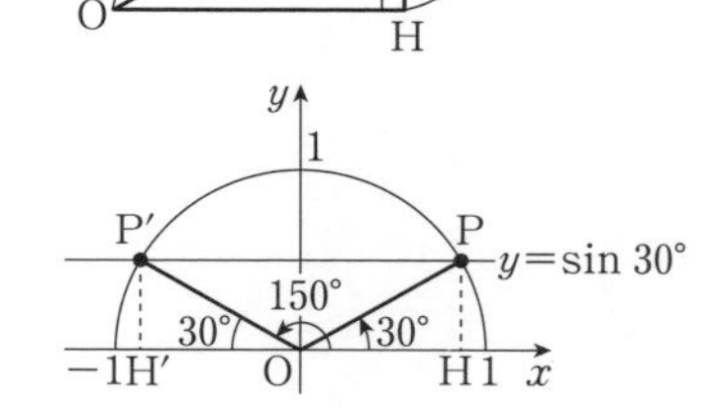

Chapter 4

48講 三角比を含む方程式(2)

演習の問題 →本冊P.113

1 $0°\leqq\theta\leqq180°$ のとき，$\tan\theta=-\sqrt{3}$ をみたす θ の値を求めよ。

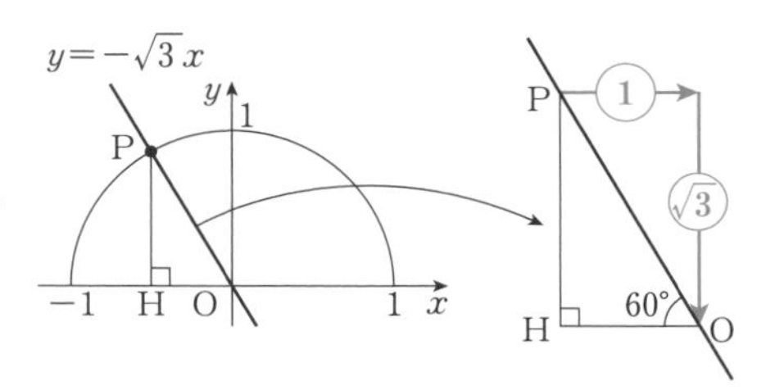

原点を通る傾き $-\sqrt{3}$ の直線 $y=-\sqrt{3}x$ と単位円との交点をP，Pから x 軸に下ろした垂線の足をHとする。

傾きが $-\sqrt{3}$ より，

$$\mathrm{PH}:\mathrm{HO}=\sqrt{3}:1$$

だから，

$$\angle\mathrm{POH}=60°$$

よって，

$$\theta=180°-60°$$
$$=120°$$ 答

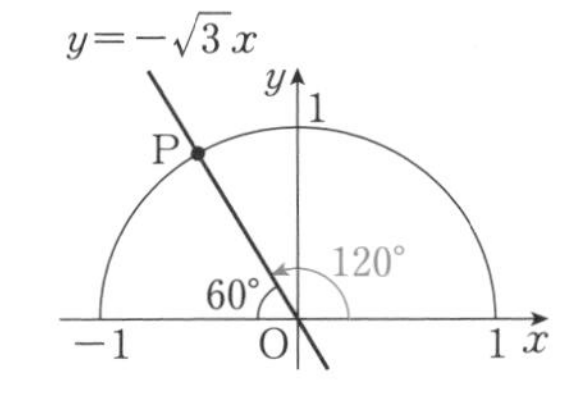

2 $0°\leqq\theta\leqq180°$ のとき，$2\cos^2\theta+3\cos\theta+1=0$ をみたす θ の値を求めよ。

$\cos\theta=t$ とおくと，与えられた方程式は，

$$2t^2+3t+1=0$$
$$(2t+1)(t+1)=0$$
$$t=-\frac{1}{2},\ -1$$

よって，

$$\cos\theta=-\frac{1}{2},\ -1$$

$\cos\theta=-\frac{1}{2}$ のとき，$\theta=120°$

$\cos\theta=-1$ のとき，$\theta=180°$

したがって，

$$\theta=120°,\ 180°$$ 答

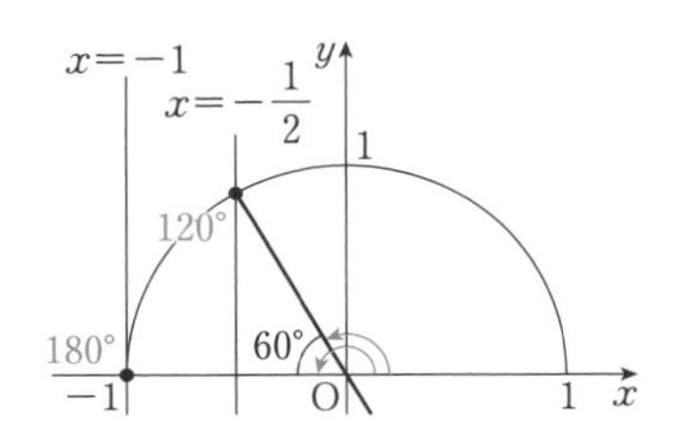

CHALLENGE $0°\leqq\theta\leqq180°$ のとき，$2\sin^2\theta+\cos\theta-2=0$ をみたす θ の値を求めよ。

$\sin^2\theta+\cos^2\theta=1$ より，$\sin^2\theta=1-\cos^2\theta$ だから，

与えられた方程式は，

$$2(1-\cos^2\theta)+\cos\theta-2=0$$
$$2\cos^2\theta-\cos\theta=0$$
$$\cos\theta(2\cos\theta-1)=0$$
$$\cos\theta=0,\ \frac{1}{2}$$

$\cos\theta=0$ のとき，$\theta=90°$

$\cos\theta=\frac{1}{2}$ のとき，$\theta=60°$

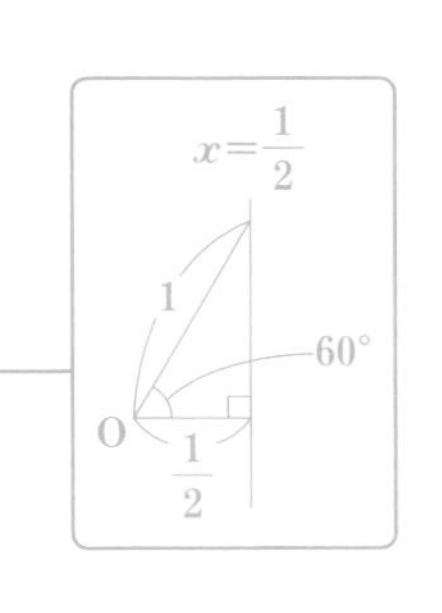

よって，

$$\theta=60°,\ 90°$$ 答

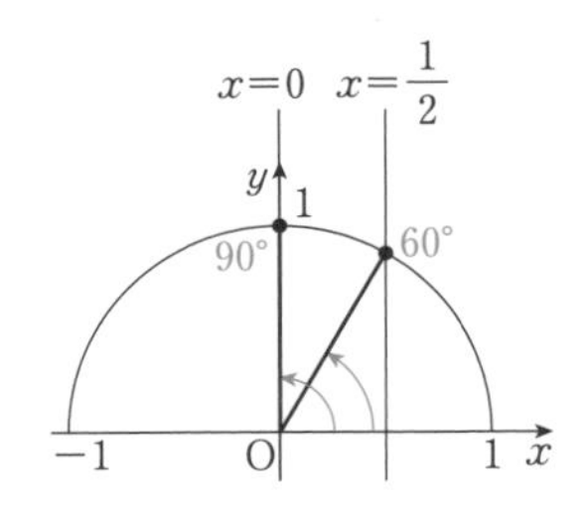

三角比を含む不等式(1)

演習の問題 ➡本冊P.115

1 $0^\circ \leqq \theta \leqq 180^\circ$ のとき，$\sin\theta \leqq \dfrac{1}{\sqrt{2}}$ をみたす θ の範囲を求めよ。

直線 $y=\dfrac{1}{\sqrt{2}}$ と単位円との交点をP, P′とし，
P, P′から x 軸に下ろした垂線の足をH, H′とする。
OP：PH＝OP′：P′H′＝$\sqrt{2}$：1 だから，
$\angle$POH＝P′OH′＝45°
$y \leqq \dfrac{1}{\sqrt{2}}$ となる θ の範囲が求める範囲より，
$0^\circ \leqq \theta \leqq 45^\circ$, $135^\circ \leqq \theta \leqq 180^\circ$ 答

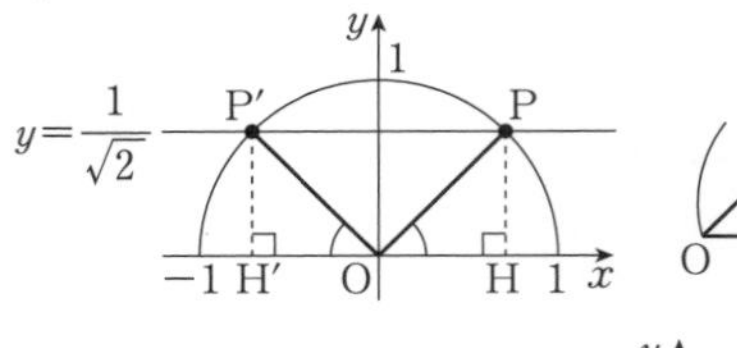

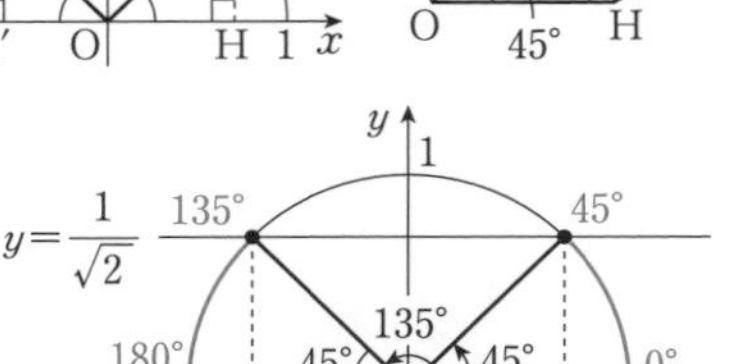

2 $0^\circ \leqq \theta \leqq 180^\circ$ のとき，$\cos\theta \leqq \dfrac{\sqrt{3}}{2}$ をみたす θ の範囲を求めよ。

直線 $x=\dfrac{\sqrt{3}}{2}$ と単位円との交点をP，
Pから x 軸に下ろした垂線の足をHとする。
OP：OH＝2：$\sqrt{3}$ だから，
$\angle$POH＝30°
$x \leqq \dfrac{\sqrt{3}}{2}$ となる θ の範囲が求める範囲より，
$30^\circ \leqq \theta \leqq 180^\circ$ 答

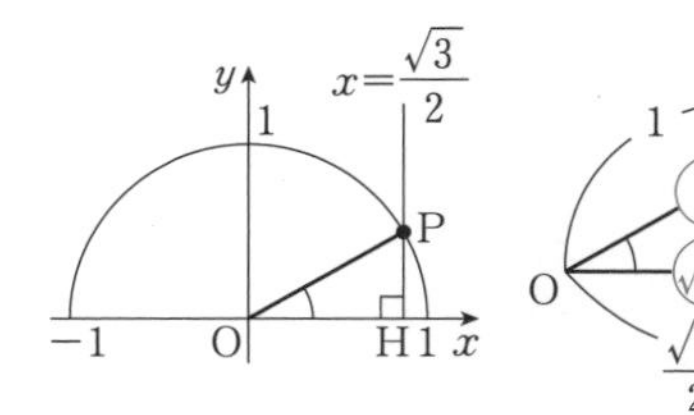

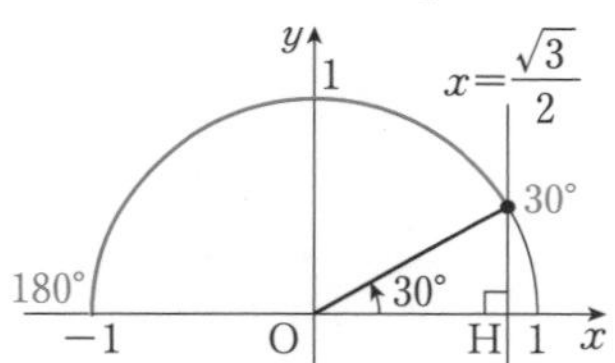

CHALLENGE $0^\circ \leqq \theta \leqq 180^\circ$ のとき，$-\dfrac{\sqrt{3}}{2} \leqq \cos\theta \leqq \dfrac{1}{2}$ をみたす θ の範囲を求めよ。

直線 $x=\dfrac{1}{2}$, $x=-\dfrac{\sqrt{3}}{2}$ と単位円の交点をそれぞれP, P′とし，
P, P′から x 軸に下ろした垂線の足をそれぞれH, H′とする。
△POHについてOP：OH＝2：1 だから，
$\angle$POH＝60°
△P′OH′についてOP′：OH′＝2：$\sqrt{3}$ だから，
$\angle$P′OH′＝30°
$-\dfrac{\sqrt{3}}{2} \leqq x \leqq \dfrac{1}{2}$ となる θ の範囲が求める範囲より，
$60^\circ \leqq \theta \leqq 150^\circ$ 答

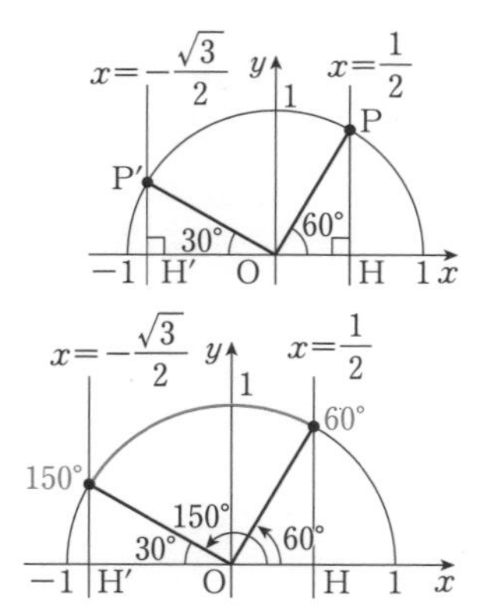

Chapter 4 50講

三角比を含む不等式(2)

演習の問題 ➡本冊P.117

1 $0° \leqq \theta \leqq 180°$ のとき，$\tan\theta \geqq \dfrac{1}{\sqrt{3}}$ をみたす θ の範囲を求めよ。

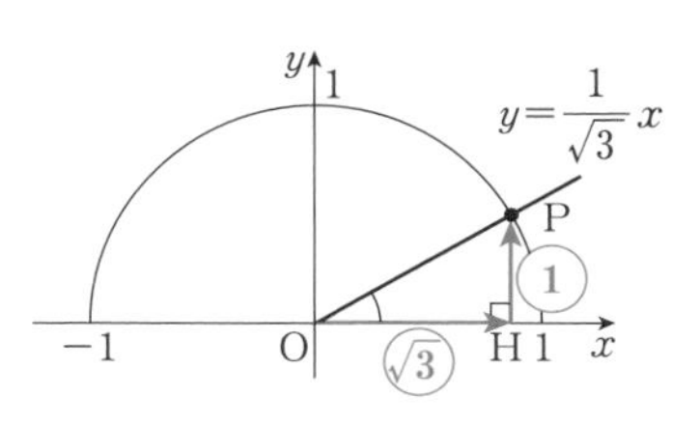

直線 $y=\dfrac{1}{\sqrt{3}}x$ と単位円との交点をP，

Pから x 軸に下ろした垂線の足をHとする。

OPの傾きが $\dfrac{1}{\sqrt{3}}$ より，

$\mathrm{OH}:\mathrm{PH}=\sqrt{3}:1$

だから，

$\angle\mathrm{POH}=30°$

直線の傾きが $\dfrac{1}{\sqrt{3}}$ 以上となる θ の範囲が求める範囲より，

$30° \leqq \theta < 90°$ 答

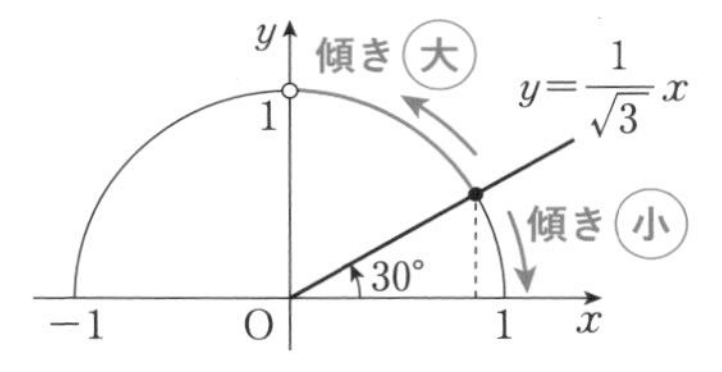

2 $0° \leqq \theta \leqq 180°$ のとき，$4\cos^2\theta-1 \leqq 0$ をみたす θ の範囲を求めよ。

$\cos\theta=t$ とおくと，不等式は，

$4t^2-1 \leqq 0$

$(2t-1)(2t+1) \leqq 0$

$-\dfrac{1}{2} \leqq t \leqq \dfrac{1}{2}$

つまり，

$-\dfrac{1}{2} \leqq \cos\theta \leqq \dfrac{1}{2}$

$-\dfrac{1}{2} \leqq x \leqq \dfrac{1}{2}$ となる θ の範囲が求める範囲より，

$60° \leqq \theta \leqq 120°$ 答

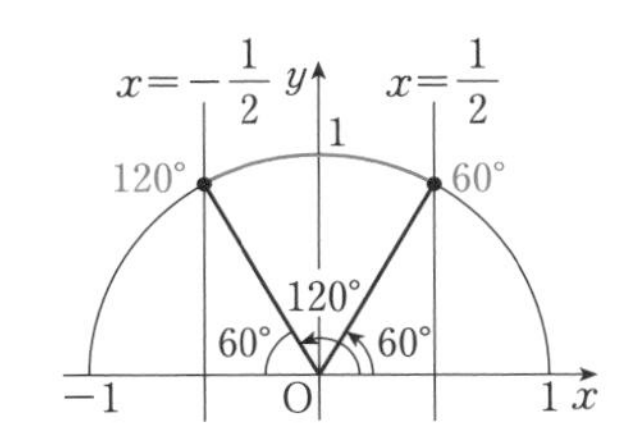

CHALLENGE $0° \leqq \theta \leqq 180°$ のとき，$2\cos^2\theta+3\sin\theta-3>0$ をみたす θ の範囲を求めよ。

$\cos^2\theta=1-\sin^2\theta$ より，与えられた不等式は，

$2(1-\sin^2\theta)+3\sin\theta-3>0$

$\sin\theta=t$ とおくと，

$2(1-t^2)+3t-3>0$

$-2t^2+3t-1>0$

$2t^2-3t+1<0$

$(2t-1)(t-1)<0$

$\dfrac{1}{2}<t<1$

つまり，

$\dfrac{1}{2}<\sin\theta<1$

$\dfrac{1}{2}<y<1$ となる θ の範囲が求める範囲より，

$30°<\theta<90°,\ 90°<\theta<150°$ 答

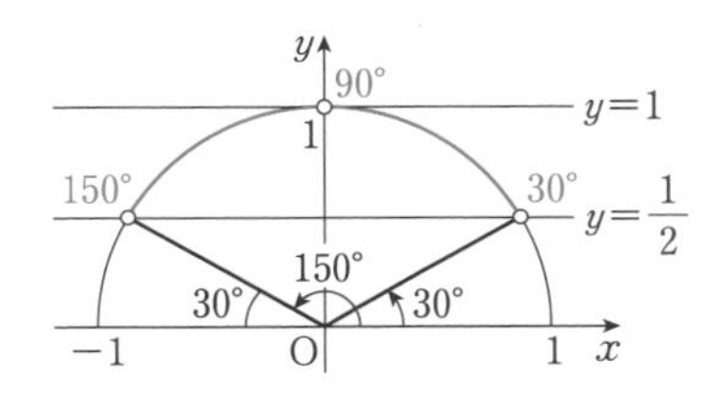

Chapter 4
51講 三角比を含む関数の最大・最小

演習の問題 ➡本冊P.119

1 $0^\circ \leqq \theta \leqq 180^\circ$ のとき，次の関数の最大値と最小値を求めよ（そのときのθの値は求めなくてよい）。

(1) $y=2\sin\theta+1$

$0^\circ \leqq \theta \leqq 180^\circ$ のとき，$0 \leqq \sin\theta \leqq 1$ より，

$0 \leqq 2\sin\theta \leqq 2$

$1 \leqq 2\sin\theta+1 \leqq 3$

$1 \leqq y \leqq 3$

よって，

最大値は 3，最小値は 1 答

(2) $y=3\cos\theta-1$

$0^\circ \leqq \theta \leqq 180^\circ$ のとき，$-1 \leqq \cos\theta \leqq 1$ より，

$-3 \leqq 3\cos\theta \leqq 3$

$-4 \leqq 3\cos\theta-1 \leqq 2$

$-4 \leqq y \leqq 2$

よって，

最大値は 2，最小値は -4 答

2 $0^\circ \leqq \theta \leqq 180^\circ$ のとき，$y=2\cos^2\theta+2\sqrt{3}\cos\theta$ の最大値と最小値を求めよ。また，そのときのθの値を求めよ。

$\cos\theta=t$ とおくと，$0^\circ \leqq \theta \leqq 180^\circ$ より

$-1 \leqq t \leqq 1$

であり，

$$y=2t^2+2\sqrt{3}t=2\left(t+\frac{\sqrt{3}}{2}\right)^2-\frac{3}{2}$$

$t=1$ のとき，最大値 $2+2\sqrt{3}$，

$t=-\frac{\sqrt{3}}{2}$ のとき，最小値 $-\frac{3}{2}$

をとる。

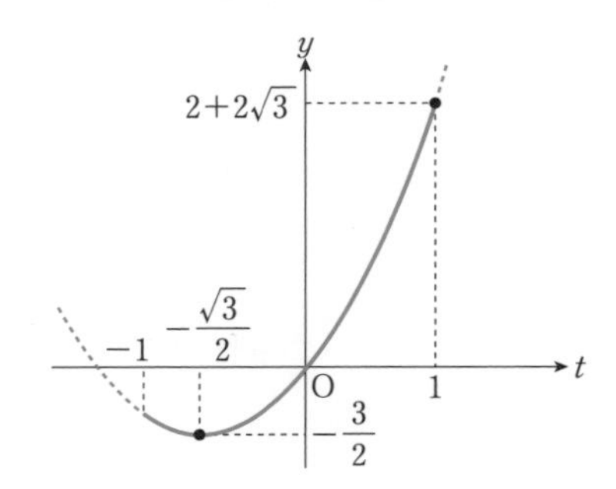

$t=1$ のとき，$\cos\theta=1$ より，$\theta=0^\circ$

$t=-\frac{\sqrt{3}}{2}$ のとき，$\cos\theta=-\frac{\sqrt{3}}{2}$ より，$\theta=150^\circ$

よって，

$\theta=0^\circ$ のとき最大値 $2+2\sqrt{3}$，

$\theta=150^\circ$ のとき最小値 $-\frac{3}{2}$ 答

CHALLENGE $0^\circ \leqq \theta \leqq 180^\circ$ のとき，$y=\cos^2\theta+\sin\theta$ の最大値と最小値を求めよ。また，そのときのθの値を求めよ。

$\sin^2\theta+\cos^2\theta=1$ より，$\cos^2\theta=1-\sin^2\theta$ だから，

$y=1-\sin^2\theta+\sin\theta$

$\sin\theta=t$ とおくと，$0^\circ \leqq \theta \leqq 180^\circ$ より，$0 \leqq t \leqq 1$ であり，

$$y=1-t^2+t=-\left(t-\frac{1}{2}\right)^2+\frac{5}{4}$$

$t=\frac{1}{2}$ のとき最大値 $\frac{5}{4}$，

$t=0, 1$ のとき最小値 1

をとる。

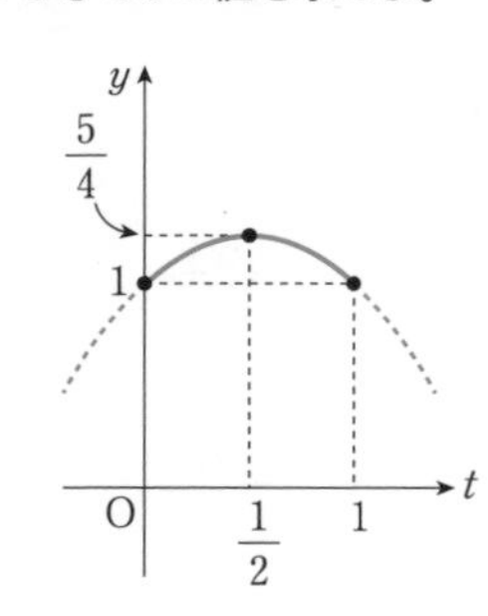

$t=\frac{1}{2}$ のとき，$\sin\theta=\frac{1}{2}$ より，$\theta=30^\circ, 150^\circ$

$t=0$ のとき，$\sin\theta=0$ より，$\theta=0^\circ, 180^\circ$

$t=1$ のとき，$\sin\theta=1$ より，$\theta=90^\circ$

よって，

$\theta=30^\circ, 150^\circ$ のとき最大値 $\frac{5}{4}$，

$\theta=0^\circ, 90^\circ, 180^\circ$ のとき最小値 1 答

Chapter 4

52講 正弦定理

演習の問題 →本冊P.121

1 △ABCにおいて，次の値を求めよ。ただし，Rは△ABCの外接円の半径とする。

(1) $b=2$, $A=120°$, $B=45°$のとき，a, R

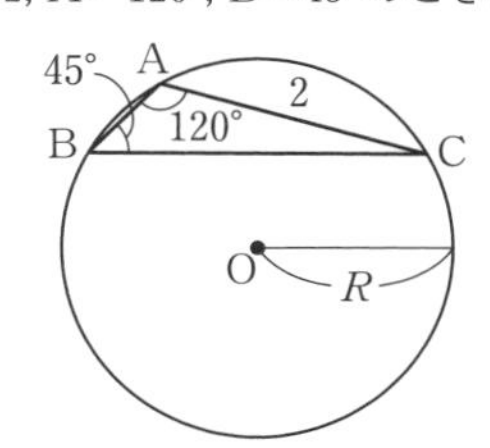

正弦定理$\dfrac{a}{\sin A}=\dfrac{b}{\sin B}$より，

$$\frac{a}{\sin 120°}=\frac{2}{\sin 45°}$$

$$\frac{2a}{\sqrt{3}}=2\sqrt{2}$$

$$a=\sqrt{6}$$ 答

正弦定理$\dfrac{b}{\sin B}=2R$より，

$$\frac{2}{\sin 45°}=2R$$

$$R=\sqrt{2}$$ 答

(2) $A=150°$, $R=6$のとき，a

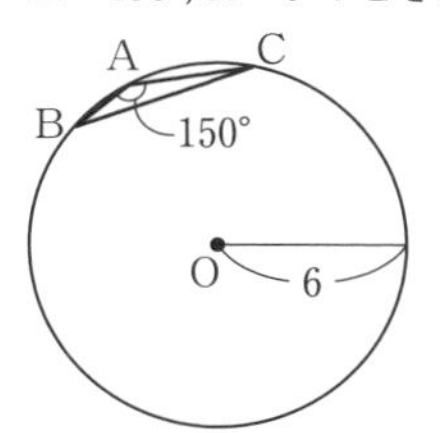

正弦定理$\dfrac{a}{\sin A}=2R$より，

$$\frac{a}{\sin 150°}=2\times 6$$

$$a=12\cdot\frac{1}{2}$$

$$a=6$$ 答

CHALLENGE △ABCにおいて，次の値を求めよ。ただし，Rは△ABCの外接円の半径とする。

(1) $a=3$, $b=3\sqrt{3}$, $A=30°$のとき，B, C

(2) $b=3$, $c=\sqrt{3}$, $B=120°$のとき，A, C

(1)

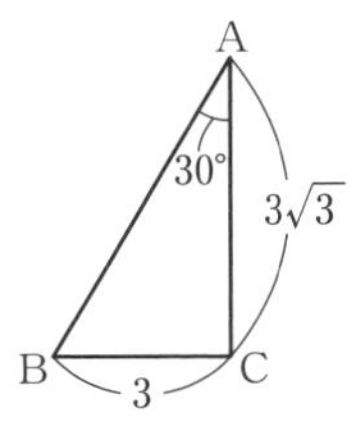

正弦定理$\dfrac{a}{\sin A}=\dfrac{b}{\sin B}$より，

$$\frac{3}{\sin 30°}=\frac{3\sqrt{3}}{\sin B}$$

$$\sin B=\frac{\sqrt{3}}{2}$$

よって，$B=60°, 120°$ 答

$B=60°$のとき，$A+B+C=180°$より，

$$C=180°-(30°+60°)$$
$$=90°$$ 答

$B=120°$のとき，$A+B+C=180°$より，

$$C=180°-(30°+120°)$$
$$=30°$$ 答

(2)

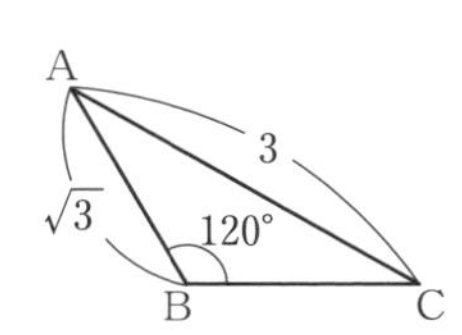

正弦定理$\dfrac{b}{\sin B}=\dfrac{c}{\sin C}$より，

$$\frac{3}{\sin 120°}=\frac{\sqrt{3}}{\sin C}$$

$$\sin C=\frac{1}{2}$$

よって，$C=30°, 150°$

$A+B+C=180°$, $B=120°$より，

$C=150°$は不適（$B+C=270°>180°$）。

よって，$C=30°$ 答

$C=30°$のとき，

$$A=180°-(120°+30°)$$
$$=30°$$ 答

余弦定理

演習の問題 ➡本冊P.123

1 △ABCにおいて, $b=2\sqrt{3}$, $c=1$, $A=150°$ のとき, a の値を求めよ。

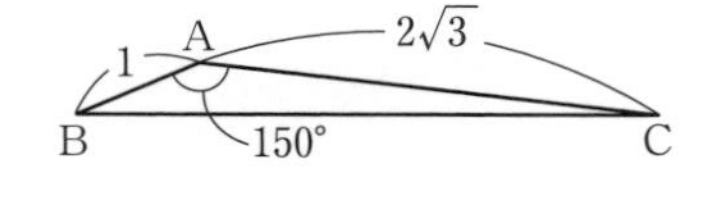

余弦定理 $a^2=b^2+c^2-2bc\cos A$ より,

$$a^2=(2\sqrt{3})^2+1^2-2\cdot 2\sqrt{3}\cdot 1\cdot\cos 150°$$
$$=12+1+6$$
$$=19$$

$a>0$ より,

$a=\sqrt{19}$ 答

2 △ABCにおいて, $a=\sqrt{3}-1$, $b=\sqrt{2}$, $c=2$ のとき, C の値を求めよ。

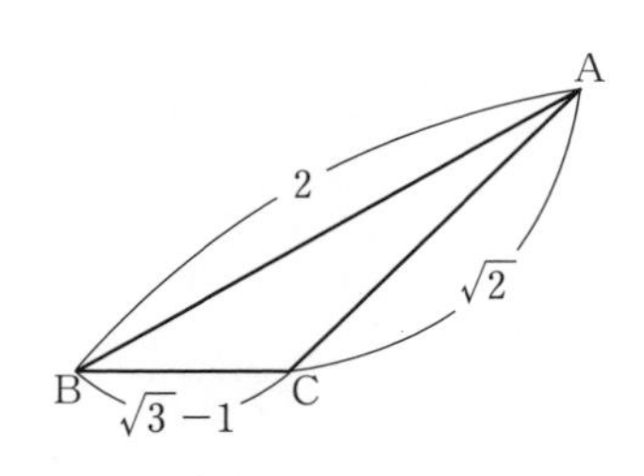

余弦定理 $\cos C=\dfrac{a^2+b^2-c^2}{2ab}$ より,

$$\cos C=\frac{(\sqrt{3}-1)^2+(\sqrt{2})^2-2^2}{2\cdot(\sqrt{3}-1)\cdot\sqrt{2}}$$
$$=\frac{-2\sqrt{3}+2}{2\sqrt{2}(\sqrt{3}-1)}$$
$$=\frac{-2(\sqrt{3}-1)}{2\sqrt{2}(\sqrt{3}-1)}$$
$$=-\frac{1}{\sqrt{2}}$$

$0°<C<180°$ より,

$C=135°$ 答

解説

$$\cos C=-\frac{1}{\sqrt{2}}$$

を解くと, 右の図より,

$C=135°$

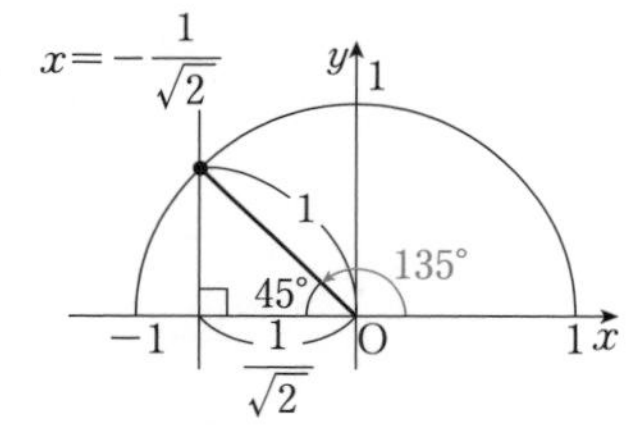

CHALLENGE △ABCにおいて, AC=5, BC=7, ∠BAC=120° のとき, ABの長さを求めよ。

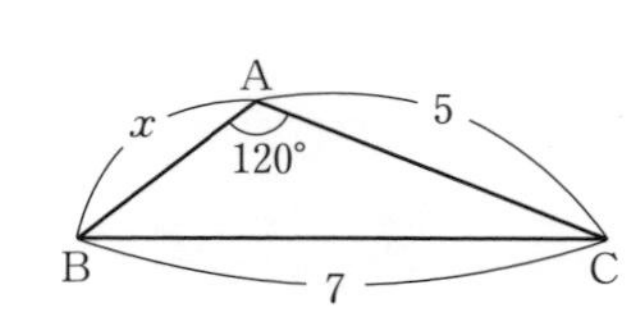

AB=x とおくと, 余弦定理 $a^2=b^2+c^2-2bc\cos A$ より,

$$7^2=5^2+x^2-2\cdot 5\cdot x\cos 120°$$
$$49=25+x^2-10x\cdot\left(-\frac{1}{2}\right)$$
$$x^2+5x-24=0$$
$$(x+8)(x-3)=0$$
$$x=-8,\ 3$$

$x>0$ より,

$x=3$

よって,

AB=3 答

Chapter 4
54講 辺と角の関係

演習の問題 →本冊P.125

1 $\triangle$ABCにおいて，$a=12$，$b=14$，$c=5$ のとき，$\triangle$ABCは鈍角三角形，鋭角三角形，直角三角形のいずれであるか調べよ。

辺の長さについて，$b>a>c$ より，A，B，C のうち最大角となるのは B である。
ここで，$b^2=196$，$a^2+c^2=144+25=169$ であるから，

$b^2>a^2+c^2$

よって，

$\triangle$ABCは**鈍角三角形**である。 答

CHALLENGE 次の表のように，3辺の長さが与えられた三角形ABCのうち，鈍角三角形は何個あるか。
また，最大角が最も大きい三角形はどれか求めよ。

	a	b	c
①	5	4	3
②	4	4	3
③	6	4	3
④	8	5	4

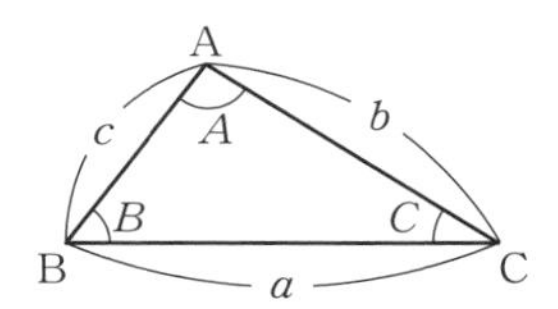

①から④までいずれも a が最大辺であるから，A が最大角である。
よって，a^2 と b^2+c^2 の大小を考える。

① $a^2=25$，$b^2+c^2=16+9=25$ より，$a^2=b^2+c^2$ だから，直角三角形
② $a^2=16$，$b^2+c^2=16+9=25$ より，$a^2<b^2+c^2$ だから，鋭角三角形
③ $a^2=36$，$b^2+c^2=16+9=25$ より，$a^2>b^2+c^2$ だから，鈍角三角形
④ $a^2=64$，$b^2+c^2=25+16=41$ より，$a^2>b^2+c^2$ だから，鈍角三角形

したがって，①から④のうち，鈍角三角形は③と④の**2個**ある。 答
また，③の三角形について余弦定理より，

$$\cos A=\frac{b^2+c^2-a^2}{2bc}=\frac{16+9-36}{2\cdot 4\cdot 3}=-\frac{11}{24}$$

④の三角形について余弦定理より，

$$\cos A=\frac{b^2+c^2-a^2}{2bc}=\frac{25+16-64}{2\cdot 5\cdot 4}=-\frac{23}{40}$$

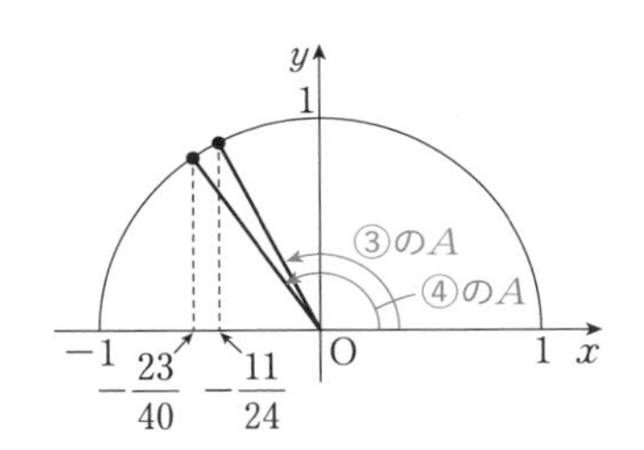

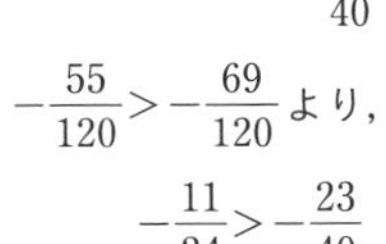

$-\frac{55}{120}>-\frac{69}{120}$ より，

$-\frac{11}{24}>-\frac{23}{40}$

だから，④の $\cos A$ の値の方が小さく -1 に近い。

cosの値が小さい方が角は大きくなる。

よって，最も最大角が大きい三角形は④である。 答

三角形の決定

演習の問題 ➡本冊P.127

1 △ABCにおいて，$a=2\sqrt{2}$, $b=2$, $c=\sqrt{6}-\sqrt{2}$ のとき，次の値を求めよ。

(1) A　(2) B　(3) C

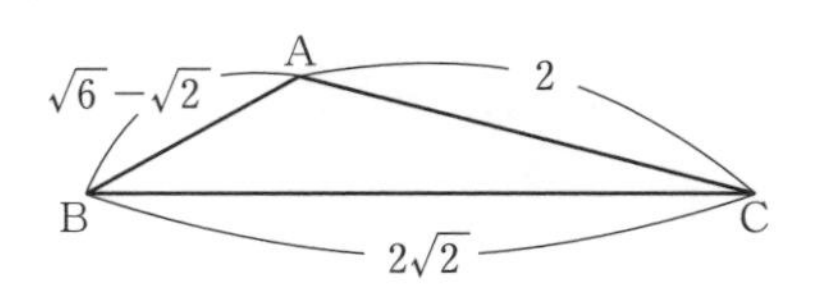

(1) 余弦定理 $\cos A=\dfrac{b^2+c^2-a^2}{2bc}$ より，

$$\cos A=\frac{2^2+(\sqrt{6}-\sqrt{2})^2-(2\sqrt{2})^2}{2\cdot2\cdot(\sqrt{6}-\sqrt{2})}$$
$$=\frac{4-4\sqrt{3}}{4(\sqrt{6}-\sqrt{2})}$$
$$=\frac{(4-4\sqrt{3})(\sqrt{6}+\sqrt{2})}{4\{(\sqrt{6})^2-(\sqrt{2})^2\}}$$
$$=-\frac{\sqrt{2}}{2}$$

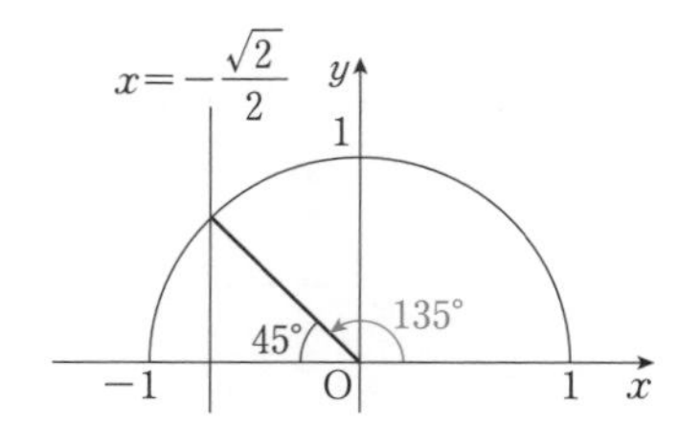

$0°<A<180°$ より，

$A=135°$ 答

(2) 正弦定理 $\dfrac{a}{\sin A}=\dfrac{b}{\sin B}$ より，

$$\frac{2\sqrt{2}}{\sin 135°}=\frac{2}{\sin B}$$
$$\sin B=\frac{1}{2}$$
$$B=30°,\ 150°$$

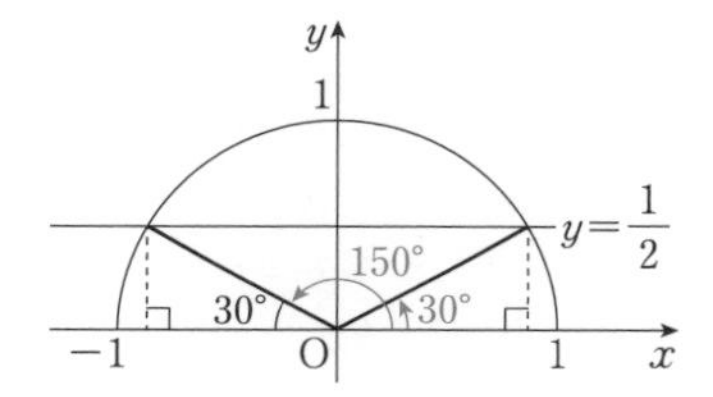

$A+B+C=180°$, $A=135°$ より，

$B=30°$ 答

(3) $A+B+C=180°$ より，

$C=180°-(135°+30°)$
$=15°$ 答

CHALLENGE △ABCにおいて，$a=2$, $A=45°$, $B=75°$ のとき，次の値を求めよ。

(1) C, c

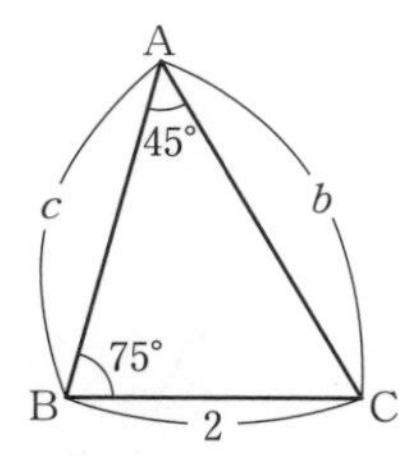

$A+B+C=180°$ より，

$C=180°-(45°+75°)$
$=60°$ 答

正弦定理 $\dfrac{a}{\sin A}=\dfrac{c}{\sin C}$ より，

$$\frac{2}{\sin 45°}=\frac{c}{\sin 60°}$$
$$2\sqrt{2}=\frac{2c}{\sqrt{3}}$$

$c=\sqrt{6}$ 答

(2) b

余弦定理 $c^2=a^2+b^2-2ab\cos C$ より，

$$(\sqrt{6})^2=2^2+b^2-2\cdot2\cdot b\cdot\cos 60°$$
$$6=4+b^2-2b$$
$$b^2-2b-2=0$$
$$b=1\pm\sqrt{3}$$

$b>0$ より，

$b=1+\sqrt{3}$ 答

三角形の面積

演習の問題 ➡本冊P.129

1 次の△ABCの面積Sを求めよ。

(1) $b=4,\ c=5,\ A=135°$

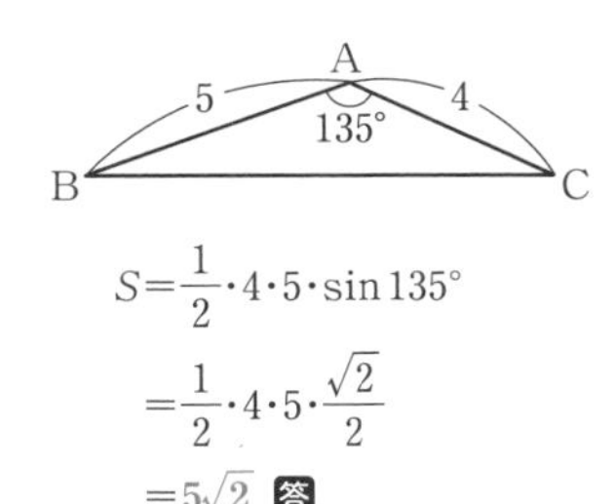

$$S=\frac{1}{2}\cdot4\cdot5\cdot\sin135°$$
$$=\frac{1}{2}\cdot4\cdot5\cdot\frac{\sqrt{2}}{2}$$
$$=5\sqrt{2}$$ 答

(2) $a=4\sqrt{3},\ c=\sqrt{5},\ \cos B=\frac{1}{4}$

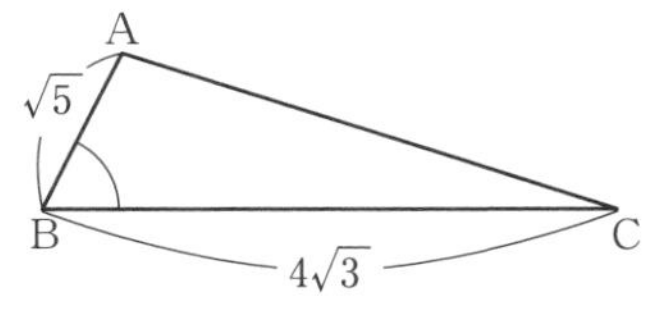

$\sin^2B+\cos^2B=1$ より,

$$\sin^2B=1-\frac{1}{16}$$
$$=\frac{15}{16}$$

$0°<B<180°$ より $\sin B>0$ だから,

$$\sin B=\frac{\sqrt{15}}{4}$$

よって,

$$S=\frac{1}{2}\cdot\sqrt{5}\cdot4\sqrt{3}\cdot\frac{\sqrt{15}}{4}$$
$$=\frac{15}{2}$$ 答

2 次の△ABCの面積Sを求めよ。

(1) $a=7,\ b=8,\ c=9$

$$p=\frac{a+b+c}{2}=\frac{7+8+9}{2}=12$$

ヘロンの公式より,

$$S=\sqrt{12(12-7)(12-8)(12-9)}$$
$$=\sqrt{12\cdot5\cdot4\cdot3}$$
$$=12\sqrt{5}$$ 答

(2) $a=4,\ b=3+\sqrt{2},\ c=3-\sqrt{2}$

$$p=\frac{a+b+c}{2}=\frac{4+(3+\sqrt{2})+(3-\sqrt{2})}{2}=5$$

ヘロンの公式より,

$$S=\sqrt{5(5-4)\{5-(3+\sqrt{2})\}\{5-(3-\sqrt{2})\}}$$
$$=\sqrt{5(2-\sqrt{2})(2+\sqrt{2})}$$
$$=\sqrt{10}$$ 答

CHALLENGE 半径2の円Oに内接する正六角形の面積を求めよ。

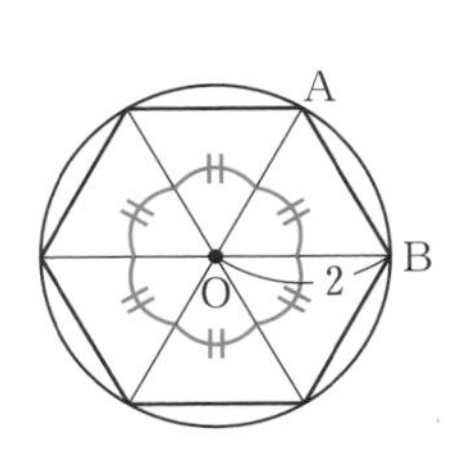

右の図のように円の中心と頂点を結ぶと,

$$\angle AOB=360°\div6$$
$$=60°$$

AOとBOは円の半径だから,

$$AO=BO=2$$

よって, △AOBの面積は,

$$\triangle AOB=\frac{1}{2}\cdot2\cdot2\cdot\sin60°$$
$$=\sqrt{3}$$

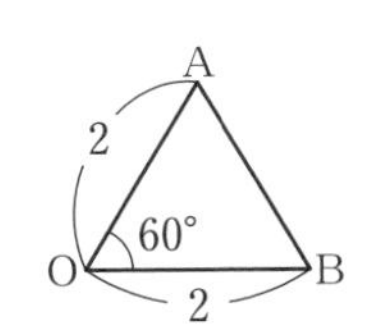

したがって, 求める正六角形の面積は, △AOBが6個分だから,

$$\sqrt{3}\times6=6\sqrt{3}$$ 答

Chapter 4

57講 内接円の半径

演習の問題 ➡本冊P.131

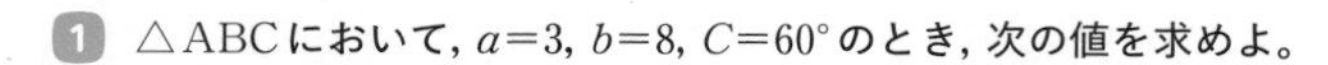

1 △ABCにおいて, $a=3$, $b=8$, $C=60^\circ$ のとき, 次の値を求めよ。

(1) c　　(2) 面積 S　　(3) 内接円の半径 r

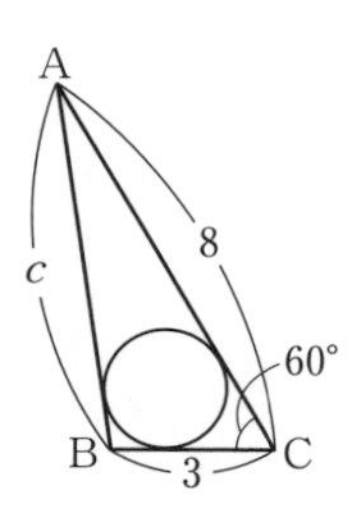

(1) 余弦定理 $c^2=a^2+b^2-2ab\cos C$ より,

$$\begin{aligned}c^2&=3^2+8^2-2\cdot3\cdot8\cos60^\circ\\&=9+64-24\\&=49\end{aligned}$$

$c>0$ より,

$c=7$ 答

(2) $S=\dfrac{1}{2}\cdot3\cdot8\cdot\sin60^\circ$

$=6\sqrt{3}$ 答

(3) $S=\dfrac{1}{2}r(a+b+c)$ より,

$$6\sqrt{3}=\frac{1}{2}r(3+8+7)$$

$r=\dfrac{2\sqrt{3}}{3}$ 答

CHALLENGE △ABCにおいて, $a=9$, $b=7$, $c=4$ のとき, 内接円の半径を求めよ。

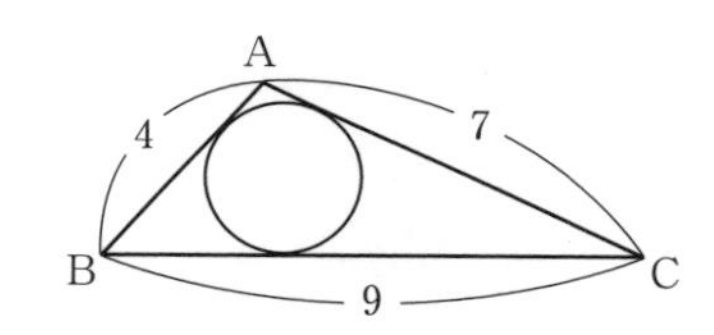

余弦定理より,

$$\cos A=\frac{7^2+4^2-9^2}{2\cdot7\cdot4}=\frac{-16}{2\cdot7\cdot4}=-\frac{2}{7}$$

$\sin^2A+\cos^2A=1$ より,

$$\sin^2A=1-\frac{4}{49}=\frac{45}{49}$$

$\sin A>0$ より,

$$\sin A=\frac{3\sqrt{5}}{7}$$

ここで, 三角形ABCの面積 S は,

$$\begin{aligned}S&=\frac{1}{2}\cdot4\cdot7\cdot\sin A\\&=14\cdot\frac{3\sqrt{5}}{7}\\&=6\sqrt{5}\end{aligned}$$

> ヘロンの公式を使って S を求めることもできる。
>
> $p=\dfrac{a+b+c}{2}=\dfrac{9+7+4}{2}=10$
>
> よって,
>
> $$\begin{aligned}S&=\sqrt{p(p-a)(p-b)(p-c)}\\&=\sqrt{10(10-9)(10-7)(10-4)}\\&=\sqrt{10\cdot1\cdot3\cdot6}\\&=6\sqrt{5}\end{aligned}$$

$S=\dfrac{1}{2}r(a+b+c)$ より,

$$6\sqrt{5}=\frac{1}{2}r(9+7+4)$$

$r=\dfrac{3\sqrt{5}}{5}$ 答

Chapter 4

58講 円に内接する四角形

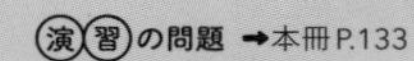
演習の問題 →本冊P.133

1 円に内接する四角形ABCDにおいて

$AB=1,\ BC=2,\ CD=3,\ DA=4,\ \angle ABC=\theta$

のとき，次の値を求めよ。

(1) $\cos\theta$

(2) 対角線ACの長さ

(3) 四角形ABCDの面積S

(1) 円に内接する四角形の向かい合う角の和は180°より，

$$D=180^\circ-\boxed{^{ア}\ \theta}$$

△ABCについて余弦定理より，

$$AC^2=1^2+\boxed{^{イ}\ 2}^2-2\cdot1\cdot\boxed{^{イ}\ 2}\cos\theta$$

$$=\boxed{^{ウ}\ 5}-\boxed{^{エ}\ 4}\cos\theta\quad\cdots①$$

△ACDについて余弦定理より，

$$AC^2=4^2+\boxed{^{オ}\ 3}^2-2\cdot4\cdot\boxed{^{オ}\ 3}\cos\left(180^\circ-\boxed{^{ア}\ \theta}\right)$$

$$=\boxed{^{カ}\ 25}+\boxed{^{キ}\ 24}\cos\theta\quad\cdots②$$

$\cos(180^\circ-\theta)=-\cos\theta$

①，②より，

$$\boxed{^{ウ}\ 5}-\boxed{^{エ}\ 4}\cos\theta=\boxed{^{カ}\ 25}+\boxed{^{キ}\ 24}\cos\theta$$

$$\cos\theta=\boxed{^{ク}\ -\frac{5}{7}}$$ 答

(2) $\cos\theta=\boxed{^{ク}\ -\frac{5}{7}}$ を①に代入して，

$$AC^2=\boxed{^{ウ}\ 5}+\boxed{^{ケ}\ \frac{20}{7}}=\boxed{^{コ}\ \frac{55}{7}}$$

AC>0 より，

$$AC=\sqrt{\boxed{^{コ}\ \frac{55}{7}}}=\frac{\sqrt{\boxed{^{サ}\ 385}}}{7}$$ 答

(3) $\sin^2\theta+\cos^2\theta=1,\ \sin\theta>0$ より，

$$\sin\theta=\sqrt{1-\cos^2\theta}=\frac{2\sqrt{\boxed{^{シ}\ 6}}}{7}$$

四角形の面積Sは，

$$S=\triangle ABC+\triangle ADC$$

$$=\frac{1}{2}\cdot1\cdot2\sin\theta+\frac{1}{2}\cdot3\cdot4\sin(180^\circ-\theta)$$

$$=\frac{2\sqrt{\boxed{^{シ}\ 6}}}{7}+6\cdot\frac{2\sqrt{\boxed{^{シ}\ 6}}}{7}$$

$\sin(180^\circ-\theta)=\sin\theta=\frac{2\sqrt{6}}{7}$

$$=\boxed{^{ス}\ 2\sqrt{6}}$$ 答

Chapter 4
59講 空間図形の計量

演習の問題 ➡本冊P.135

1 右の図のような，1辺の長さがaの立方体ABCD−EFGHにおいて，次の値をaを用いて表せ。

(1) ∠BDEの大きさ

(2) △BDEの面積S

(3) Aから平面BDEに下ろした垂線の長さh

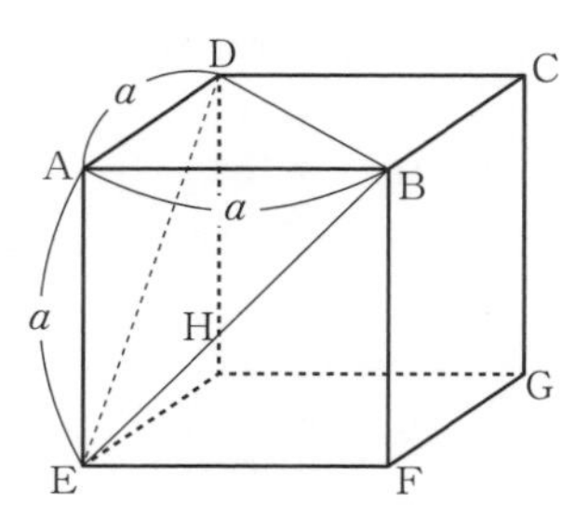

(1) △ABEはAB＝AEの直角二等辺三角形だから，

$BE=\boxed{{}^{ア}\sqrt{2}}\,a$

同様にして，$BD=DE=\boxed{{}^{ア}\sqrt{2}}\,a$

よって，△BDEは正三角形だから，

$\angle BDE=\boxed{{}^{イ}60}^\circ$ 答

(2) $S=\dfrac{1}{2}\cdot DE\cdot BD\cdot\sin\boxed{{}^{イ}60}^\circ$

$=\dfrac{1}{2}\cdot\boxed{{}^{ア}\sqrt{2}}\,a\cdot\boxed{{}^{ア}\sqrt{2}}\,a\cdot\dfrac{\boxed{{}^{ウ}\sqrt{3}}}{2}$

$=\boxed{{}^{エ}\dfrac{\sqrt{3}}{2}a^2}$ 答

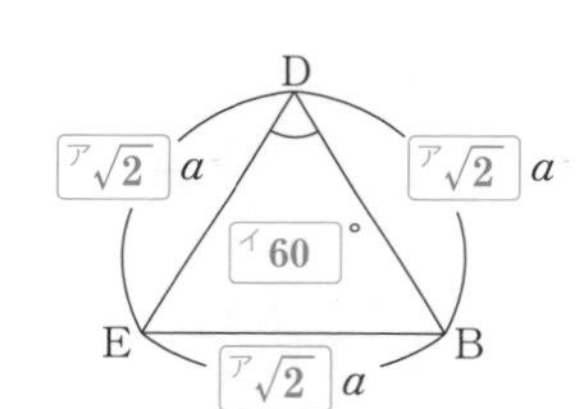

(3) 四面体ABDEの体積Vは，△ABDを底面とみると，高さはAEより，

$V=\dfrac{1}{3}\cdot\triangle ABD\cdot AE$

$=\dfrac{1}{3}\left(\dfrac{1}{2}\boxed{{}^{オ}a}\cdot\boxed{{}^{カ}a}\right)\cdot\boxed{{}^{キ}a}$

$=\dfrac{1}{6}\boxed{{}^{ク}a^3}$

体積Vは底面を△BDEとみると，高さはhだから，

$V=\dfrac{1}{3}\cdot\triangle BDE\cdot h=\boxed{{}^{ケ}\dfrac{\sqrt{3}}{6}a^2}\,h$

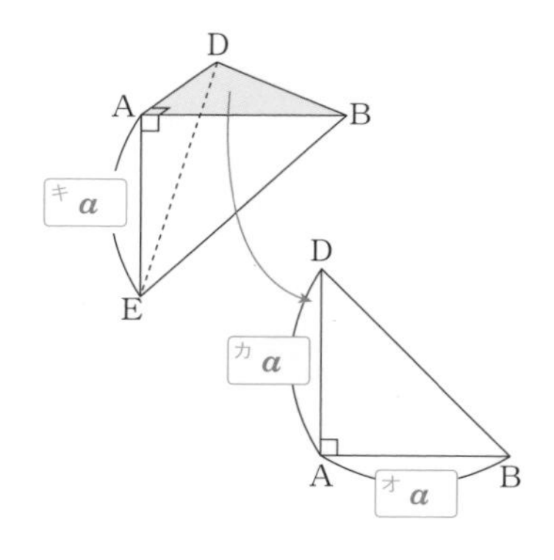

よって，

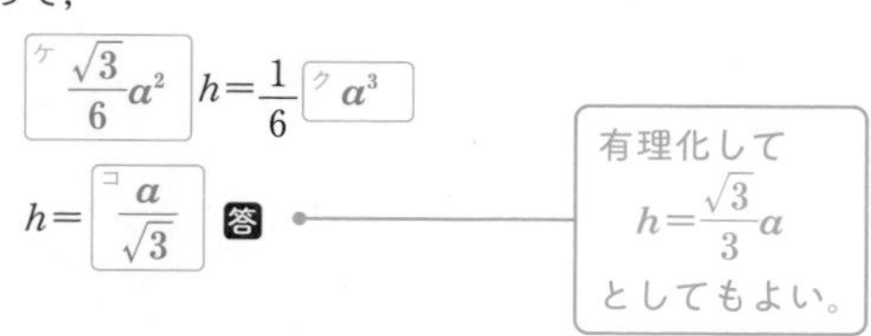

$\boxed{{}^{ケ}\dfrac{\sqrt{3}}{6}a^2}\,h=\dfrac{1}{6}\boxed{{}^{ク}a^3}$

$h=\boxed{{}^{コ}\dfrac{a}{\sqrt{3}}}$ 答

有理化して
$h=\dfrac{\sqrt{3}}{3}a$
としてもよい。

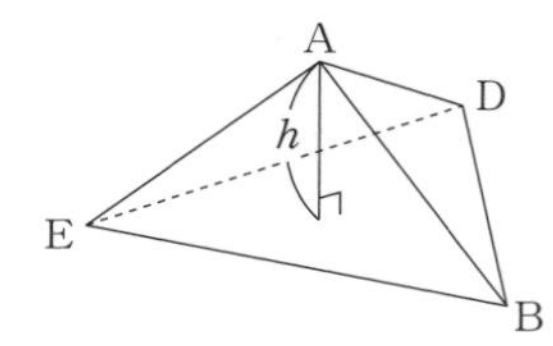

仮平均

演習の問題 ➡本冊P.137

1 次のデータの平均値を，(1)〜(3)を仮平均として求めよ。

98　104　98　103　90　98　102　98　111　108

(1)　90（最小値）

$$90+\frac{8+14+8+13+0+8+12+8+21+18}{10}=90+11$$
$$=\mathbf{101}$$ 答

(2)　98（最頻値）

$$98+\frac{0+6+0+5+(-8)+0+4+0+13+10}{10}=98+3$$
$$=\mathbf{101}$$ 答

(3)　100（きりがよい値）

$$100+\frac{(-2)+4+(-2)+3+(-10)+(-2)+2+(-2)+11+8}{10}=100+1$$
$$=\mathbf{101}$$ 答

CHALLENGE　次のデータAについて，次の問いに答えよ。

98　104　98　103　90　98　102　98　111　108

(1)　分散を求めよ。

演習**1**で求めたように，このデータAの平均値は101なので，偏差は，

−3　3　−3　2　−11　−3　1　−3　10　7

よって，Aの分散は，

$$\frac{(-3)^2+3^2+(-3)^2+2^2+(-11)^2+(-3)^2+1^2+(-3)^2+10^2+7^2}{10}=\mathbf{32}$$ 答

(2)　次のデータは，上のデータの仮平均を100として，仮平均との差を考えたものである。このデータの分散を求めよ。

−2　4　−2　3　−10　−2　2　−2　11　8

このデータの平均値は演習**1**(3)より1なので，偏差は，

> **1**(3)より，
> $$\frac{(-2)+4+(-2)+3+(-10)+(-2)+2+(-2)+11+8}{10}$$
> $=1$

−3　3　−3　2　−11　−3　1　−3　10　7

よって，Aの分散は，

$$\frac{(-3)^2+3^2+(-3)^2+2^2+(-11)^2+(-3)^2+1^2+(-3)^2+10^2+7^2}{10}=\mathbf{32}$$ 答

▶ **参考**

(1)，(2)の結果からわかるように，

（偏差）＝（データの値）−（平均値）
　＝（データの値）−{（仮平均）＋（ずれ平均）}
　＝（データの値）−（仮平均）−（ずれ平均）

として偏差を求め，分散を求めることもできます。

Chapter 5 61講

外れ値

演習の問題 ➡本冊P.139

外れ値は以下の2つの条件のいずれかに該当する値とする。

(第1四分位数)$-1.5\times$(四分位範囲)以下の値

(第3四分位数)$+1.5\times$(四分位範囲)以上の値

1 次のデータについて，外れ値があるかどうかを調べ，外れ値があればそれを求めよ。

(1) -5　16　-15　-19　7　41　-2

データを値が小さい順に並べると，

-19　-15　-5　-2　7　16　41

よって，第1四分位数は -15，第3四分位数は16であり，外れ値は

$-15-1.5\cdot\{16-(-15)\}=-61.5$ 以下の値と，$16+1.5\cdot\{16-(-15)\}=62.5$ 以上の値

となるので，外れ値はない。答

(2) 7　16　9　8　46　12　23

データを値が小さい順に並べると，

7　8　9　12　16　23　46

よって，第1四分位数は8，第3四分位数は23であり，外れ値は

$8-1.5\cdot(23-8)=-14.5$ 以下の値と，$23+1.5\cdot(23-8)=45.5$ 以上の値

となるので，外れ値は46 答

2 データ「3　17　4　25　16　53　8　6　23」について次の問いに答えよ。

(1) 最小値，第1四分位数，第2四分位数，第3四分位数，最大値を求めよ。ただし，最大値，最小値は外れ値を除いたデータで考えよ。

データを値が小さい順に並べると，

3　4　6　8　16　17　23　25　53

第1四分位数は $\dfrac{4+6}{2}=5$，第3四分位数は $\dfrac{23+25}{2}=24$ であり，外れ値は

$5-1.5\cdot(24-5)=-23.5$ 以下の値と $24+1.5\cdot(24-5)=52.5$ 以上の値

となるので，外れ値は53

したがって，

最小値：3，第1四分位数：5，第2四分位数：16，第3四分位数：24，最大値：25 答

(2) 箱ひげ図を外れ値を考慮してかけ。

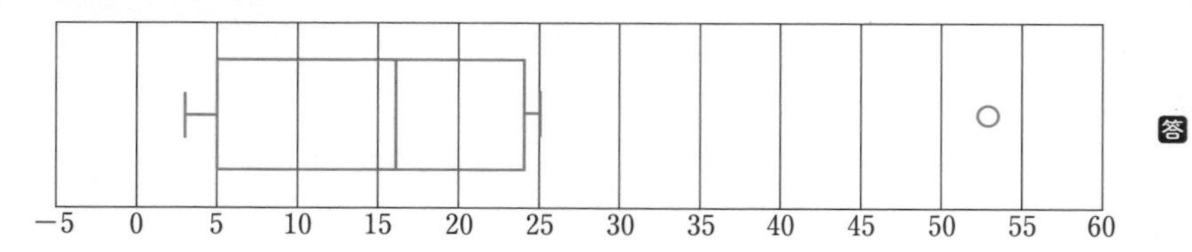

答

Chapter 5
62講

分散を求めるもう1つの方法

演習の問題 ➡本冊P.141

1 データ「2　5　1　8　4　8　7　1」の分散を次の2通りの方法で求めよ。
①　偏差の2乗の平均値　　②　(2乗の平均値)−(平均値の2乗)

このデータの平均値は，

$$\frac{2+5+1+8+4+8+7+1}{8}=4.5$$

よって，分散は，

① $\frac{(-2.5)^2+0.5^2+(-3.5)^2+3.5^2+(-0.5)^2+3.5^2+2.5^2+(-3.5)^2}{8}=7.75$ 答

② $\frac{2^2+5^2+1^2+8^2+4^2+8^2+7^2+1^2}{8}-4.5^2=28-20.25=7.75$ 答

2 あるデータAのすべての値を2乗して新たなデータBをつくる。Aの分散が9，Bの平均値が25であるとき，Aの平均値を求めよ。

データAの変量をxとすると，データAの平均値は$\overline{x}$と表せる。また，データBの平均値は$\overline{x^2}$と表せる。すなわち，$\overline{x^2}=$ ア25 であり，Aの分散が9なので，

$9=$ ア25 $-(\overline{x})^2$，すなわち，$(\overline{x})^2=$ イ16

(分散)＝(2乗の平均値)−(平均値の2乗)
$=\overline{x^2}-(\overline{x})^2$

よって，$\overline{x}=$ ウ4 または$\overline{x}=$ エ−4

CHALLENGE　あるデータAをデータBとデータCに分ける。データBの個数は4，平均値は4，分散は3.5であり，データCの個数は6，平均値は5，分散は10である。

(1)　データAの平均値を求めよ。

A
B：○ ○ ○ ○　平均値4　分散3.5
C：○○○○○○　平均値5　分散10

$(平均値)=\frac{(データの値の和)}{(データの個数)}$ より，

(データの値の和)＝(平均値)×(データの個数)

データBの値の和は，$4\cdot4=16$

データCの値の和は，$5\cdot6=30$

よって，データAの平均値は，

$$\frac{16+30}{4+6}=4.6$$ 答

(2)　データAの分散を求めよ。

データB，Cの変量をb，cとし，分散をそれぞれ$s_b{}^2$，$s_c{}^2$と表す。

(分散)＝(2乗の平均値)−(平均値の2乗)より，

(2乗の平均値)＝(分散)＋(平均値の2乗)

よって，

$\overline{b^2}=s_b{}^2+(\overline{b})^2=3.5+4^2=19.5$

であるから，データBの値を2乗したものの和は，

$19.5\times4=78$

また，

$\overline{c^2}=s_c{}^2+(\overline{c})^2=10+5^2=35$

であるから，データCの値を2乗したものの和は，

$35\times6=210$

よって，データAの値の2乗の平均値は，

$$\frac{78+210}{4+6}=28.8$$

データAの分散は，(2乗の平均値)−(平均値の2乗)より，

$28.8-4.6^2=7.64$ 答

Chapter 5 63講

共分散を求めるもう1つの方法

演習の問題 ➡本冊P.143

1 変量xとyのデータの値は右の表のようになっている。xとyの共分散s_{xy}を求めよ。

x	9	2	7	5	5	6	7	6
y	0	2	2	6	4	0	9	1

$$\overline{x}=\frac{9+2+7+5+5+6+7+6}{8}$$
$$=\frac{47}{8}$$
$$\overline{y}=\frac{0+2+2+6+4+0+9+1}{8}$$
$$=3$$
$$\overline{xy}=\frac{0+4+14+30+20+0+63+6}{8}$$
$$=\frac{137}{8}$$

よって，xとyの共分散s_{xy}は，

$$s_{xy}=\overline{xy}-\overline{x}\cdot\overline{y}=\frac{137}{8}-\frac{47}{8}\cdot3$$
$$=-0.5$$ 答

2 2つの変量x, yについて，yはxの逆数であるとする。xの平均値が8, xとyの共分散が33であるとき，yの平均値を求めよ。

yはxの逆数より，$xy=x\cdot\frac{1}{x}=$ ア 1 なので，$\overline{xy}=$ イ 1 である。

xとyの共分散s_{xy}は33, xの平均値は8より，

$33=$ イ 1 $-8\cdot\overline{y}$ ← $s_{xy}=\overline{xy}-\overline{x}\cdot\overline{y}$

$\overline{y}=$ ウ -4 答

x, yのデータの個数をnとすると，$xy=1$より，$x_1y_1=1$, …, $x_ny_n=1$

$$\overline{xy}=\frac{x_1y_1+x_2y_2+\cdots+x_ny_n}{n}$$
$$=\frac{1+1+\cdots+1}{n}=1$$

CHALLENGE 変量xとyのデータの値は右の表のようになっている。xとyの相関係数を求めよ。

x	8	2	6	3	8	1	6	9	4	9
y	1	4	8	8	2	6	4	4	1	4

$\overline{x}=5.6$, $\overline{y}=4.2$, $\overline{x^2}=39.2$, $\overline{y^2}=23.4$, $\overline{xy}=21$ より，

xの分散s_x^2は，

$$s_x^2=39.2-5.6^2$$
$$=7.84$$

yの分散s_y^2は，

$$s_y^2=23.4-4.2^2$$
$$=5.76$$

xとyの共分散s_{xy}は，

$$s_{xy}=21-5.6\cdot4.2$$
$$=-2.52$$

よって，xとyの相関係数は，

$$\frac{s_{xy}}{s_xs_y}=\frac{-2.52}{\sqrt{7.84}\sqrt{5.76}}=\frac{-252}{\sqrt{784}\sqrt{576}}$$
$$=\frac{-252}{\sqrt{2^4\cdot7^2}\sqrt{2^6\cdot3^2}}=\frac{-252}{2^5\cdot3\cdot7}$$
$$=-0.375$$ 答

Chapter 5 64講

変量の変換

演習の問題 ➡本冊 P.145

1 変量xのデータが次のように与えられている。

5　9　3　9　8

$z=5x-4$ として新たな変量zをつくるとき，変量zのデータの平均値$\overline{z}$と分散$s_z{}^2$ を求めよ。

$$\overline{x}=\frac{5+9+3+9+8}{5}=6.8,\ \overline{x^2}=\frac{5^2+9^2+3^2+9^2+8^2}{5}=52$$

である。よって，xの分散$s_x{}^2$ は，

$$s_x{}^2=\overline{x^2}-(\overline{x})^2=52-6.8^2=5.76$$

よって，

$$\overline{z}=5\overline{x}-4=5\cdot6.8-4=30$$

$$s_z{}^2=5^2\cdot s_x{}^2=5^2\cdot5.76=144$$ 答

2 ある変量xについて，xの平均値を$\overline{x}$，標準偏差をs_xとする。$z=\dfrac{x-\overline{x}}{s_x}$として，新たな変量$z$をつくるとき，変量$z$の平均値$\overline{z}$と標準偏差$s_z$を求めよ。

$z=\dfrac{1}{{}^{ア}s_x}\cdot x-\dfrac{\overline{x}}{s_x}$，$s_x>0$ より，

$$\overline{z}=\frac{1}{s_x}\cdot{}^{イ}\overline{x}-\frac{\overline{x}}{s_x}=\frac{{}^{イ}\overline{x}}{s_x}-\frac{\overline{x}}{s_x}={}^{ウ}0$$

$$s_z=\frac{1}{{}^{ア}s_x}\cdot s_x={}^{エ}1$$ 答

▶ 参考

この変量変換をすると，どんなデータでも平均値が 0，標準偏差が 1 になります。
偏差値は，これを 10 倍したあと 50 をたして，平均値を 50 にしたものです。

CHALLENGE 変量x，yについて，xとyの相関係数r_{xy}が 0.78 であるとする。$a>0$，$c>0$，$z=ax+b$，$w=cy+d$として，新たな変量z，wをつくるとき，zとwの共分散s_{zw}はxとyの共分散s_{xy}のac倍になることが知られている。zとwの相関係数r_{zw}を求めよ。

xの標準偏差をs_x，yの標準偏差をs_yとすると，
zの標準偏差s_z，wの標準偏差s_wは，

$$s_z=as_x,\ s_w=cs_y$$

条件より，zとwの共分散s_{zw}は，

$$s_{zw}=acs_{xy}$$

よって，zとwの相関係数r_{zw}は，

$$r_{zw}=\frac{s_{zw}}{s_zs_w}=\frac{acs_{xy}}{as_x\cdot cs_y}=\frac{s_{xy}}{s_xs_y}=r_{xy}=0.78$$ 答

> 2 つの変量x，yに対して，新たな変量z，wを$z=ax+b$，$w=cy+d$（$a>0$，$c>0$）とし，xとyの共分散をs_{xy}，zとwの共分散をs_{zw}，xとyの相関係数をr_{xy}，zとwの相関係数をr_{zw}とすると，
> $s_{zw}=acs_{xy}$，$r_{zw}=r_{xy}$
> が成り立つ！

仮説検定

演習の問題 ➡本冊P.147

1 ある企業が商品Aを知っているか，知らないかについて大規模なアンケートをとったところ，全体の$\frac{1}{6}$の人が知っていると答えた。商品Aについて1か月コマーシャルを流した後，商品Aについてアンケートをとったところ，回答者数200人中，43人が知っていると答えた。商品Aの知名度は上がったと判断してよいか。仮説検定の考え方を用い，基準となる確率を0.05として考察せよ。ただし，公正なさいころを200回投げて1の目が出る回数を記録する実験を300セット行ったときの結果(次の表)を用いよ。

1の目が出た回数	19	20	21	22	23	24	25	26	27	28	29	30	31	32	33
度数	1	1	1	2	4	6	7	8	10	13	15	19	20	25	27

34	35	36	37	38	39	40	41	42	43	44	45	46	47	48	計
26	21	18	15	13	10	10	9	7	4	3	1	2	1	1	300

手順1 主張したい仮説を立てる。

「商品Aの知名度は[ア 上がった]」という仮説を立てる。

手順2 「主張したい仮説」に反するような仮定をする。

「商品Aの知名度が[ア 上がった]わけではない」つまり「商品Aを知っている確率は[イ $\frac{1}{6}$]」と仮定する。

ある人が商品Aを知っていることを「さいころを投げて[ウ 1の目]が出る」，

ある人が商品Aを知らないことを「さいころを投げて[ウ 1の目]以外が出る」

ことに，それぞれおきかえて考える。

手順3 **手順2**の仮定のもとで，実際に起こった出来事が起こる確率を調べ，基準となる確率よりも小さいかどうかを調べる。

200人中43人以上の人が知っていると答える確率は，

$$\frac{4+[\text{エ } 3]+1+[\text{オ } 2]+1+1}{300}=[\text{カ } 0.04]$$

であり，これは基準となる確率0.05よりも[キ 小さい]。

さいころを200回投げて1の目が43回以上出る確率と一緒！

手順4 実際に起こった出来事が起こる確率が基準となる確率よりも小さければ，実際に起こった出来事はめったに起こらない出来事であり，**手順2**の仮定は正しくなかったと判断でき，主張したい仮説が正しいと判断できる。

200人中43人以上の人が知っていることはめったに起こらないことであり，めったに起こらないことが起こったので，「商品Aの知名度が[ア 上がった]わけではない」という仮定は正しくなく，「商品Aの知名度は[ア 上がった]」と考えてよい。 答

小倉の
ここからつなげる
数学Iドリル

修了判定模試 解答と解説

1 (1) $(ab-2a-1)(b-3)$

(2) $(3x^2+x-1)(3x^2-x-1)$

(3) 整数部分 3, 小数部分 $\sqrt{7}-2$

(4) ① $x+y=2\sqrt{3}$, $xy=1$

② $x^2+y^2=10$

(5) $a \neq -\dfrac{1}{2}$のとき, 3

$a=-\dfrac{1}{2}$のとき, すべての実数

(6) $x \leqq -1$, $5 \leqq x$

2 (1) ① (ウ)

② (イ)

③ (エ)

(2) 解説参照

3 (1) $y=-2x^2+3x+2$

(2) $0<a<2$ のとき, a^2-4a

$a \geqq 2$ のとき, -4

(3) $-\dfrac{3}{11}<a<-\dfrac{1}{4}$, $2<a$

4 (1) 120°

(2) 解説参照

(3) ① $\dfrac{2}{3}$

② $\sqrt{21}$

③ $6\sqrt{5}$

5 (1) 662

(2) $s_t{}^2=18$, $s_x{}^2=1152$

1

(1) aの次数は 1, bの次数は 2 より, 与式をaについて整理すると,

$$\begin{aligned} ab^2-5ab+6a-b+3 &= (b^2-5b+6)a-b+3 \\ &= (b-2)(b-3)a-(b-3) \\ &= \{(b-2)a-1\}(b-3) \\ &= (ab-2a-1)(b-3) \end{aligned}$$ 答

(3 点) ➡05講

(2)
$$\begin{aligned} 9x^4-7x^2+1 &= (3x^2-1)^2+6x^2-7x^2 \\ &= (3x^2-1)^2-x^2 \\ &= \{(3x^2-1)+x\}\{(3x^2-1)-x\} \\ &= (3x^2+x-1)(3x^2-x-1) \end{aligned}$$ 答(3 点)

➡07講

(3) $4<7<9$ より, $\sqrt{4}<\sqrt{7}<\sqrt{9}$ であるから,

$2<\sqrt{7}<3$

$3<\sqrt{7}+1<4$

よって,

(整数部分)$=3$ 答(2 点)

(小数部分)$=(\sqrt{7}+1)-3$

$=\sqrt{7}-2$ 答(2 点) ➡12講

(4) x, yのそれぞれの分母を有理化すると,

$$x=\frac{1}{\sqrt{3}-\sqrt{2}}=\frac{\sqrt{3}+\sqrt{2}}{(\sqrt{3}-\sqrt{2})(\sqrt{3}+\sqrt{2})}=\sqrt{3}+\sqrt{2}$$

$$y=\frac{1}{\sqrt{3}+\sqrt{2}}=\frac{\sqrt{3}-\sqrt{2}}{(\sqrt{3}+\sqrt{2})(\sqrt{3}-\sqrt{2})}=\sqrt{3}-\sqrt{2}$$

① $x+y=(\sqrt{3}+\sqrt{2})+(\sqrt{3}-\sqrt{2})$

$=2\sqrt{3}$ 答(1 点)

$xy=(\sqrt{3}+\sqrt{2})(\sqrt{3}-\sqrt{2})$

$=(\sqrt{3})^2-(\sqrt{2})^2$

$=1$ 答(1 点) ➡13講

② $x^2+y^2=(x+y)^2-2xy$

$=(2\sqrt{3})^2-2\times1$

$=12-2$

$=10$ 答(2 点) ➡13講

(5) $(2a+1)x=6a+3$

$(2a+1)x=3(2a+1)$

(i) $2a+1 \neq 0$, すなわち, $a \neq -\dfrac{1}{2}$ のとき

$x=3$ ($2a+1 \neq 0$ のときを考えて 1 点)

(ii) $2a+1=0$, すなわち, $a=-\dfrac{1}{2}$ のとき

$0 \cdot x=3 \cdot 0$ ($2a+1=0$ のときを考えて 1 点)

となり, 解はすべての実数。

よって,

$a \neq -\dfrac{1}{2}$ のとき, 3

$a=-\dfrac{1}{2}$ のとき, すべての実数 答(2 点)

➡14講

(6) $|2x-1| \geqq x+4$

(i) $2x-1 \geqq 0$, すなわち, $x \geqq \frac{1}{2}$ のとき

$$2x-1 \geqq x+4$$
$$x \geqq 5$$

これと $x \geqq \frac{1}{2}$ の共通範囲は,

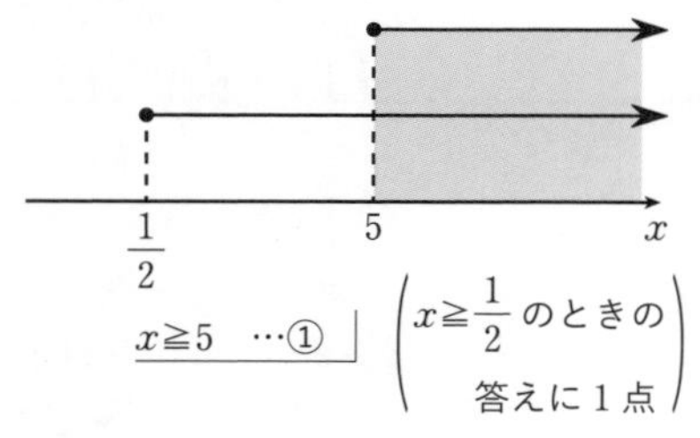

$x \geqq 5$ …①　（$x \geqq \frac{1}{2}$ のときの答えに1点）

(ii) $2x-1<0$, すなわち, $x<\frac{1}{2}$ のとき

$$-(2x-1) \geqq x+4$$
$$-2x+1 \geqq x+4$$
$$-3x \geqq 3$$
$$x \leqq -1$$

これと $x<\frac{1}{2}$ の共通範囲は,

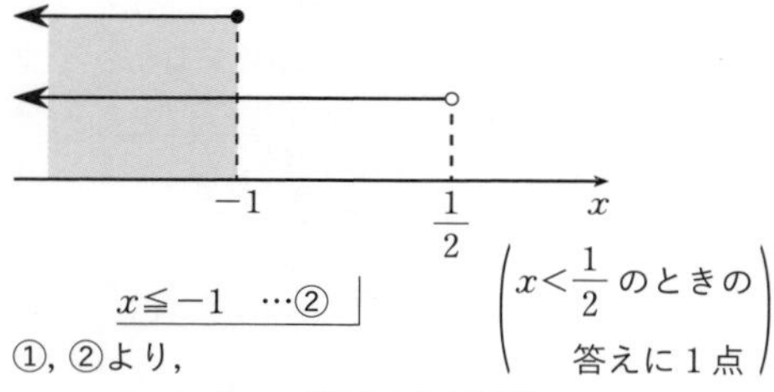

$x \leqq -1$ …②　（$x<\frac{1}{2}$ のときの答えに1点）

①, ②より,

$x \leqq -1,\ 5 \leqq x$ 答(2点) ➡16講

2

(1)① $|x| \leqq 3$ は, $-3 \leqq x \leqq 3$ である。

「$|x| \leqq 3\ (-3 \leqq x \leqq 3) \Longrightarrow -3<x<3$」は偽である(反例：$x=3$)。

「$-3<x<3 \Longrightarrow |x| \leqq 3\ (-3 \leqq x \leqq 3)$」は真である。

よって, $|x| \leqq 3$ は $-3<x<3$ であるための必要条件であるが, 十分条件ではない。したがって, (ウ) 答(3点)

参考　条件 p をみたす x 全体の集合を P, 条件 q をみたす x 全体の集合を Q とする。

$$p：|x| \leqq 3,\ q：-3<x<3$$

とすると

$$P \supset Q$$

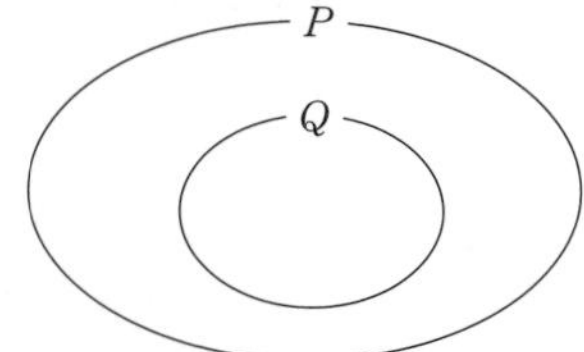

よって,

$p \Longrightarrow q$ は偽　(反例：$x=3$)

$p \Longleftarrow q$ は真

であるから, p は q であるための必要条件であるが, 十分条件ではない。

② $p：n$ は18の倍数, $q：n$ は6の倍数とする。

$P=\{18, 36, 54, 72, \cdots\}$

$Q=\{6, 12, 18, 24, \cdots\}$

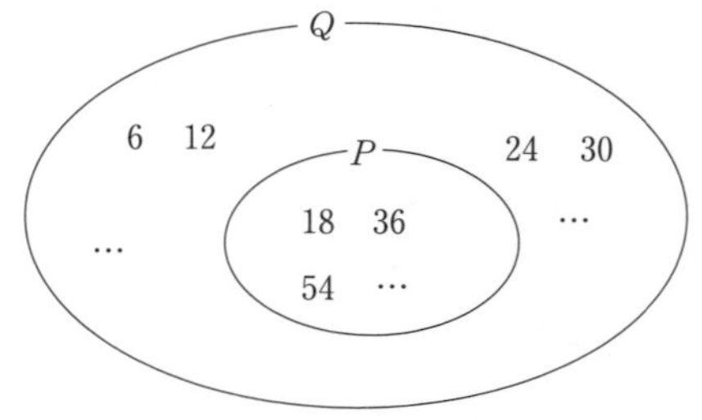

よって, $P \subset Q$ より,

$p \Longrightarrow q$ は真

$p \Longleftarrow q$ は偽　(反例：$n=6$)

であるから, p は q であるための十分条件であるが, 必要条件ではない。

したがって, (イ) 答(3点)

③ 「$x>y \Longrightarrow x^2>y^2$」は偽(反例：$x=2,\ y=-5$)

「$x>y \Longleftarrow x^2>y^2$」は偽(反例：$x=-5,\ y=2$)

であるから, $x>y$ は $x^2>y^2$ であるための必要条件でも十分条件でもない。

よって, (エ) 答(3点) ➡21講

(2) $1+3\sqrt{2}$ は無理数ではない。すなわち, 有理数であると仮定すると,　（背理法を使おうとする方針に2点）

r を有理数として,

$$1+3\sqrt{2}=r \quad \cdots①$$

とおける。

①を変形して

$$3\sqrt{2}=r-1$$

$$\sqrt{2}=\frac{r-1}{3} \quad \cdots②$$

（(無理数)＝(有理数)の形に変形できて3点）

$\sqrt{2}$ は無理数であり, $\frac{r-1}{3}$ は有理数であるから,

②は,

(無理数)＝(有理数)

となり, 矛盾する。

よって,「$1+3\sqrt{2}$ は無理数ではない」という仮定は誤り。

したがって, $1+3\sqrt{2}$ は無理数である。答

（$1+3\sqrt{2}$ が無理数であることを示せて3点） ➡24講

3

(1)　求める２次関数を$y=ax^2+bx+c$とおくと，

$(-1,\ -3)$を通るので，

$-3=a\cdot(-1)^2+b\cdot(-1)+c$

（$(-1,\ -3)$を通ることから，$a,\ b,\ c$の関係式を導けて１点）

$(2,\ 0)$を通るので，

$0=a\cdot2^2+b\cdot2+c$

（$(2,\ 0)$を通ることから，$a,\ b,\ c$の関係式を導けて１点）

$(3,\ -7)$を通るので，

$-7=a\cdot3^2+b\cdot3+c$

（$(3,\ -7)$を通ることから，$a,\ b,\ c$の関係式を導けて１点）

これらを整理してまとめると，

$$\begin{cases} a-b+c=-3 & \cdots① \\ 4a+2b+c=0 & \cdots② \\ 9a+3b+c=-7 & \cdots③ \end{cases}$$

②－①より，

$3a+3b=3$

$a+b=1\quad\cdots④$

③－②より，

$5a+b=-7\quad\cdots⑤$

⑤－④より，

$4a=-8$

$a=-2$

④より，

$-2+b=1$

$b=3$

$a=-2,\ b=3$を①に代入すると，

$-2-3+c=-3$

$c=2$

よって，求める２次関数は，

$y=-2x^2+3x+2$ 答

（条件をみたす２次関数を求めて２点）

➡28講

(2)　$f(x)=x^2-4x$

$=(x-2)^2-4\quad(0\leqq x\leqq a)$

（平方完成に１点）

(i)　軸が定義域の外，すなわち$0<a<2$のとき

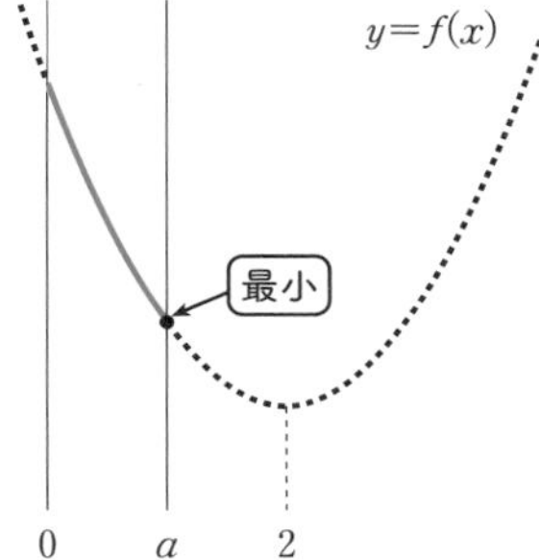

最小値は

$f(a)=a^2-4a$

（$0<a<2$のときの最小値に３点）

(ii)　軸が定義域の中，すなわち$2\leqq a$のとき

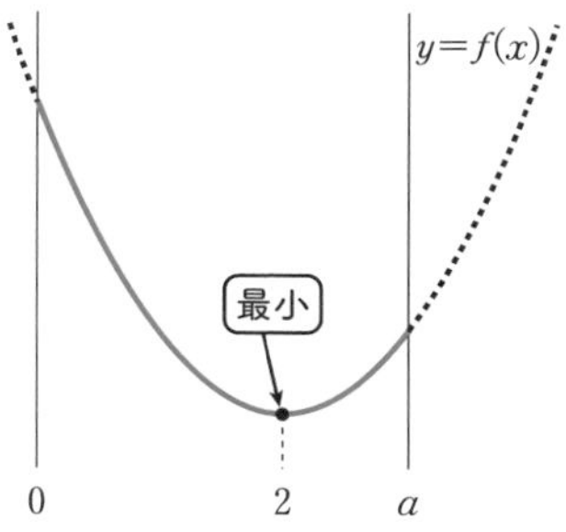

最小値は

$f(2)=-4$

（$a\geqq2$のときの最小値に３点）

よって，

$$最小値：\begin{cases} a^2-4a & (0<a<2のとき) \\ -4 & (a\geqq2のとき) \end{cases}$$ 答

➡33講

(3)　$f(x)=x^2+4ax+7a+2$

とおくと，

$f(x)=(x+2a)^2-4a^2+7a+2$

$y=f(x)$がx軸と異なる２点で交わり，共有点のx座標が２つとも１より小さくなるのは下図のようになるときである。

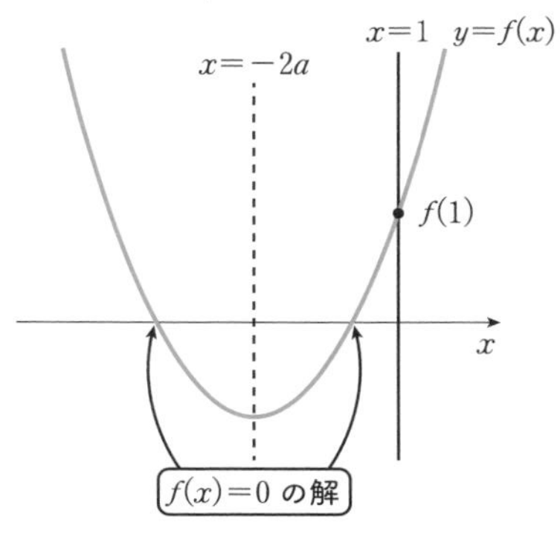

よって，求める条件は，

$$\begin{cases} f(1)>0 & \cdots① \\ -2a<1 & \cdots② \\ -4a^2+7a+2<0 & \cdots③ \end{cases}$$

（$f(1)>0$に２点）
（$-2a<1$に２点）
（$y=f(x)$がx軸と異なる２点で交わる条件に２点）

①より，

$f(1)=11a+3>0$

$a>-\dfrac{3}{11}\quad\cdots①'$

②より，

$a>-\dfrac{1}{2}\quad\cdots②'$

③より，

$4a^2-7a-2>0$

$(4a+1)(a-2)>0$

$a<-\dfrac{1}{4},\ 2<a\quad\cdots③'$

①′, ②′, ③′ より,

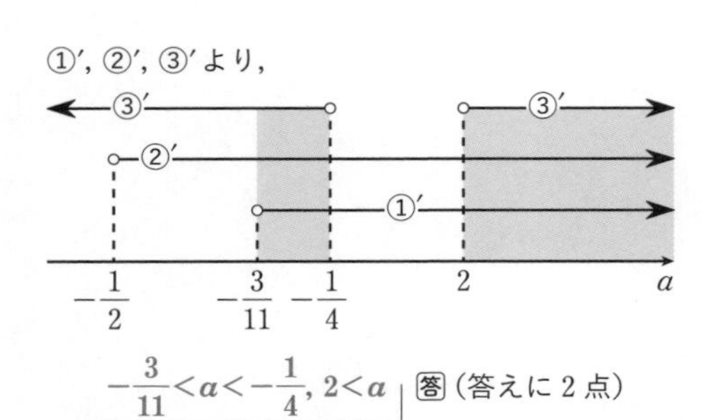

$-\frac{3}{11}<a<-\frac{1}{4},\ 2<a$ 答(答えに 2 点)

➡40講

4

(1)

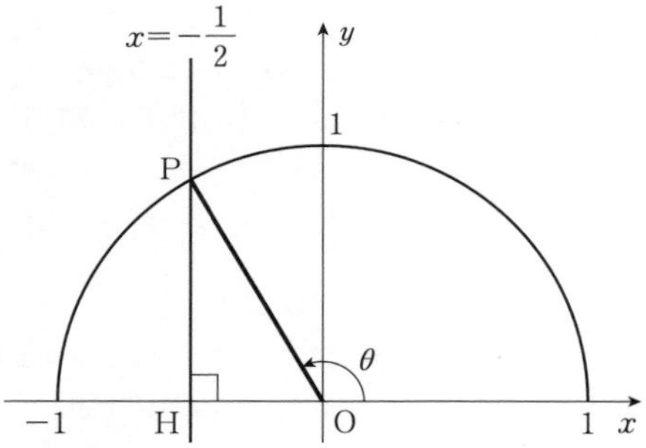

上図のように点を定めると,

$$\mathrm{PO}:\mathrm{OH}=1:\frac{1}{2}=2:1$$

よって,

$$\angle \mathrm{POH}=60^\circ$$

したがって, 求めるθはx軸の正方向からの回転角だから,

$\theta=120^\circ$ 答(4 点) ➡47講

(2)

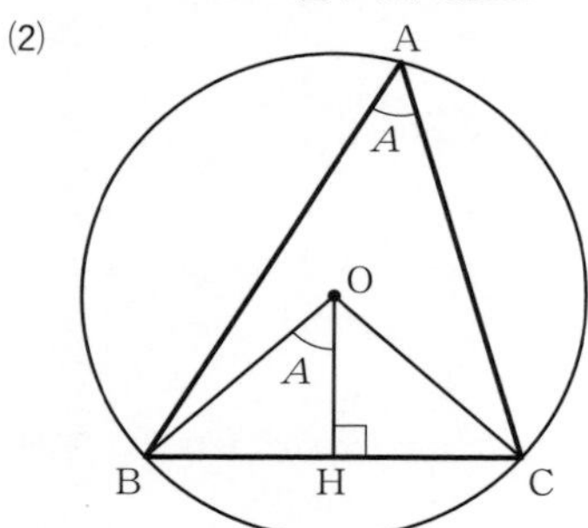

円周角の定理より,

$$\angle \mathrm{BOC}=2\angle \mathrm{BAC}=2A$$

△OBC は二等辺三角形であり, OH は ∠BOC を二等分するので,

$\angle \mathrm{BOH}=A$ (∠BOH$=A$を導いて 2 点)

点 H は辺 BC の中点より,

$\mathrm{BH}=\frac{1}{2}\mathrm{BC}=\frac{a}{2}$ $\left(\mathrm{BH}=\frac{a}{2}\text{ に 2 点}\right)$

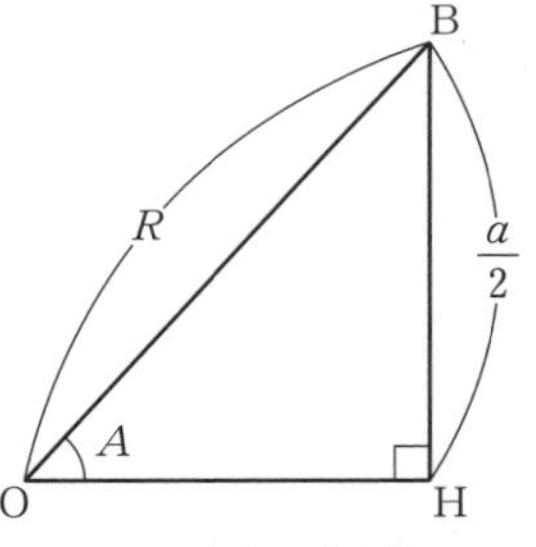

△OBH は直角三角形より,

$$\sin A=\frac{\mathrm{BH}}{\mathrm{OB}}=\frac{\frac{a}{2}}{R}=\frac{a}{2R}$$

すなわち,

$\frac{a}{\sin A}=2R$ 答 $\left(\frac{a}{\sin A}=2R\text{を示して 2 点}\right)$

➡52講

参考

・Aが直角のとき

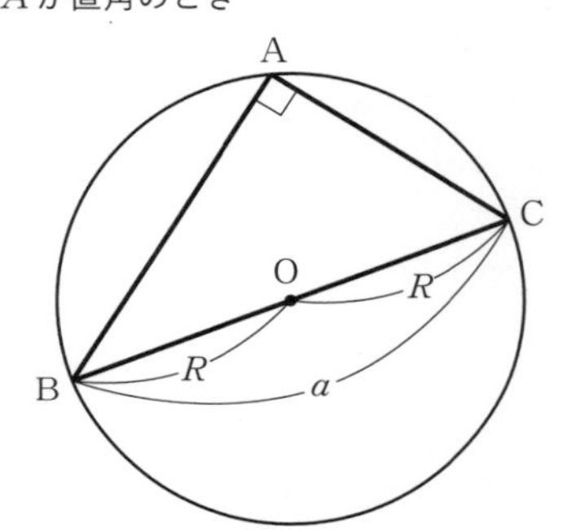

$a=2R$であり, $\sin 90^\circ=1$ であるから,

$$\frac{a}{\sin 90^\circ}=2R$$

すなわち,

$$\frac{a}{\sin A}=2R$$

・Aが鈍角のとき

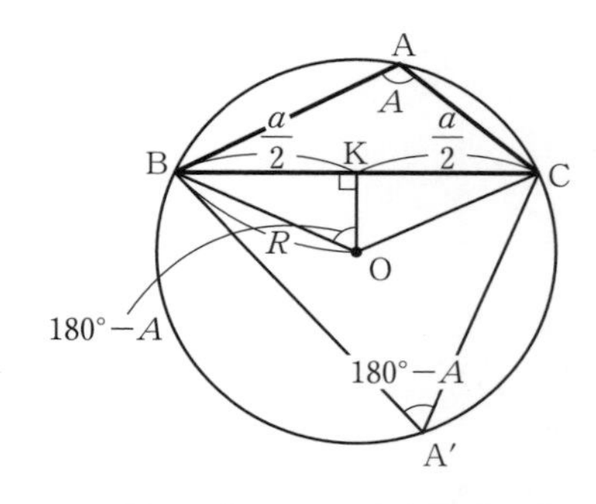

BC に関して点 A とは反対側の円周上に点 A′ をとる。

円に内接する四角形の性質より,

$$\angle \mathrm{BA'C}=180^\circ-A$$

円周角の定理より,

$$\angle \mathrm{BOC}=2\angle \mathrm{BA'C}=2(180^\circ-A)$$

Oから辺BCに下ろした垂線とBCとの交点をKとする。

△OBCは二等辺三角形であり，OKは∠BOCを二等分するので，

$$\angle \mathrm{BOK}=180^\circ-A$$

△OBKは直角三角形より，

$$\sin(180^\circ-A)=\frac{\mathrm{BK}}{\mathrm{OB}}=\frac{\frac{a}{2}}{R}=\frac{a}{2R}$$

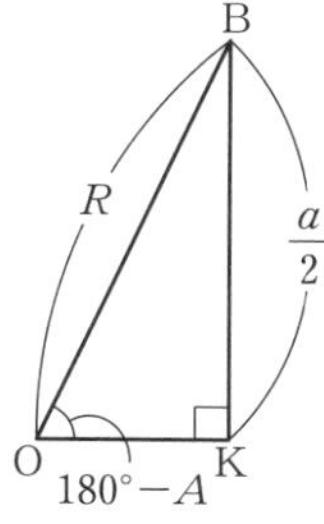

$\sin(180^\circ-A)=\sin A$ より，

$$\frac{a}{\sin A}=2R$$

同様にして，

$$\frac{b}{\sin B}=2R,\ \frac{c}{\sin C}=2R$$

が成り立つので，正弦定理

$$\frac{a}{\sin A}=\frac{b}{\sin B}=\frac{c}{\sin C}=2R$$

が成り立つ。

(3)

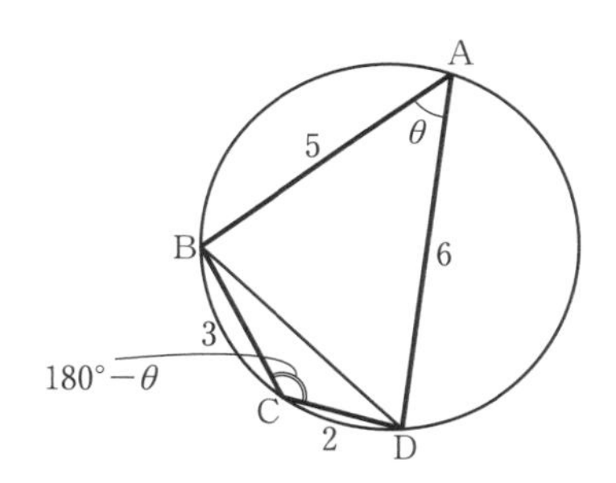

① 円に内接する四角形の向かい合う角の和は180°より，

$$\angle \mathrm{BCD}=180^\circ-\theta$$

△ABDで余弦定理より，

$$\mathrm{BD}^2=5^2+6^2-2\cdot5\cdot6\cos\theta$$
$$\underline{=61-60\cos\theta\quad\cdots(\text{ア})}$$

（△ABDで余弦定理を使い，BD^2 を $\cos\theta$ で表して 2 点）

△BCDで余弦定理より，

$$\mathrm{BD}^2=3^2+2^2-2\cdot3\cdot2\cos(180^\circ-\theta)$$
$$\underline{=13+12\cos\theta\quad\cdots(\text{イ})}$$

（△BCDで余弦定理を使い，BD^2 を $\cos\theta$ で表して 2 点）

(ア)，(イ)より，

$$61-60\cos\theta=13+12\cos\theta$$

$$\underline{\cos\theta=\frac{2}{3}}$$ （$\cos\theta$の値に 2 点）

② $\cos\theta=\dfrac{2}{3}$ を(ア)に代入して，

$$\mathrm{BD}^2=61-60\times\frac{2}{3}=21$$

BD>0 より

$\underline{\mathrm{BD}=\sqrt{21}}$ 答（BDの値に 4 点）

③ $\sin^2\theta+\cos^2\theta=1,\ \sin\theta>0$ より，

$$\sin\theta=\sqrt{1-\cos^2\theta}=\sqrt{1-\left(\frac{2}{3}\right)^2}$$
$$\underline{=\frac{\sqrt{5}}{3}}$$ （$\sin\theta$の値に 2 点）

四角形ABCDの面積Sは，

$$\underline{S=\triangle\mathrm{ABD}+\triangle\mathrm{BCD}}$$

（四角形ABCDは△ABDと△BCDの面積の和だと気づいて 1 点）

$$=\frac{1}{2}\cdot5\cdot6\cdot\sin\theta+\frac{1}{2}\cdot3\cdot2\cdot\sin(180^\circ-\theta)$$
$$=15\cdot\frac{\sqrt{5}}{3}+3\cdot\frac{\sqrt{5}}{3}$$
$$\underline{=6\sqrt{5}}$$ 答

（四角形ABCDの面積の値に 2 点）➡58講

5

(1) 634, 706, 682, 666, 618, 650, 714, 626

$$\underline{\bar{x}=650+\frac{(-16)+56+32+16+(-32)+0+64+(-24)}{8}}$$

（仮平均を利用して平均を求める式に 3 点）

$$=650+\frac{96}{8}$$

$\underline{=662}$ 答（平均の値に 3 点）➡60講

(2) $t=\dfrac{x-650}{8}$ とおくと，t, t^2 の値は次の表のようになる。

x	634	706	682	666	618	650	714	626	計
t	−2	7	4	2	−4	0	8	−3	12
t^2	4	49	16	4	16	0	64	9	162

よって，tの分散s_t^2は，

$\underline{s_t^2=\overline{t^2}-(\bar{t})^2}$ （分散を求める式に 2 点）

$$=\frac{162}{8}-\left(\frac{12}{8}\right)^2$$
$$=\frac{81}{4}-\frac{9}{4}$$

$\underline{=18}$ （tの分散の値に 3 点）

$x=8t+650$ より，$\underline{x\text{の分散は}t\text{の分散の}8^2\text{倍であるから}}$ （xの分散がtの分散の8^2倍に気づいて 3 点）

$s_x^2=8^2\cdot18=\underline{1152}$ 答（xの分散に 2 点）

➡62・64講

KOKOKARA DRILL SERIES
大学
TSUNAGERU
入試